Das 1x1 der MILCHVIEH-FÜTTERUNG

Unter folgendem Link finden Sie aktuelle Zusatz-Materialien und Updates zu diesem Fachbuch:

Gender-Erklärung

Aus Gründen der besseren Lesbarkeit verzichten wir im Cadmos-Verlag auf die gleichzeitige Verwendung der Sprachformen männlich, weiblich und divers (m/w/d) und wählen jeweils die männliche oder weibliche Form von personenbezogenen Hauptwörtern. Dies soll jedoch keinesfalls eine Geschlechterdiskriminierung oder eine Verletzung des Gleichheitsgrundsatzes zum Ausdruck bringen. Frauen, Männer und Diverse mögen sich von den Inhalten unserer Publikationen gleichermaßen angesprochen fühlen.

Impressum

avBUCH im CADMOS Verlag

Covergestaltung, grafisches Konzept: Gerlinde Gröll, www.cadmos.de
Layout und Satz: Hantsch PrePress Services OG

Fotos am Umschlag: Shutterstock/Clara Bastian (Cover), Shutterstock/Serhiy Horobets (Rückseite), privat (Porträt auf der Rückseite)

Projektleitung: Ing. Barbara P. Meister MA; FachLektor.at, Wien

Druck: www.graspo.com

Deutsche Nationalbibliothek – CIP-Einheitsaufnahme

Die Deutsche Nationalbibliothek verzeichnet diese Publikation in der Deutschen Nationalbibliografie; detaillierte bibliografische Daten sind über http://dnb.ddb.de abrufbar.

Printed in EU

ISBN 978-3-8404-8322-6

Kontakt zum Autor:

Ing. Jonas Schiffer
Froschaugasse 2a/15
8010 Graz
E-Mail: schiffer@isuba.at
Telefon: +43/6643413068
www.isuba.at

JONAS SCHIFFER

Das 1x1 der MILCHVIEH-FÜTTERUNG

Worauf es beim Füttern wirklich ankommt!

avBUCH

Foto © Shutterstock/Clara Bastian

Inhalt

Inhalt

Vorwort

Seit meiner Schulzeit an der HBLFA-Raumberg-Gumpenstein hege ich ein großes Interesse rund um das Thema Milchviehhaltung. Insbesondere die Fütterung war für mich schon immer ein faszinierendes Thema. Nach meinem Schulabschluss machte ich mein Hobby zum Beruf und fing bei einem österreichischen Kraftfuttermittelhersteller als Außendienstmitarbeiter zu arbeiten an.

Schon damals war es mein größtes Bestreben, die Fütterungssituation in den Betrieben zu verbessern.

Ganz ehrlich gesagt funktionierte das allerdings nur teilweise. In manchen Betrieben blieb der erhoffte „Erfolg“ schlichtweg aus. Das löste in mir Gefühle von Verwirrung und Verzweiflung aus. Ich konnte mir einfach nicht erklären, weshalb gewisse Kraftfuttersorten bei einem Teil meiner Kunden und Kundinnen Verbesserungen brachten und in manchen Betrieben absolut kein messbarer Mehrwert zu erkennen war. Manchmal verschlechterten sich sogar die Ergebnisse. Ich beschloss, dieser für mich paradoxen Tatsache auf den Grund zu gehen. Immer wieder stellte ich mir die Frage: „Wie hat eine perfekte Ration auszusehen?“

In diesem Zuge möchte ich mich recht herzlich bei allen Betrieben im Raum Murtal bedanken, die mir in meiner Anfangszeit ihr Vertrauen geschenkt haben. Gleichzeitig geht auch ein großes Dankeschön an meinen ehemaligen Arbeitgeber. Besonders hervorheben möchte ich meine damalige direkte Vorgesetzte, Frau Dipl. Ing. Cornelia Sixt, die mir sowohl auf fachlicher als auch auf persönlicher Ebene extrem weitergeholfen hat und eine wahre Mentorin für mich war.

Foto © Jonas Schiffer

Ich investierte viele Stunden in das Recherchieren von diversen Fachartikeln, besuchte Seminare und tauschte mich mit Berufskollegen aus. Das aufgeschnappte Wissen testete ich wiederum auf die Praxistauglichkeit und den tatsächlichen Nutzen. Um auf die Frage zurückzukommen: „Wie muss die perfekte Ration aufgebaut sein?", kann ich mir nun endlich selbst eine klare Antwort geben: „Es kommt ganz darauf an!"

Es ist schlichtweg unmöglich und auch unsinnig, sich Gedanken über die perfekte Ration zu machen. Der Grund dafür liegt in der Individualität der einzelnen Betriebe. Es gibt zu viele Faktoren (geografische Lage, Tierrasse, technische Ausstattung, Stallgebäude, Ziele des Betriebsführers/der Betriebsführerin etc.), die es unmöglich machen, die richtige Fütterung zu definieren.

Trotz der differenzierten Ausgangslagen ergibt sich jedoch ein übergeordnetes gemeinsames Ziel. Nämlich durch die Milchproduktion einen wirtschaftlichen und nachhaltigen Erfolg zu generieren.

Inwieweit dieses Ziel realisiert wird, hängt von äußeren (nicht direkt beeinflussbaren) Gegebenheiten und den eigenen Handlungen ab. Zu den äußeren Gegebenheiten zählen z. B. der Milchpreis, die Marktlage, das Wetter etc. Diesen Faktoren ist man als einzelner Betrieb ergeben.

Ich will damit absolut nicht sagen, dass wir unzufriedenstellende Marktlagen einfach so hinnehmen oder gar ignorieren sollten. Ganz im Gegenteil. In meinen Augen sind eine stark präsente Interessensvertretung sowie eine höhere Wertschätzung der produzierten Lebensmittel wichtiger als je zuvor. Dennoch kann es keine Lösung sein, die nächsten Jahre auf großartige Verbesserungen jeglicher Art zu warten. Nur wenn im eigenen Betrieb individuelle Maßnahmen getroffen werden, um die Rentabilität zu steigern, kann eine nachhaltige Produktion sichergestellt werden.

Meines Erachtens sind diesbezüglich vor allem folgende zwei Faktoren entscheidend:

- Herdengesundheit
- Milchleistung unter Berücksichtigung des Aufwands (mögliche Kosten)

Foto © Jonas Schiffer

Meine persönlichen Ziele als Fütterungsberater

Die Fütterung nimmt einen enorm großen Einfluss auf die bereits genannten Punkte und entscheidet häufig über Erfolg oder Misserfolg. Aus diesem Grund habe ich beschlossen, mich als unabhängiger Fütterungsberater selbstständig zu machen.

Mit meinem einzigartigen Beratungssystem helfe ich seit Juli 2021 meinen Kunden und Kundinnen vor Ort, ihre individuellen Ziele schneller zu erreichen. Das Etablieren von einfachen und gut funktionierenden Fütterungsstrategien ist in meinen Augen der Schlüssel zum Erfolg. Neben den firmenunabhängigen Fütterungsempfehlungen ist es mir sehr wichtig, praxisbezogenes Know-how zu vermitteln. Dabei lege ich großen Wert auf die einfache Darstellung von komplexen Vorgängen. Mein Ziel ist es, dass die Basics der Fütterung verstanden werden, damit das aufgenommene Wissen im eigenen Betrieb umgesetzt werden kann.

Um vielen Menschen das zeitaufwendige Recherchieren von zahlreichen Quellen zu ersparen, habe ich mich dazu entschlossen, die Grundlagen einer erfolgreichen Milchviehfütterung in einem Buch zusammenzufassen. „Das 1 × 1 der Milchviehfütterung" ist ein allumfassendes Handbuch, das Theorie und Praxis vereint. Dieses Werk zeigt die für mich wichtigsten Punkte in der Milchviehfütterung auf. Zu den einzelnen Kapiteln werden die theoretischen Hintergründe erklärt und gleichzeitig praxisnahe Tipps und Lösungen präsentiert. Denn nur wenn die Hintergründe und Zusammenhänge der Milchviehfütterung klar nachvollziehbar sind, können im eigenen Betrieb zielführende Handlungen folgen.

Jonas Schiffer

Verdauung der Milchkuh

Das Besondere am Verdauungstrakt unserer Wiederkäuer sind ihre vier Mägen. Neben dem „echten“ Magen (Labmagen) gibt es noch drei weitere Vormägen, die es dem Rind ermöglichen, die für uns Menschen unverdaulichen Rohstoffe wie Gras oder Heu zu verdauen und in weiterer Folge zu hochwertigen Lebensmitteln wie Milch oder Fleisch aufzubauen. Zu den Vormägen zählen der Blättermagen, Netzmagen und der Pansen. Während der Futteraufnahme bzw. -umwandlung kommt es zu hochkomplexen Verdauungsvorgängen. Selbst der Wissenschaft sind gewisse Fragestellungen bis heute noch unklar. Ich werde hier bewusst nicht zu sehr ins Detail gehen, da sich dieses Buch nur auf die praxisrelevanten Thematiken konzentriert. Dennoch sind grundsätzliche Kenntnisse des Verdauungsapparats eine Voraussetzung, um Rückschlüsse auf die Fütterung ziehen zu können. Spezielles Augenmerk wird auf Pansen, Leber und den Dünndarm gerichtet.

Nachdem das Futter gefressen wurde, gelangt es über die Speiseröhre in den Pansen. Der Pansen ist fütterungstechnisch betrachtet der wichtigste Abschnitt der Vormägen. Pansenbakterien sorgen für wichtige Um- und Aufbauprozesse des gefressenen Futters. Anschließend kommt die Nahrung zum Netzmagen. Im Netzmagen werden „Futterballen“ geformt, die durch das Wiederkauen zurück über die Speiseröhre ins Maul des Tiers kommen, um dort weiter zerkleinert zu werden. Danach gelangt das ausreichend zerkleinerte Futter in den Blättermagen. Dort wird dem Futter das überschüssige Wasser entzogen. In weiterer Folge kommt der Futterbrei in den Labmagen. Der Labmagen zeichnet sich durch einen tiefen pH-Wert aus. Aufgrund dessen werden die sich im Futterbrei befindlichen Keime und Bakterien unschädlich gemacht. Nachdem das Futter alle vier Mägen durchlaufen hat, wird dieses zum Dünndarm transportiert. Im Dünndarm gelangen die Nährstoffe über die Darmschleimhaut ins Blut. Die letzten Stationen sind der Dickdarm und der After.

Bedeutung und Funktion des Panses

Der Pansen hat ein Fassungsvermögen von rund 180 Liter und ist gleichzeitig das zentrale Element im Vormagensystem des Wiederkäuers. Die Verdauung des gefressenen Futters wird von Mikroorganismen durch Fermentation (biologische Umwandlung/Zersetzung mithilfe von Bakterien unter Luftabschluss) gesteuert. Deshalb wird der Pansen auch als Gärkammer bezeichnet. Die Pansenbakterien, auch Pansenmikroben genannt, sind die bedeutendste Gruppe dieser Mikroorganismen. Neben den Pansenmikroben sind noch Protozoen (tierische Einzeller) und Pilze (z. B. Hefen) im Pansen vorhanden.

Die Grafik stellt den Verdauungstrakt einer Kuh sowie den exakten Ablauf des Futters durch die einzelnen Vormägen dar. 1 Speiseröhre, 2 Mundhöhle, 3 Luftröhre, 4 Lunge, 5 Herz, 6 Dickdarm, 7 Blinddarm, 8 Dünndarm, 9 Magen, 10 Leber

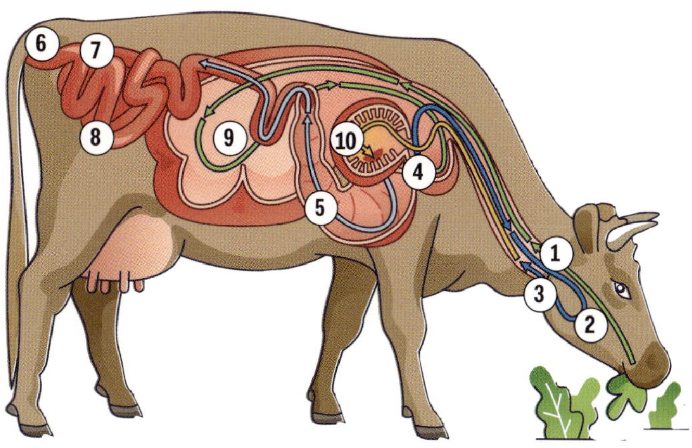

Grafik © VectorMine/Shutterstock.com

Der Wiederkäuermagen

1 Pansen, **2** Speiseröhre, **3** Netzmagem, **4** Blättermagen, **5** Labmagen, **6** Darm

schwarzer Pfeil: gefressene Nahrung
weißer Pfeil: wiedergekäute Nahrung

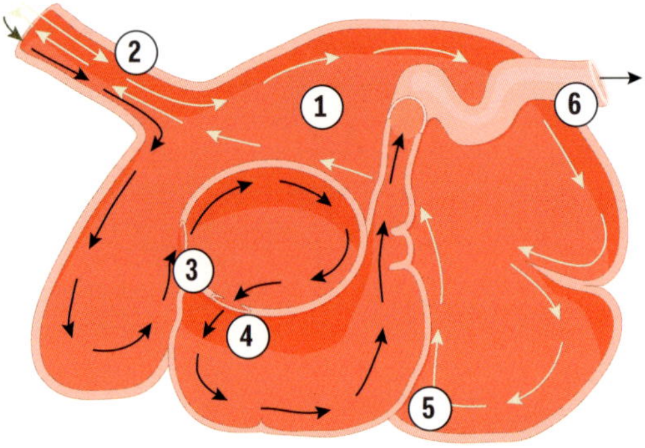

Grafik © Designua/Shutterstock.com

Pansenbakterien (Mikroben)

Die Mikroben sind, wie bereits erwähnt, hauptverantwortlich für die Verstoffwechslung des gefressenen Futters. Der Pansen wird von mehreren Milliarden Bakterien besiedelt, die sich wiederum in über 200 Bakterienarten eingliedern lassen. Jeder einzelne Bakterienstamm ist auf die Fermentation bestimmter Nährstoffe spezialisiert. Die einzelnen Populationen dieser Bakterienstämme passen sich laufend an die zugeführten Komponenten (Grundfutter und Kraftfutter) an und sind vom pH-Wert im Pansen abhängig. In weiterer Folge können diese Bakterien nur unter anaeroben (kein Sauerstoff) Bedingungen ihre Arbeit verrichten. Wenn Sauerstoff im Pansen frei wird, kommt es zu Fermentationsstörungen. Die Zusammensetzung und die Effizienz dieser Bakterienstämme haben weitreichende Auswirkungen auf Milchleistung und Tiergesundheit. Deshalb sind die Pansenmikroben ein ganz zentrales Element in der modernen Milchviehfütterung. Davon kommt auch der Spruch:
„Wir füttern die Mikroben und nicht die Kuh!“

Vereinfacht dargestellt gibt es drei wichtige Bakterienstämme:

- Zellulose (Rohfaser) zersetzende Bakterien
- Kohlenhydrate (Zucker und Stärke) zersetzende Bakterien
- Protein (Eiweiß) zersetzende Bakterien

Die Entwicklung der jeweiligen Bakterienstämme ist, wie bereits erläutert, von den verfütterten Komponenten (Grundfutter sowie Kraftfutter) und dem Pansen-pH-Wert abhängig. In diesem Zusammenhang spricht man auch von einem sauren oder einem alkalischen Pansenmilieu. Die Mikroben sind nicht in der Lage, sich sofort an veränderte Bedingungen anzupassen. Ganz im Gegenteil. Es dauert ca. vier bis sechs Wochen, bis sich die Bakterienstämme nach einem Grundfutterwechsel optimal auf die neuen Gegebenheiten einstellen können. Bei Kraftfutterumstellungen können sich die Mikroben etwas schneller anpassen. Das bedeutet, dass erst nach diesem Zeitraum die maximale Effizienz seitens der Pansenbakterien gegeben ist.

Daher ziehe ich folgende Schlussfolgerung: „Um eine erfolgreiche Milchviehfütterung betreiben zu können, muss auf eine hohe Kontinuität der einzelnen Komponenten größtes Augenmerk gelegt werden.“

Ob im eigenen Betrieb konstant und damit auch effizient gefüttert wird, kann am besten rückwirkend über die Inhaltsstoffe der Molkereidaten ermittelt werden. Die analysierten Parameter sollten kaum voneinander abweichen.

Folgende Fehler sind zu vermeiden:

Abrupte Grundfutterwechsel

Grundfutterwechsel müssen immer so schonend wie nur möglich gestaltet werden. Entscheidend ist, sich mit seinen eigenen Gegebenheiten im Betrieb auseinanderzusetzen und ein Konzept zu erarbeiten, um die kommenden Grundfutterumstellungen möglichst gleitend vollziehen zu können.

Maissilage hat den großen Vorteil, dass diese grundsätzlich nur einmal pro Jahr gewechselt wird. Daher bringen Rationen mit einem höheren Maissilageanteil den Vorteil einer hohen Kontinuität. Berücksichtigt werden muss dabei jedoch der Abbau der beständigen Stärke. Im Sommer sinkt der Gehalt von ursprünglich 20–23 % Stärkebeständigkeit auf ca. 10–15 % ab. (Mehr dazu wird im Abschnitt „Interpretation von Grundfutteranalysen" erläutert.) Wichtig ist, dass die Maissilage konstant über das gesamte Jahr hinweg gefüttert wird.

Eine wesentlich größere Herausforderung stellen die Grundfutterwechsel von Grassilage, Heu oder der Grünfütterung bzw. der Weidehaltung dar. Beim Gras gleicht kein Schnitt dem anderen! Oftmals sind sogar zwei aufeinanderfolgende Schnitte extrem konträr. In der Praxis werden trotzdem in vielen Betrieben Grundfutterumstellungen abrupt durchgeführt. Je nachdem, ob die Silage in Rundballen oder in einem Fahrsilo gelagert wird, sind unterschiedliche Faktoren zu beachten.

Fahrsilo

Bereits drei, spätestens aber zwei Wochen vor dem Ende des aktuell verfütterten Schnitts soll der darauffolgende Schnitt zu einem geringen Prozentsatz mit eingemischt bzw. vorgelegt werden. Der eingemischte Anteil soll bis zum vollständigen Silowechsel kontinuierlich gesteigert werden. Hierbei haben Betriebe mit einem Futtermischwagen oder Fütterungsroboter natürlich klare Vorteile. Die Lagerung der Silagen in Fahrsilos ermöglicht grundsätzlich eine höhere Kontinuität im Vergleich zu der Lagerung in Rundballen.

Rundballen

Vor allem wenn der Betrieb stark unterschiedliche Flächen bewirtschaftet, können auch innerhalb eines Schnitts große Unterschiede auftreten. Grundsätzlich sollten die Rundballen sofort bei der Ernte möglichst genau gekennzeichnet (Anzahl des Aufwuchses, Ackergrünland oder Dauergrünland und eventuell Name der Wiese) und sortiert werden. Beim Füttern von Rundballen wird es immer Schwankungen in der Ration geben. Das Ziel muss es sein, diese Schwankungen so gering wie möglich zu halten. Es gibt zwei mögliche Varianten, wie Rundballen gefüttert werden können, um eine möglichst hohe Kontinuität zu erreichen. Um entscheiden zu können, welches System für den eigenen Betrieb am geeignetsten ist, sind Grundfutteruntersuchungen unerlässlich.

„Generell haben sich beim Verfüttern von Rundballen hohe Silomaisanteile (50–70 % vom Grundfutter) sowie der Einsatz von Biertreber gut bewährt, da diese Futtermittel grundsätzlich in ihrer Zusammensetzung sehr homogen sind und somit die Kontinuität der Ration erhöhen."

Variante 1

Jeder Schnitt wird separat gefüttert. Das bringt den Vorteil, dass die Ration ziemlich genau eingestellt werden kann. Jedoch müssen die Rundballen innerhalb eines Schnitts homogen sein. Dieses System sollte nicht angewendet werden, wenn ein Aufwuchs eine unterdurchschnittliche Qualität (hoher Rohaschegehalt, wenig Energie etc.) aufweist. Dies würde zu einem starken Leistungseinbruch in der Herde führen. Wird Klee oder Luzerne in Rundballen gepresst, sind diese unbedingt mit anderen Rundballen zu kombinieren (außer die Ration beinhaltet über 60 % Silomais). Der Grund liegt an dem meist unausgeglichenen Energie-Eiweiß-Verhältnis (stark positive RNB). Zusätzlich können die darin enthaltenen Phytoöstrogene zu Fruchtbarkeitsstörungen führen.

Variante 2

Zwei oder drei Schnitte werden kombiniert und über einen längeren Zeitraum verfüttert. Der Vorteil am Mischen mehrerer Schnitte liegt darin, dass ein Schnitt schlechterer Qualität durch die Kombination weiterer Schnitte ausgeglichen werden kann. Wichtig ist dabei, dass die Schnitte immer gemeinsam und gut vermischt angeboten werden. Ein Futtermischwagen/Fütterungsroboter bietet diesbezüglich natürlich große Vorteile. Wird beispielsweise am Montag ein Rundballen vom ersten Schnitt gefüttert und am darauffolgenden Dienstag ein Rundballen vom vierten Schnitt den Tieren vorgelegt, ist das als kontraproduktiv zu bewerten.

Heu und Weide

Vor allem für reine Heumilch und Weidebetriebe sind Grundfutterwechsel ein ganz wichtiges Thema. Sehr gute Heuqualitäten bringen meist einen Zuckerüberschuss in die Ration. Starke Futterumstellungen können dann zum Kippen des Pansenmilieus führen und erhebliche Folgeschäden verursachen. Die Heulagerung sowie die Schlagkräftigkeit der Erntekette sind von zentraler Bedeutung. Wenn der Großteil des Futters zum selben Zeitpunkt gemäht werden kann, bringt dies bereits einen großen Vorteil. Im Idealfall werden die Schnitte noch vor dem Einfüttern vermischt, um über einen möglichst langen Zeitraum ähnliche Qualitäten füttern zu können.

Der Weidegang ist die natürlichste Form der Viehhaltung, und die Faktoren Licht, Luft und Bewegung sind für die Tiergesundheit von großer Bedeutung. Jedoch muss unbedingt darauf geachtet werden, dass die Weide stets konstant ist. Dieses Kriterium erweist sich in der Praxis jedoch häufig als schwierig. Ein Wechsel der Weidefläche ist im Endeffekt mit einem Grundfutterwechsel gleichzusetzen. Teilweise sind hierbei die Qualitätsunterschiede sogar noch stärker als bei einem Schnittwechsel der Grassilage. Zusätzlich kommt die Problematik hinzu, dass bei Schlechtwetter die Tiere im Stall gelassen werden und diese dann eine völlig andere Ration bekommen. Deshalb sollten die Tiere auch an Weidetagen immer die Möglichkeit haben, im Stall ausreichend Grundfutter aufzunehmen. Bei der Grünfütterung sind die Tiere zwar im Stall, fütterungstechnisch ergeben sich aber dieselben Herausforderungen.

Starke pH-Wert-Schwankungen im Pansen

Verändert sich der pH-Wert im Pansen, verändern sich gleichzeitig die ansässigen Bakterienstämme. Bei jeder Kraftfuttergabe sinkt der Pansen-pH-Wert ab. Je höher die Kraftfutterteilgaben sind, desto stärker fällt dieser ab. Grundsätzlich sind Kraftfutterteilgaben über 1,5 kg zu vermeiden. Zusätzlich spielt es eine entscheidende Rolle, um welches Kraftfutter es sich handelt. Das Verfüttern von z. B. 1,5 kg Körnermaisschrot führt zu einer wesentlich geringeren pH-Wert-Absenkung als das Verfüttern von 1,5 kg Weizenschrot. (Mehr dazu wird im Kapitel „Übersicht der Kraftfuttermittel und Rohstoffe“ erläutert.) Zu hohe Kraftfutterteilgaben treten immer wieder aus folgenden Gründen auf:

- **Händische Kraftfutterzuteilung:** Aus arbeitstechnischen Gründen werden hier häufig zu hohe Mengen gefüttert.
- **Fehlerhafte Einstellung am Transponder:** In den meisten Systemeinstellungen kann die maximale Kraftfuttermenge pro Stationsbesuch eingestellt werden. Diese sollte 1,5 kg nicht überschreiten.
- **Futterstehlen am Transponder:** Vor allem, wenn keine Türen am Transponder montiert sind, werden immer wieder rangniedrigere Tiere aus der Station getrieben. Dadurch fressen die dominanten Tiere in kurzer Zeit zu viel Kraftfutter.
- **Selektieren der Mischration:** Wenn die Mischration zu viele lange Fasern beinhaltet und/oder einen zu hohen Trockenmassegehalt aufweist, selektieren die Tiere das Kraftfutter. Dies hat denselben Effekt wie das Verfüttern zu hoher Kraftfutterteilgaben.
- **Zu schnelles Anfüttern der Tiere:** Die Kraftfuttermenge darf maximal um 300 g pro Tag gesteigert werden. Vor allem nach der Abkalbung wird häufig das Kraftfutter zu stark bzw. zu schnell erhöht.

Mangelndes Futterangebot

Um eine möglichst stabile Bakterienflora etablieren zu können, müssen die Tiere ständig Zugang zu Wasser und Futter haben. Bereits nach vier Stunden ohne Nahrungszufuhr sterben die ersten Mikroben ab. Das zeigt, wie wichtig es ist, dass den Tieren ständig Futter zur Verfügung steht. In diesem Sinne möchte ich hier noch auf den Weidegang zurückkommen. Manchmal werden die Tiere auf eine Standweide getrieben, die bereits stark abgegrast wurde. Der Weidegang dient in diesem Fall eher der „Bewegungstherapie". Das kann durchaus sinnvoll sein, allerdings sollten die Tiere nach spätestens drei Stunden wieder in den Stall getrieben werden.

„Durch das Absterben von Mikroben entstehen Endotoxine!"

Neben der Tatsache, dass beim Absterben von Pansenmikroben die Futtereffizienz leidet, kann dieser Stoffwechselprozess erhebliche Auswirkungen auf den gesamten Organismus des Tiers haben. Durch das Absterben dieser Bakterien entstehen Giftstoffe, sogenannte Endotoxine. Je mehr Bakterien gleichzeitig absterben, sprich, je höher die akute Pansenbelastung ist, desto mehr Giftstoffe werden frei. Diese Schadstoffe gelangen einerseits über den direkten Weg der Pansenschleimhaut in die Blutbahn des Tiers, andererseits schädigen diese die Darmwand und gelangen anschließend ebenfalls in den Blutkreislauf. (Die weitläufigen Auswirkungen der Endotoxine werden näher in dem Kapitel „Das Verdauungssytem der Milchkuh – Bedeutung und Funktion des Dünndarms" beschrieben.)

Funktionen der einzelnen Bakterienarten

Es ist wichtig, die Funktionen der einzelnen Bakterienarten zu kennen, um in der Rationsgestaltung die richtigen Schlussfolgerungen zu ziehen. Die Bakterien werden grob in zellulosezersetzende, proteinzersetzende und kohlenhydratzersetzende unterteilt.

Zellulosezersetzende Bakterien

Der Rohfaseranteil in der Milchviehration in Kombination zum pH-Wert im Pansen bestimmt den Anteil an faserzersetzenden Bakterien. Durch eine rohfaserreiche Fütterung steigt die Anzahl der Wiederkauschläge. Durch das Wiederkauen entsteht Natriumbicarbonat. Natriumbicarbonat puffert den pH-Wert im Pansen (pH-Wert steigt) und stabilisiert somit den Stoffwechsel. Der höhere pH-Wert führt in weiterer Folge zu einer Vermehrung der rohfaserzersetzenden Bakterien. Wird die Rohfaser durch die Mikroben zersetzt, entsteht Essigsäure. Die Menge an produzierter Essigsäure steht im direkten Verhältnis zum Milchfettgehalt. Das heißt, wenn rohfaserreich gefüttert und dabei gleichzeitig ein stabiler Pansen-pH-Wert erreicht wird, entsteht viel Essigsäure, die in weiterer Folge zu Milchfett aufgebaut wird. Achtung: Rohfaser ist nicht gleich Rohfaser! Es wird zwischen leicht verdaulicher und schwer verdaulicher Rohfaser (Lignin) unterschieden. Sehr spät gemähtes Grünland oder Stroh weisen hohe Strukturwerte auf. Jedoch hat diese Rohfaser einen hohen Anteil an schwer verdaulicher Faser. Speziell wenn die Tiere über 8.000 Liter Milch produzieren, können die Pansenbakterien die schwer verdauliche Rohfaser aufgrund der erhöhten Passagerate (Zeitspanne, in der sich das Futter im Verdauungstrakt befindet) nicht bzw. kaum verdauen. Daher führt eine Erhöhung des Strohanteils nicht tendenziell zu einer Milchfettsteigerung.

Proteinzersetzende Bakterien

Ca. 70 % des gesamten Futterproteins wird im Pansen verdaut. Dabei werden komplexe Eiweißverbindungen aus dem Grund- und Kraftfutter zu Ammoniak, Peptiden und Aminosäuren abgebaut. Unter Energieaufwand wird anschließend durch die Pansenbakterien das sogenannte Mikrobenprotein aufgebaut. Die Menge des gebildeten Mikrobenproteins ist abhängig von der Menge an Futterprotein sowie von der pansenverfügbaren Energie. Das Mikrobenprotein wird anschließend im Dünndarm aufgenommen und zu Milcheiweiß aufgebaut. Deshalb gibt uns der Milcheiweißgehalt Auskunft über die Energieversorgung.

Im Pansen werden nicht 100% vom gefütterten Eiweiß verdaut. Das überschüssige Protein, das im Pansen nicht zu Mikrobenprotein aufgebaut werden kann, wirkt toxisch (giftig) und muss über die Leber entgiftet werden. Die Leber, die auch als Entgiftungsorgan bekannt ist, baut das nicht verwertete Eiweiß zu Harnstoff ab und scheidet diesen über den Harn und die Milch aus. Über den Milchharnstoffwert können wir somit die Menge an nicht verwertetem Futterprotein erkennen.

Bei einem Proteinmangel aktiviert der Wiederkäuer den sogenannten ruminohepatischen Kreislauf. Dabei kompensiert der Stoffwechsel des Tiers die zu geringen Proteingehalte des Futters. Das von der Leber abgebaute Eiweiß wird, anstelle ausgeschieden zu werden, über den Speichel des Tiers sowie über die Pansenwand zurückgeführt. Dadurch werden leichte Proteinmängel effizient kompensiert.

Kohlenhydratzersetzende Bakterien

Die Zufuhr von genügend Zucker und Stärke ist vor allem bei hoher Milchleistung von großer Bedeutung. Die Summe aus Zucker und Stärke wird auch als „glukoplastische Energie“ bezeichnet. Dieser Begriff kommt daher, weil die gesamte „Pansenenergie“ über die Leber zu Glukose verstoffwechselt werden muss. Die Kohlenhydrate im Futter sind für die Mikroben so etwas wie der Treibstoff für einen Motor. Ohne dessen Zufuhr steht alles still. Eine Erhöhung der Energiedichte wirkt sich grundsätzlich positiv auf Fruchtbarkeit, Milchleistung und den Milcheiweißgehalt aus. Jedoch kann eine Überversorgung an Kohlenhydraten schnell zu gesundheitlichen Schäden führen. Durch den Abbau von diversen Energiequellen entsteht im Pansen vermehrt Propionsäure und Milchsäure. Dies führt zu einer Absenkung des pH-Werts. Dadurch reduzieren sich die faserzersetzenden Bakterien und die Wiederkauschläge sinken. Infolgedessen kommt weniger Natriumbicarbonat in den Organismus und der pH-Wert im Pansen sinkt weiter ab. Rutscht der pH-Wert unter ein kritisches Minimum, sprechen wir von einer Pansenazidose (Übersäuerung). (Darauf wird näher im Kapitel „Stoffwechselerkrankungen“ eingegangen.)

Protozoen und Pilze

Protozoen (tierische Einzeller) und Pilze besiedeln ebenfalls den Pansen, spielen aber eine eher untergeordnete Rolle. Grundsätzlich haben diese Mikroorganismen die Aufgabe, die Pansenmikroben in ihrer Tätigkeit zu unterstützen und den Verdauungsprozess möglichst effizient zu gestalten.

Protozoen sind tierische Einzeller und wirken unterstützend beim Proteinabbau. Die Wissenschaft ist sich über die Bedeutung dieser Einzeller zum Teil noch nicht ganz einig.

Die Pilze werden wiederum in verschiedene Pilzstämme untergliedert. Diese sind darauf spezialisiert, schwer verdauliche Rohfaser (Lignin) sehr schnell vorzuverdauen und für die Mikroben aufzubereiten. Die Hefen sind wohl die bekannteste Gruppe der Pilze. Diese veratmen den Restsauerstoff im Pansen. Dadurch werden die Mikroben, die ein anaerobes Klima (kein Sauerstoff) benötigen, in ihrer Leistungsfähigkeit unterstützt.

Bedeutung und Funktion des Netzmagens

Im Netzmagen werden durch Kontraktionen Futterballen geformt. Durch den sogenannten Ructus wird der Futterbrei zurück ins Maul des Tiers befördert, um anschließend durch das Wiederkauen abermals zerkleinert zu werden. Nach dem Abschlucken des Futters kommt der Futterbrei erneut in den Pansen und der Vorgang wiederholt sich. Erst wenn das Futter durch das Wiederkauen ausreichend zerkleinert wurde, kann es den Netzmagen passieren und wird zum Blättermagen weitergeleitet. Somit hat der Netzmagen die Funktion einer „Kontrollstelle“, ob das Futter kurz genug ist.

Bedeutung und Funktion des Blättermagens

Der Blättermagen ist der letzte Vormagen. Hier wird dem Futterbrei das vorhandene Wasser entzogen und Nähr- sowie Mineralstoffe werden aufgenommen. Hier findet fast keine bakterielle Verdauung mehr statt.

Bedeutung und Funktion des Labmagens

Im Labmagen wird, mithilfe von Salzsäure, der pH-Wert extrem stark abgesenkt. Dadurch sterben Keime und Bakterien ab, die den Dünndarm schädigen könnten. Die Verdauung erfolgt hier hauptsächlich über Enzyme.

Bedeutung und Funktion des Dünndarms

Die Bedeutung der Dünndarmgesundheit hat in der Milchviehfütterung in den vergangenen Jahren extrem zugenommen. Dabei ist das grundsätzlich keine neue Erkenntnis. Das Zitat „Alle Krankheiten beginnen im Darm" wurde bereits im Jahr 350 vor Christus vom griechischen Philosophen Hippokrates zugeschrieben. Der Darm hat die Aufgabe, Nährstoffe (Energie und Eiweiß) und Mineralstoffe, wie z. B. Kalzium, über die Darmschleimhaut in den Blutkreislauf einzuschleusen und gleichzeitig schädliche Erreger, Pilze oder Viren aus dem Organismus zu befördern, indem diese über den After ausgeschieden werden. Doch wie kann der Darm zwischen Giftstoffen und Nährstoffen unterscheiden? Die Antwort liegt in der physikalischen Beschaffenheit der Darmwand. Mikroskopisch kleine „Öffnungen" erlauben es den Nähr- und Mineralstoffen, in die Blutbahn einzudringen. Schadstoffe haben eine größere Oberfläche und können daher grundsätzlich nicht in den Blutkreislauf gelangen. Die Ausnahme tritt ein, wenn eine zu hohe Belastung an Schadstoffen (Endotoxine, Pilze, Viren) über einen gewissen Zeitraum die Darmwand angreifen. Die Folge ist eine löchrige Darmwand, die auch als „Leaky-Gut-Syndrom" bezeichnet wird.

„Nur ein gesunder Darm ermöglicht konstante Leistungen."

Diese Grafik zeigt an der linken Seite eine gesunde Darmwand. Die „Tight Junctions" sind ein Teil der Darmwand und haften eng aneinander. Werden diese, wie zuvor erwähnt, durch Giftstoffe beschädigt, entzündet sich die Darmwand und das „Leaky-Gut-Syndrom" tritt auf.

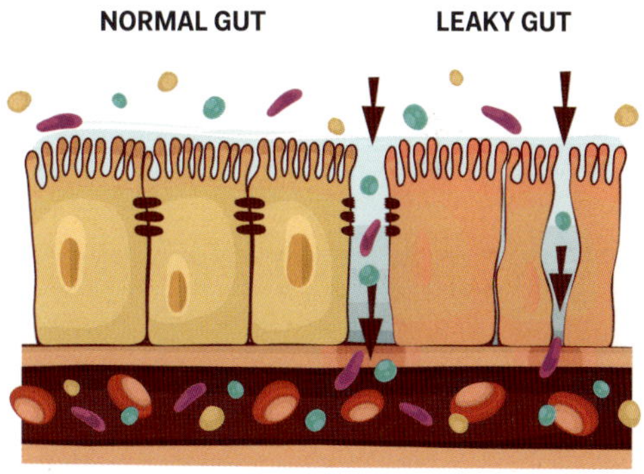

Abbildung 1: Leaky Gut

Folgen des Leaky-Gut-Syndroms

Die angefluteten Toxine müssen über die Leber entgiftet werden. Dadurch wird die Leistungsfähigkeit der Leber eingeschränkt. Nachdem die Leber hauptverantwortlich für den Energiestoffwechsel sowie die Entgiftung im Körper ist, führt eine strapazierte Leber zu Leistungseinbußen und vermindert die Tiergesundheit. Gleichzeitig wird das Immunsystem des Tiers stärker beansprucht, da der Körper versucht, die Giftstoffe zu bekämpfen. Dadurch verbraucht der Organismus vermehrt Energie. Dieser erhöhte Energiebedarf wird durch einen Milchleistungsrückgang kompensiert. In weiterer Folge wandern die Giftstoffe über das Blut in die Lederhaut (der durchblutete Teil) der Klaue. Die Durchblutung und somit die Nährstoffzufuhr werden dadurch massiv beeinträchtigt. Das Auftreten von Sohlengeschwüren und Klauenrehen sind typische Folgeerkrankungen.

Durch die beschädigte Darmwand leidet auch die Nährstoffeffizienz. Das bedeutet, dass die zugeführten Nährstoffe nicht wie gewohnt in Milch aufgebaut werden. Neben den Nährstoffen werden aber auch Mineralstoffe, wie etwa das Kalzium, im Darm aufgenommen und über die Blutlaufbahn dem Wiederkäuer bereitgestellt. Beim Auftreten des Leaky-Gut-Syndroms kann weniger Kalzium absorbiert werden. Das erhöht das Milchfieberrisiko um ein Vielfaches. Deshalb kann es trotz optimaler Trockensteherfütterung und zusätzlicher Milchfieberprophylaxe zum Auftreten von Milchfieber kommen.

Zusätzlich führt eine hohe Giftstoffbelastung im Körper des Tiers oftmals zu einem erhöhten Zellzahlgehalt in der Milch.

Mögliche Ursachen für das Leaky-Gut-Syndrom:

- Pansenazidosen
- Erhöhte Mengen an beständiger Stärke
- Stress
- Futterumstellungen
- Schimmel (Mykotoxine) im Futter
- Nacherwärmungen sowie Fehlgährungen des Futters
- Schmutz (erhöhte Rohaschegehalte, Clostridien) im Futter
- Starke Überversorgung von Zink

Nährstoffaufnahme

Die Energie, die den Pansen unverdaut passiert, wird als beständige Stärke oder umgangssprachlich auch als schonende Energie bezeichnet. Diese Energie entlastet den Pansen, da sie den pH-Wert nicht beeinflusst. Stattdessen werden diese Kohlenhydratverbindungen über den direkten Weg der Darmschleimhaut in die Blutbahn eingeschleust. Dadurch wird die Energieversorgung des Tiers angehoben, ohne dass die Leber zuerst die Energiequellen verstoffwechseln muss. Ein möglichst hoher Gehalt an beständiger Stärke ist somit wertvoll für die Energiebilanz des Tiers. Jedoch ist der Darm in seiner Leistungsfähigkeit begrenzt. Dieser kann nur 1.000–1.300 g beständige Stärke pro Tag effizient verwerten. Dieser Parameter ist mittels einer Rationsberechnung zu überprüfen. Bei Rationen mit CCM oder Maissilage muss unbedingt der abnehmende Gehalt der beständigen Stärke im Zuge des Silierprozesses berücksichtigt werden. CCM weist zu Beginn eine Stärkebeständigkeit von ca. 25 % auf. Dieser Parameter sinkt nach einem Jahr Lagerung im Silo auf ca. 15 % ab.

Körnermais sticht durch eine Stärkebeständigkeit von ca. 40 % deutlich hervor. Die diversen Getreidearten (Weizen, Triticale, Gerste etc.) weisen eine Stärkebeständigkeit von ca. 10 % auf.

Neben der beständigen Stärke durchläuft auch das beständige Eiweiß den Pansen und wird anschließend direkt über die Dünndarmwand in den Blutkreislauf eingeschleust. Das pansenstabile Protein wird auch als UDP (unabgebautes Dünndarmprotein) bezeichnet. Das UDP entlastet den Pansen und verbessert gleichzeitig den Energiestoffwechsel des Tiers, da keine Energie für die Erzeugung von Mikrobenprotein notwendig ist. Daher ist der UDP-Gehalt, speziell in Hochleistungsrationen, enorm wichtig. Diese wertvolle Eiweißverbindung kommt unterschiedlich stark aus Grund- und Kraftfuttermitteln. Frisches Gras hat nur einen UDP-Gehalt von ca. 5–10 %, währenddessen Grassilagen 10–23 % UDP aufweisen. Die relativ große Schwankungsbreite hängt stark vom Trockenmassegehalt und dem pH-Wert ab. Trockene Silagen mit einem etwas höheren pH-Wert weisen tendenziell höhere UDP-Gehalte auf. Heu erreicht sogar einen UDP-Gehalt von ca. 25 %. Diesbezüglich sollte noch erwähnt werden, dass bei fast allen Laboranalysen die UDP-Gehalte lediglich errechnet werden.

Auch die Eiweißfuttermittel (Rapsschrot, Sojaschrot, Getreideschlempe etc.) liefern unterschiedlichste UDP-Gehalte, die in der Rationsberechnung berücksichtigt werden müssen. Durch den Einsatz von geschützten Eiweißfuttermitteln können hohe UDP-Gehalte erzielt werden. (Die genaue Auflistung der prozentuellen UDP-Gehalte wird im Kapitel „Kraftfutterrohstoffe" dargestellt.)

Bedeutung und Funktion der Leber

Die Leber ist neben dem Pansen und dem Dünndarm das dritte zentrale Element in der Verdauung und wird in dessen Bedeutung häufig unterschätzt. Die Leber ist für essenzielle Stoffwechselvorgänge zuständig und gleichzeitig maßgeblich an der Milchproduktion beteiligt.

Der Körper der Kuh wird ständig mit Schadstoffen konfrontiert. Die Leber ist das zentrale Entgiftungsorgan und sorgt dafür, dass eventuelle Schadstoffe möglichst rasch ausgeschieden werden. Das überschüssige Protein wird dabei von der Leber entgiftet und zu Harnstoff abgebaut. Der Harnstoff wird anschließend über Milch und Harn ausgeschieden. Harnstoffwerte über 30 mmol/l sind zu vermeiden, da solche Proteinüberschüsse die Leber stark belasten und gleichzeitig zu keiner Milchleistungssteigerung führen.

Neben der Entgiftungsfunktion wird in diesem Organ auch die Vitamin-A-Synthese sowie die Speicherung von Vitamin K, C und D vollzogen. Zusätzlich werden dort Teile des Hormonhaushalts geregelt.

Unbedingt sollte noch angemerkt werden, dass die Leber eine zentrale Rolle im Energiekreislauf spielt. Die Leber verstoffwechselt die im Pansen erzeugte Energie zu Glukose. Die gewonnene Glukose wird anschließend im Eutergewebe zu Laktose (Milchzucker) und in weiterer Folge zu Milch aufgebaut. Das bedeutet, je mehr Glukose die Leber produzieren kann, desto mehr Milch gibt die Kuh. Im Umkehrschluss kann gesagt werden, dass eine beschädigte oder verfettete Leber ineffizient arbeitet und Milch verloren geht. Die Stoffwechselleistung der Leber ist der erste limitierende Faktor für die Milchproduktion der Kuh. Die Glukosegewinnung durch die Leber und die beständige Stärke im Dünndarm genügen jedoch noch immer nicht, um Milchleistungen von über 40 kg zu erreichen. Daher greift dieses Organ vor allem in den ersten 100 Laktationstagen auf zwei weitere Stoffwechselprozesse zurück. Zum einen sprechen wir hier von der Glukoneogenese (Glukoseneubildung) und zum anderen von der Körperfetteinschmelzung.

Ähnlich wie beim ruminohepatischen Kreislauf (Stickstoffrückfluss in den Pansen) gelingt es der Kuh, eine Mangelsituation zu kompensieren. In diesem Fall wird Propionat (Abbauprodukt aus der Energiegewinnung) aus dem Blut nochmals der Leber zurückgeführt, um dem Tier noch mehr Glukose zur Verfügung zu stellen.

Im Zuge einer negativen Energiebilanz (das Tier gibt mehr Energie ab, als es über das Futter zu sich nimmt) wird Körperfett „eingeschmolzen“. Das beschreibt den Prozess, in dem das eigene Körperfett durch Umwandlung über die Leber zu einer verfügbaren Energiequelle bereitgestellt wird. Beim „Einschmelzen“ lagern sich jedoch freie Fettsäuren in der Leber ab, was wiederum zum Verfetten des Organs führt. Dies wird als Fettlebersyndrom bezeichnet. Das Fettlebersyndrom schränkt das lebenswichtige Organ in dessen Funktionen stark ein und hat daher weitreichende negative Einflüsse auf die Tiergesundheit. Wenn zu viel Körperfett aufgrund eines starken Energiemangels eingeschmolzen wird, ist eine deutliche Gewichtsreduktion des betroffenen Tiers zu erkennen. In weiterer Folge erkrankt das Tier an einer Ketose. (Dies wird im Kapitel „Ursachen und Prävention von Stoffwechselerkrankungen – Ketose“ näher erklärt.)

Bedeutung und Funktion von Dickdarm und After

Im Dickdarm wird das restliche Wasser entzogen und noch vorhandene Nährstoffe werden aufgenommen. Über den After wird anschließend der Kot ausgeschieden.

Interpretation der Milchinhaltsstoffe

Nachdem die Grundsätze der Verdauung erklärt wurden, kommen wir nun genauer zu den Milchinhaltsstoffen. Das richtige Interpretieren der betriebseigenen Milchinhaltsstoffe ist eines der wichtigsten Tools, um die Fütterung zu kontrollieren. Nur wenn man selbst in der Lage ist, die Milchinhaltsstoffe richtig zu interpretieren, können im eigenen Betrieb logische Schlussfolgerungen gezogen und daraus resultierende Änderungen (z. B. Rationsumstellungen) umgesetzt werden. Jede/-r Betriebsführer/-in sollte unbedingt zu den einzelnen Inhaltsstoffen folgende Fragen beantworten können:

- Welche Bedeutung hat der jeweilige Parameter? Wie entsteht der jeweilige Parameter?
- Wie interpretiert man den jeweiligen Parameter? Welche Folgen hat eine Über- und Unterversorgung?
- Wie können Über- und Unterversorgungen vermieden werden?

Milcheiweißgehalt

Bedeutung Milcheiweißgehalt

Der Milcheiweißgehalt zeigt die Energieversorgung des Tiers an und wird extrem stark durch die Fütterung beeinflusst. Deshalb ist dieser Parameter besonders wichtig, um die betriebseigene Fütterung zu durchleuchten. Zusätzlich sind zu geringe oder zu hohe Milcheiweißwerte riesige Kostenfaktoren. Es liegt in der Hand des Betriebsführers/der Betriebsführerin, den Milcheiweißwert durch eine bedarfsangepasste Ration zu optimieren.

Entstehung Milcheiweiß

Das Futterprotein, das über Grund- sowie Kraftfutter in die Mägen der Kuh gelangt, wird von den Bakterien (Mikroben) verarbeitet. Ca. 70 % des Gesamtproteins werden im Pansen abgebaut. Das im Pansen abgebaute Protein wird als Pansenprotein bezeichnet. Das restliche Eiweiß wird im Dünndarm absorbiert und nennt sich infolgedessen unabgebautes Dünndarmprotein (UDP).

Ist das Protein im Pansen angekommen, schließen die Mikroben unter Energieaufwand hochkomplexe Eiweißverbindungen auf und verwandeln anschließend das Futterprotein zu Mikrobenprotein. Je höher die Energiezufuhr in der Ration ist, desto mehr Mikrobenprotein wird aufgebaut.

Das Mikrobenprotein wird übers Blut aufgenommen und gelangt anschließend in die Milch. Die Summe aus der erzeugten Menge an Mikrobenprotein und UDP (unabgebautes Dünndarmprotein) steuert den Milcheiweißgehalt.

Interpretation Milcheiweißgehalt

Der Milcheiweißgehalt liefert, wie bereits erwähnt, einen Aufschluss über die Energieversorgung der Kuh bzw. der Herde. Jedoch gibt es hier gewisse rassenspezifische Unterschiede. Braunvieh und Jersey weisen genetisch bedingt höhere Milcheiweißwerte auf. Deshalb sollte die Interpretation der Energieversorgung immer mit der Bewertung der Körperkondition durch Ermittlung des BCS (Body Condition Score) oder dem Messen der Rückenfettdicke gekoppelt sein.

Grundsätzlich können folgende Richtwerte herangezogen werden:

Milcheiweiß < 3,1 % → starker Energiemangel und eventuell Proteinmangel*

Milcheiweiß 3,2–3,3 % → Energiemangel und eventuell Proteinmangel*

Milcheiweiß 3,4–3,6 % → ausgeglichene Energieversorgung

Milcheiweiß 3,7–3,9 % → Energieüberschuss

Milcheiweiß > 4,0 % → starke Energieüberversorgung

* Ein Proteinmangel in der Ration kann trotz guter Energieversorgung zu reduzierten Milcheiweißwerten führen. In diesem Fall wäre der Harnstoffgehalt in der Milch unter 15 mmol/l.

Folgen von zu niedrigen Milcheiweißgehalten

Milcheiweißwerte unter 3,2 % zeigen ein deutliches Energiedefizit an. Ketosen, Fruchtbarkeitsstörungen, Milchverlust und Abmagerung sind mögliche Auswirkungen von einem Energiemangel. Die dadurch anfallenden Kosten (Tierarzt, Milchrückgang, höhere Remontierungsrate usw.) sind teilweise enorm. Das muss aber nicht so sein. Die erfreuliche Nachricht ist, dass durch ein gut funktionierendes Fütterungsmanagement Energiemängeln vorgebeugt werden kann. In sehr vielen Betrieben ist speziell in den ersten 100 Tagen der Laktation eine unzureichende Energieversorgung der Hauptfaktor für weiterführende Probleme.

Vermeidung von zu niedrigen Milcheiweißgehalten

Es gibt mehrere Möglichkeiten, den Milcheiweißwert zu steigern. Grundsätzlich geht es immer darum, den Gehalt vom nutzbaren Rohprotein (Summe aus UDP und Mikrobenprotein) zu steigern. Die tägliche Futteraufnahme spielt eine sehr große Rolle! Eine Steigerung der Trockenmasseaufnahme führt automatisch zu einer besseren Energieversorgung. Gleichzeitig führen das Verfüttern energiereicherer Silagen sowie das Erhöhen des Silomaisanteils in der Ration zu gesteigerten Milcheiweißwerten. Energieschwache und rohfaserreiche Silagen sollten an trockenstehende Kühe oder das Jungvieh (ab einem Alter von ca. 10 Monaten) verfüttert werden. Eine Reduktion bzw. das Entfernen von Heu oder Stroh aus der Ration führt ebenfalls zu einer höheren Energiedichte. Damit die Ration wiederkäuergerecht bleibt, müssen unbedingt Grundfutteruntersuchungen inklusive einer Rationsberechnung gemacht werden. Extensives Heu sowie Stroh beanspruchen viel Platz im Pansen, reduzieren somit die Futteraufnahme und haben zusätzlich einen extrem geringen Energiewert.

Das eingesetzte Kraftfutter hat einen enormen Einfluss auf den Milcheiweißwert. Die Zusammensetzung des Kraftfutters sowie die Einsatzmengen spielen dabei eine große Rolle. Hohe Getreideanteile und hochwertige Eiweißquellen steigern den Milcheiweißgehalt. Liegt der Milcheiweißgehalt trotz des Einsatzes von hochwertigem Kraftfutter unter dem Zielwert, sollte über eine Erhöhung der Einsatzmenge nachgedacht werden. Natürlich muss dabei immer auf eine wiederkäuergerechte Ration geachtet werden.

Liegt der Milchharnstoff unter 15 mmol/l, führt eine Erhöhung von Futterprotein ebenfalls zu einer Steigerung des Milcheiweißgehalts. Wenn zu wenig Protein im Pansen ankommt, haben die Bakterien keine Möglichkeit, genügend Mikrobenprotein und in weiterer Folge Milcheiweiß aufzubauen. In gewissen Rationen kann z. B. der Einsatz von geschütztem Raps durchaus Sinn machen. Der hohe UDP-Gehalt hebt die Milcheiweißgehalte an und entlastet den Energiekreislauf.

Abschließend muss auch noch die Pansensynchronisation angesprochen werden. Sie beschreibt das Zusammenspiel der einzelnen Futterkomponenten. Diese werden in schnell verdauliche und langsam verdauliche Futtermittel untergliedert. Im Zuge einer Rationsberechnung muss auf ein ausgewogenes Verhältnis geachtet werden. (Mehr dazu wird im Kapitel „Synchronisation der Milchviehration" erläutert.)

Folgen von zu hohen Milcheiweißgehalten

Zu hohe Milcheiweißwerte führen zum Verfetten der Tiere. Diese Kühe weisen ein exorbitant höheres Risiko für Schwergeburten auf und sind in der Folgelaktation wesentlich anfälliger für Stoffwechselerkrankungen. In weiterer Folge kommt es aufgrund der Energieüberversorgung zum Verfetten lebenswichtiger Organe. Vor allem die Leber verzeichnet durch zu hohe Gewichtszunahmen sehr starke Leistungseinbußen. (Die Folgen des Fettlebersyndroms wurden bereits im Kapitel „Das Verdauungssystem der Milchkuh – Bedeutung der Leber" erklärt.) Eine Energieüberversorgung kostet also immer Geld. Einerseits, weil die Gesundheit des Tiers leidet, andererseits, weil die zugeführte Energie nicht in Milch, sondern in Körperfett umgewandelt wird.

Vermeidung von zu hohen Milcheiweißgehalten

Häufig werden speziell die Altmelker zu fett und sorgen in der Folgelaktation für Probleme.

Eine hohe Persistenz und damit eine langsam abflachende Laktationskurve sind immer anzustreben. Wenn die Tiere gegen Ende der Laktation stark mit der Milch abfallen, ist ein Verfetten gerade bei aufgewerteten Rationen und Totalmischrationen eine logische Folge. Die Genetik hat einen großen Einfluss auf die Persistenz. Es gibt Tiere, die genetisch bedingt gegen Ende der Laktation stark mit der Milch abfallen. Solche Tiere sollten ausselektiert werden. Gleichzeitig muss bei der Anpaarung auf Stiere mit guter Persistenz gesetzt werden. Neben der Genetik haben aber auch die Fütterung sowie die Fruchtbarkeit einen großen Einfluss. Die Ration muss gegen Ende der Laktation eiweißbetont gestaltet werden. Das stabilisiert die Milchleistung und verhindert so ein zu starkes Verfetten. Auf keinen Fall dürfen gegen Ende der Laktation zu hohe Körnermaismengen verfüttert werden. Zusätzlich muss bei einer händischen Kraftfutterzuteilung oder beim Vorhandensein einer Transponderstation das Kraftfutter bedarfsgerecht reduziert werden. Ab dem 100. Laktationstag sollte die Kraftfutterzuteilung nach Milchleistung erfolgen. Eine Kuh mit 22 Liter Milch muss weniger Kraftfutter bekommen als ein Tier mit 30 Liter Milch. Kraftfutterzuteilungstabellen sind hierbei eine große Stütze. Kühe, die aus verschiedensten Gründen (Fruchtbarkeitsprobleme, schlechte Brunsterkennung, bewusst spätere Besamung etc.) zu spät tragend werden, weisen eine zu hohe Zwischenkalbezeit auf. Selbst bei einer sehr guten Persistenz fallen die allermeisten Tiere ab dem 300. Laktationstag stark mit der Milch ab und neigen daher zum Verfetten. Die Rasse Fleckvieh ist diesbezüglich im Vergleich zu Holstein Friesian definitiv etwas sensibler.

Wenn Tiere aus diversen Gründen mit der Milch abfallen, macht es Sinn, diese vorzeitig trockenzustellen, um ein Verfetten zu vermeiden. Voraussetzung hierfür ist eine angepasste Trockensteherfütterung.

„Zu hohe Milcheiweißwerte sind der Wegbereiter für Stoffwechselprobleme und erhöhen zusätzlich die Kraftfutterkosten pro kg Milch."

Funktion der Energieversorgung

Energieversorgung (Kohlenhydratstoffwechsel)

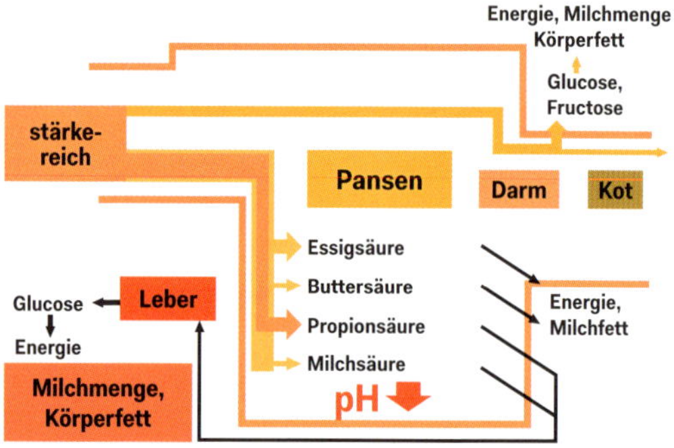

Abbildung 2: Energieversorgung (Kohlenhydratstoffwechsel) nach Steinwidder und Wurm, 2005

Die Abbildung zeigt die wichtigsten Vorgänge im Zuge der Energieversorgung.

Durch das Fressen der Ration gelangen Kohlenhydrate (Stärke und Zucker) in den Pansen. Durch die Fermentation entsteht hauptsächlich Propionsäure. Diese führt zu einer Reduktion des pH-Werts. Je mehr Energie in den Pansen gelangt, desto tiefer sinkt der pH-Wert ab. Zu hohe Kraftfuttergaben führen zum negativen Effekt, dass dadurch die faserzersetzenden Bakterien aufgrund des zu tiefen pH-Werts absterben. Niedrige Milchfettgehalte sowie Pansenazidosen sind die Folge. Die fermentierten Kohlenhydrate werden über die Leber zu Glukose umgewandelt. Die Glukose ist eine verfügbare Energiequelle für den Wiederkäuer und ist maßgeblich für den Milchaufbau und Körperfettaufbau verantwortlich. Je höher die Energiedichte in der Gesamtration ist, desto höher ist die gebildete Menge an Glukose. Die Energieversorgung wird über die zugeführte Menge von Grundfutter und Kraftfutter gesteuert.

Darüber hinaus gibt es noch die im Pansen beständige Stärke. Diese wird wie das UDP (unabgebautes Dünndarmprotein) direkt im Dünndarm aufgenommen. Dadurch, dass diese Energie nicht im Pansen fermentiert wird, wird der pH-Wert nicht abgesenkt. Das wirkt sich positiv auf den Milchfettgehalt sowie auf die Kuhgesundheit aus. Zusätzlich wird die Leber der Kuh nicht beansprucht.

Milchfettgehalt

Bedeutung Milchfettgehalt

Der Milchfettgehalt spiegelt den Anteil der verdauten Rohfaser wider und ist daher ein wichtiger Faktor zur Beurteilung einer wiederkäuergerechten Ration. Zu tiefe Milchfettgehalte sind ein Indikator für Pansenazidosen. Neben der Beurteilung der Rohfaserversorgung wirkt sich auch die Energieversorgung auf die Milchfettgehalte aus. Durch starke Energiemängel (Ketosen) wird Körperfett eingeschmolzen. Die dabei frei werdenden Fettsäuren werden zum Teil über die Milch ausgeschieden und heben dadurch den Milchfettgehalt an. Energetisch überversorgte Tiere weisen ebenfalls erhöhte Milchfettgehalte auf.

Entstehung Milchfett

Die Mikroben bauen die Rohfaser im Pansen ab. Dabei entsteht Essigsäure, die in weiterer Folge zu Milchfett aufgebaut wird. Je mehr Essigsäure produziert wird, desto höher ist der Milchfettgehalt. Bei zu tiefen pH-Werten bzw. bei zu hohen Milchsäure- und Propionsäuregehalten im Pansen können die Mikroben die vorhandene Rohfaser nicht effizient abbauen. Das bedeutet, dass hohe Kraftfuttergaben den Milchfettaufbau behindern. Vor allem zu hohe Kraftfutterteilgaben (> 2 kg) haben diesbezüglich eine extrem negative Auswirkung. Die gefressene Rohfaser wird in diesem Fall nicht zu Milchfett aufgebaut. Schwer verdauliche Rohfaser (Lignin) kann speziell im Hochleistungsbereich aufgrund der höheren Passagerate kaum zu Milchfett aufgebaut werden.

Interpretation Milchfettgehalt

Der Milchfettgehalt wird durch die Genetik sowie die Fütterung beeinflusst. Die Rasse Jersey ist beispielsweise für sehr hohe Milchfettgehalte bekannt. Aber auch innerhalb von den einzelnen Rassen gibt es Linien, die unter- oder überdurchschnittliche Fettgehalte produzieren. Neben der Rasse sollte auch die Milchleistung beachtet werden, da bei erhöhter Milchleistung grundsätzlich ein Verdünnungseffekt stattfindet.

Grundsätzlich können folgende Richtwerte herangezogen werden:

- Milchfett < 4,1 % → Pansenübersäuerung, Strukturmangel, schlechte Genetik oder sehr hohe Milchleistung
- Milchfett 4,2–4,4 % → Zielwert
- Milchfett > 4,5 % → Rohfaserüberschuss, Ketosen, verfettete Tiere, geringe Milchmenge oder sehr milchfettstarke Genetik

Folgen von zu niedrigen Milchfettgehalten

Zu niedrige Fettgehalte in der Milch können über einen längeren Zeitraum zu erheblichen gesundheitlichen Schäden führen. Durch den verminderten Rohfaserabbau sinkt die Wiederkauaktivität. Dadurch wird weniger Natriumbicarbonat produziert und der Organismus übersäuert. Zusätzlich entstehen durch das Absterben der faserzersetzenden Mikroben Endotoxine. (Die Folgen einer zu hohen Giftstoffbelastung wurden bereits im Kapitel „Das Verdauungssystem der Milchkuh – Bedeutung und Funktion des Dünndarms" erklärt.)

Vermeidung von zu niedrigen Milchfettgehalten

Die tägliche Futteraufnahme hat einen großen Einfluss auf den Milchfettgehalt. Genau genommen ist die Aufnahme an strukturierter Rohfaser pro Kuh und Tag für den Milchfettaufbau entscheidend. Im Sommer tritt häufig das Problem auf, dass der Fettgehalt in der Milch deutlich zurückgeht. Das lässt sich durch den hitzebedingten Rückgang der Futteraufnahme begründen.

Schwer verdauliche Rohfaser (Lignin) liefert zwar auf dem Papier viel Faser, kann aber von den Bakterien nicht effizient zu Milchfett umgewandelt werden. Der Ligninanteil in der Pflanze steigt während des Wuchsstadiums ständig an, um für Stabilität zu sorgen. Neben dem Schnittzeitpunkt spielt auch die Botanik (Pflanzenbestand) eine wichtige Rolle. Leguminosen und alte Grünlandbestände weisen meist hohe Ligningehalte auf. Durch einen möglichst frühen Schnittzeitpunkt (ertragsdynamische Bewirtschaftung) und einen kultivierten Grünlandbestand kann man hochverdauliches Grundfutter ernten.

Wenn zu hohe Mengen an Kohlenhydraten im Pansen ankommen, sinkt der pH-Wert in ein zu saures Milieu ab, bei welchem die faserzersetzenden Bakterien nicht mehr gut arbeiten können bzw. sogar absterben. Dies wirkt sich negativ auf den Milchfettgehalt aus. Aufgewertete Rationen mithilfe eines Futtermischwagens oder eines Fütterungsroboters bringen diesbezüglich große Vorteile, da im Idealfall mit jedem „Bissen" Grund- und Kraftfutter aufgenommen wird. Das führt zu einem sehr konstanten Pansenmilieu. Wird das Kraftfutter händisch oder am Transponder gefüttert, sollten Kraftfutterteilgaben über 1,5 kg vermieden werden. Kraftfuttermengen über 2 kg führen tendenziell zu schleichenden Pansenazidosen.

Das Bild zeigt die Auswirkungen der Kraftfutterteilgaben auf den Pansen-pH-Wert. Eine Erhöhung der Teilgaben führt, wie deutlich zu sehen ist, zu einer wesentlich geringeren pH-Wert-Absenkung.

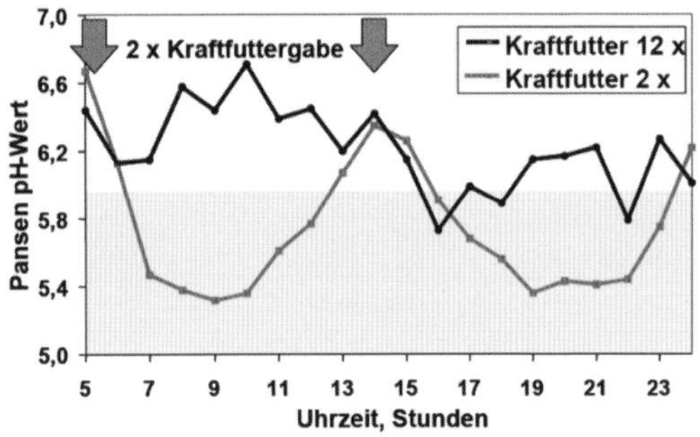

Abbildung 3: Einfluss der Häufigkeit von Kraftfuttergaben auf den Pansen-pH-Wert (vgl. French & Kenelly, 1990)

Vor allem bei Rationen mit einem hohen Grasanteil (Heu, Weide, Grünfutter, Grassilage) spielt der prozentuelle Körnermaisgehalt im Kraftfutter eine bedeutsame Rolle. Körnermais hat einen sehr hohen Wert an beständiger Stärke (schonende Energie). Diese wird nicht im Pansen verdaut und führt demnach zu keiner pH-Wert-Absenkung, was wiederum den Mikroben zugutekommt. In diesem Zusammenhang muss auch der Zuckergehalt in den Rationen angesprochen werden. Bei Heu, Grünfutter oder der Weidehaltung kommt es sehr häufig zu Zuckerüberschüssen. Zucker ist eine schnelle Energiequelle und führt daher zu einem Absinken des Pansen-pH-Werts. Das behindert wiederum die Mikroben am Rohfaserabbau und dem anschließenden Milchfettaufbau. Dadurch kann es trotz geringen Kraftfuttermengen zu erheblichen Pansenazidosen kommen. Grundsätzlich entlasten hochwertige bzw. konzentrierte Kraftfuttermittel den Pansen, da geringere Aufwandsmengen benötigt werden, um die gewünschten Parameter zu erreichen. Dadurch fressen die Tiere mehr Grundfutter und der Pansen-pH-Wert stabilisiert sich.

Durch die Zugabe von Spezialfuttermitteln wie geschütztem Fett oder Lebendhefen bzw. vorfermentierten Hefen kann der Milchfettgehalt ebenfalls gesteigert werden. Die in den geschützten Fetten enthaltenen Fettsäuren gehen zum Teil ins Blut über und heben so den Milchfettgehalt an. Die Lebendhefen bzw. vorfermentierten Hefen unterstützen den Wiederkäuer beim Abbau der Zellulose und können so das Milchfett anheben.

Zu guter Letzt ist noch die Melktechnik zu erwähnen. Der fettreichere Teil in der Milch kommt zum Schluss. Wenn die Tiere richtig ausgemolken werden, das heißt die Abnehmautomatik richtig eingestellt ist, ohne dass eine Blindmelkung erfolgt, kann dies zu einem besseren Milchfettgehalt führen.

Folgen von zu hohen Milchfettgehalten

Die Folgen von zu hohen Milchfettgehalten differenzieren sich nach den jeweiligen Ursachen. Sind Ketosen zu Beginn der Laktation für erhöhte Werte verantwortlich, müssen unbedingt sämtliche Maßnahmen zur Ketoseprophylaxe getroffen werden. Die Ketose ist die Stoffwechselkrankheit Nummer eins bei Milchkühen und sorgt für erhebliche Schäden wie z. B. Milchverlust, Fruchtbarkeitsprobleme, Sohlengeschwüre, Tierarztkosten etc. (Mehr dazu wird im Kapitel „Ursachen und Prävention von Stoffwechselerkrankungen – Ketose“ erklärt.)

Werden die Tiere gegen Ende der Laktation zu fett, heben die dabei entstehenden Fettsäuren ebenfalls den Milchfettgehalt. Wie bereits erwähnt, sind zu fette Tiere prädestiniert, in der Folgelaktation an einer Ketose zu erkranken, und weisen ein stark erhöhtes Risiko für Schwergeburten auf.

In weiterer Folge kann auch eine verminderte Milchleistung die Ursache für gesteigerte Milchfettgehalte sein. Dies ist, abgesehen von dem wirtschaftlichen Faktor, grundsätzlich kein Problem, solange die Frischmelker nicht an Ketosen erkranken und die Altmelker nicht verfetten.

Vermeidung von zu hohen Milchfettgehalten

Um entsprechend reagieren zu können, muss zuerst die Ursache für die zu hohen Fettgehalte eruiert werden. Im Wesentlichen können Ketosen, verfettete Tiere oder zu niedrige Milchleistungen, der Grund für erhöhte Milchfettgehalte sein.

Eine Ketose resultiert fast immer aus einem Energiemangel. In seltenen Fällen können auch Grassilagen mit stark erhöhten Buttersäuregehalten Ketosen hervorrufen. Eine Grundfutteranalyse inklusive dem dazugehörigen Gärsäuremuster gibt darüber einen genaueren Aufschluss. (Die detaillierten Maßnahmen, um Ketosen zu reduzieren, werden im Kapitel „Ursachen und Prävention von Stoffwechselerkrankungen – Ketose“ erklärt.)

Werden die Tiere gegen Ende der Laktation zu fett, liegt der Fehler meist in der Rationsgestaltung. Zu niedrige Harnstoffwerte sowie zu hohe Kraftfuttermengen sind in diesem Zusammenhang besonders hervorzuheben. Sollten Tiere im letzten Laktationsdrittel zu fett sein (BCS > 3,75), macht es Sinn, das Kraftfutter deutlich zu reduzieren bzw. je nach Milchleistung und Rationsmodell kein Kraftfutter bis zum Trockenstellen zu füttern. Denn in der Trockenstehzeit sollten auch zu fette Tiere nicht mehr an Körperkondition verlieren. Zusätzlich führt eine zu geringe Persistenz tendenziell zum Verfetten der Tiere. Dies wird einerseits durch die spezifische Genetik der Tiere, einer zu stärkereichen Fütterung sowie einer zu langen Zwischenkalbezeit hervorgerufen.

Wie bereits in der Einleitung dieses Kapitels erwähnt, können auch zu niedrige Milchleistungen der Grund für zu hohe Milchfettgehalte sein. Es gibt einige mögliche Gründe für eine verminderte Milchleistung. Im Endeffekt ist die durchschnittliche Tagesmilchproduktion das Ergebnis aus der Rationsgestaltung und der Tiergesundheit bzw. dem Tierwohl.

Milchharnstoffgehalt

Bedeutung Harnstoffgehalt

Der Harnstoffgehalt in der Milch gibt uns Auskunft über das überschüssige Eiweiß in der Ration. Dadurch kann im Umkehrschluss die Proteinzufuhr interpretiert werden. Eine ausreichende Proteinzufuhr über das Futter ist essenziell für die Milchbildung und die Pansenfunktion. Der Milchharnstoffgehalt reagiert bereits auf geringe Fütterungsumstellungen und sollte laufend durch Interpretation der Molkereidaten beurteilt werden. Harnstoffüberschüsse belasten das Tier stark und können zu Folgeerkrankungen führen.

Entstehung Milchharnstoffgehalt

Das gesamte Futterprotein (Grundfutter plus Kraftfutter) wird zu ca. 70 % im Pansen aufgeschlossen. Dieses Protein nennt sich Pansenprotein. Unter Energieaufwand wird das Eiweiß in Mikrobenprotein umgewandelt. Das überschüssige Eiweiß, das nicht vollständig umgewandelt wird, muss von der Leber entgiftet werden. Im Zuge dieses Entgiftungsprozesses werden die diversen Proteinverbindungen zu Harnstoff abgebaut. Der Harnstoff wird anschließend über Milch und Harn ausgeschieden. Je mehr überschüssiges Eiweiß im Pansen anfällt, umso höher ist der Harnstoffgehalt in der Milch.

Interpretation Milchharnstoffgehalte

Die Genetik hat keinen Einfluss auf den Harnstoffgehalt in der Milch. Dieser Parameter wird nur über die Fütterung gesteuert. Die Milchharnstoffgehalte sollten regelmäßig anhand der Molkereidaten überwacht werden. Bei konstanter Fütterung sollte dieser Parameter um maximal 4–5 mmol/l schwanken. In weiterer Folge müssen neben dem Herdendurchschnitt auch die Leistungsgruppen am LKV sowie die Harnstoffgehalte der Einzeltiere begutachtet werden.

Grundsätzlich können folgende Richtwerte herangezogen werden:

- Harnstoffgehalt < 15 mmol/l
  → starker Eiweißmangel
- Harnstoffgehalt 16–19 mmol/l
  → leichter Eiweißmangel (außer es werden Aminosäuren wie z. B. Lysin oder Methionin ergänzt)
- Harnstoffgehalt 20–26 mmol/l
  → optimale Eiweißversorgung
- Harnstoffgehalt 27–29 mmol/l
  → leichte Eiweißüberversorgung
- Harnstoffgehalt > 30 mmol/l
  → Eiweißüberversorgung

Folgen von zu niedrigen Harnstoffgehalten

Zu niedrige Harnstoffwerte reduzieren die Pansenaktivität sowie die Milcheiweißwerte und führen speziell bei den Altmelkern zu einem Milchverlust. Die verminderte Pansenaktivität wirkt sich wiederum negativ auf die Futteraufnahme und damit auf die Energiebilanz aus. Ein Milchleistungsrückgang bei den Altmelkern erhöht die Gefahr des Verfettens.

Vermeidung von zu niedrigen Harnstoffgehalten

Um den Harnstoffgehalt in der Milch zu erhöhen, muss die Proteinzufuhr angehoben werden. Dies kann über das Grundfutter sowie über das Kraftfutter erfolgen.

Wenn Silomais und Grassilage verfüttert werden, führt eine Erhöhung des Grassilageanteils zu einer Steigerung des Milchharnstoffwerts. Achtung: Wenn die Maissilage zu stark reduziert wird, kann es zu einem Stärke-/Energiemangel kommen sowie zu einer Überschreitung des Zielwerts an strukturierter Rohfaser. Deshalb sollten solche Umstellungen immer erst nach einer erfolgten Rationsberechnung gemacht werden.

Eine Reduktion von Heu oder Stroh in der Ration erhöht ebenfalls den Harnstoffgehalt in der Milch.

Voraussetzung ist natürlich, dass stets wiederkäuergerecht gefüttert wird. Auch dazu ist eine Rationsberechnung notwendig.

Eine Steigerung des Rohproteingehalts im Grundfutter erfüllt natürlich ebenfalls den Zweck. Dieser Punkt kann jedoch nicht sofort umgesetzt werden, außer es wird auf einen eiweißreicheren Schnitt gewechselt.

Die Anpassung des Kraftfutters ist in der Praxis die gängigste Methode, um den Harnstoffwert zu regulieren. Je nach Harnstoffgehalt in der Milch muss die Eiweißzufuhr dementsprechend stark angehoben werden. Wird ein Eiweißkonzentrat mit 40 % Rohprotein eingesetzt, kann folgende Faustregel herangezogen werden: „Eine Erhöhung des Eiweißfutters um 0,1 kg pro Kuh und Tag führt zu einer Steigerung des Harnstoffgehalts um ca. 1 mmol/l.“ Wenn z. B. der Milchharnstoffwert von 15 auf 25 angehoben werden soll, muss das Eiweißkonzentrat um ca. 1 kg pro Kuh und Tag erhöht werden. Im Gegenzug dazu muss demnach dann das Energiefuttermittel um 1 kg pro Tier und Tag reduziert werden.

Ich empfehle jedem Betrieb, zumindest zwei verschiedene Futtersorten im Betrieb zu haben, um möglichst rasch auf etwaige Harnstoffschwankungen reagieren zu können. Hat der Betrieb nur eine Futtersorte zur Verfügung, muss bei Änderungsbedarf die Rezeptur bei der nächsten Kraftfutterlieferung bzw. der hofeigenen Mischung angepasst werden. Das kann teilweise mehrere Wochen dauern.

Foto © Catherine Eckert/Shutterstock.com

Eine Erhöhung des Maissilageanteils reduziert den Milchharnstoff

Folgen von zu hohen Harnstoffgehalten

Harnstoffwerte über 30 mmol/l sind absolut schädlich für die Kuh und führen zu keiner Leistungssteigerung! Klauenprobleme, Fruchtbarkeitsstörungen sowie das Auftreten von Leberschäden sind typische Folgen, wenn zu viel Eiweiß gefüttert wird.

Vermeidung von zu hohen Harnstoffgehalten

Um den Harnstoffgehalt in der Milch zu senken, muss die Proteinzufuhr reduziert werden. Dies kann ebenfalls über das Grundfutter sowie über das Kraftfutter erfolgen. Eine Erhöhung des Maissilageanteils reduziert den Milchharnstoff. Dies ist jedoch aufgrund betriebsindividueller Gegebenheiten (z. B. Sandwichsilage) nicht immer möglich. Außerdem haben die Betriebe oftmals nicht die Ressourcen, um den benötigten Silomaisanteil bis zur kommenden Ernte halten zu können. Die Ergänzung von Stroh oder der Austausch der Grassilage durch einen wesentlich proteinschwächeren Schnitt würde zwar zu einem Absinken des Harnstoffgehalts beitragen, führt aber gleichzeitig auch zu einer verminderten Milchleistung und ist daher nicht zu empfehlen. Aus diesem Grund gelingt die Harnstoffreduktion am besten über das Kraftfutter. Es ergeben sich wiederum große Vorteile, wenn der Betrieb zumindest zwei Futtermittel zur Verfügung hat. Auch hier gilt wieder folgende Faustregel: „Die Reduktion eines Eiweißfuttermittels mit 40 % XP um 0,1 kg pro Tier und Tag reduziert den Harnstoffgehalt in der Milch um ca. 1 mmol/l.“ Liegt der Harnstoffgehalt beispielsweise im Durchschnitt bei 35 mmol/l, sollte das Eiweißkonzentrat um ca. 1 kg pro Tier und Tag reduziert werden, um in etwa einen Harnstoffgehalt von 25 mmol/l zu erreichen. Im Gegenzug dazu muss demnach dann das Energiefuttermittel um 1 kg pro Tier und Tag erhöht werden.

Funktion der Eiweißversorgung

Eiweißversorgung

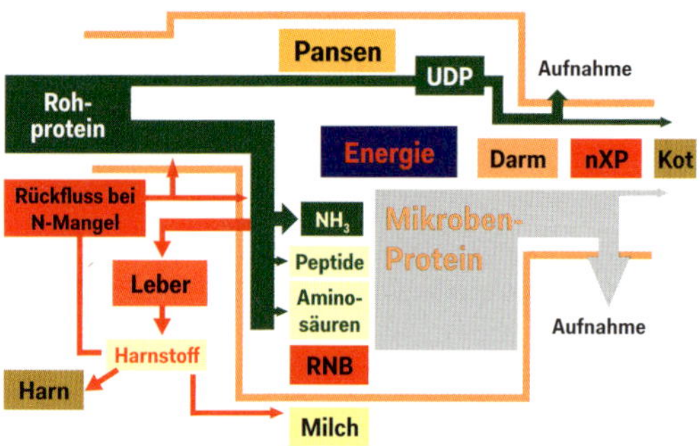

Abbildung 4: Energie und Eiweißversorgung nach Steinwidder und Wurm, 2005

Die Abbildung zeigt die wichtigsten Vorgänge im Zuge der Eiweißverdauung.

Diese Grafik sieht anfangs kompliziert aus, ist jedoch nach kurzer Erläuterung sehr einfach zu verstehen und fasst das bereits Beschriebene perfekt zusammen. Das Futterprotein (Grundfutter und Kraftfutter) gelangt durch das Fressen der Ration in den Pansen. Nun wird das pansenverfügbare Eiweiß abgebaut und unter Energieaufwand zu Mikrobenprotein umgewandelt. Dieses wird in weiterer Folge zu Milcheiweiß verstoffwechselt. Je höher die Energiedichte in der Gesamtration ist, desto höher ist das Milcheiweiß. Die Energieversorgung wird über die zugeführte Menge von Grundfutter und Kraftfutter gesteuert. Das überschüssige Eiweiß, das nicht zu Mikrobenprotein umgewandelt wird, muss vom Körper über die Leber entgiftet werden. Das Abbauprodukt davon ist der Harnstoff. Er wird über Milch und Harn ausgeschieden und kann anschließend über die Milchdaten erfasst werden. Herrscht ein Proteinmangel in der Ration, können die Wiederkäuer diesen kurzfristig kompensieren, indem das nicht verdaute Protein nochmals über den Speichel zurück ins Maul des Tiers transportiert wird und anschließend im Pansen erneut fermentiert wird. Dieser Stoffwechselvorgang nennt sich ruminohepatischer Kreislauf.

Das UDP (unabgebautes Dünndarmprotein) wird, wie der Name schon sagt, erst im Dünndarm aufgenommen. Dies hat den Vorteil, dass keine Energie benötigt wird, um Milcheiweiß aufzubauen. Daher ist der UDP-Gehalt vor allem in Hochleistungsrationen ein wichtiger Faktor.

Foto © Francesco Scatena/Shutterstock.com

Leguminosen wie z. B. Klee oder Luzerne liefern hohe Mengen an Protein.

Interpretation des LKV-Berichts

Die regelmäßigen Auswertungen des Landeskontrollverbands (LKV) bieten eine betriebseigene Leistungserfassung. Dabei werden sowohl die Herdendurchschnitte als auch Einzeltierleistungen erfasst. Die richtige Interpretation des LKV-Berichts ist ein extrem wichtiges Tool, um die Fütterung zu durchleuchten. Unbedingt muss vor dem Interpretieren der Daten die Tatsache beachtet werden, dass die Messung der Milchleistungsdaten immer nur eine Momentaufnahme ist. Vor allem, wenn im Betrieb Silageballen verfüttert werden oder der Betrieb unregelmäßige Melkzeiten hat, kann es zu starken Abweichungen kommen. Genauso ist Vorsicht geboten, wenn sich die Tiere zum Zeitpunkt der Milchleistungskontrolle gerade in einer Futterumstellung befinden. In weiterer Folge müssen bei der Interpretation der Daten die betriebsindividuellen Melkzeiten hinterfragt werden. Die Milchkontrollen wechseln immer zwischen einer Morgen- und Abendmessung. In vielen Betrieben liegt der zeitliche Abstand zwischen den Melkzeiten nicht genau bei 12 Stunden. Meistens liegen zwischen dem Melken am Abend und dem Melken am Morgen 13–14 Stunden. Diese Differenz führt tendenziell zu einer etwas gesteigerten Milchmenge am Morgen. Grundsätzlich führt die gesteigerte Milchmenge auch zu etwas niedrigeren Milchinhaltsstoffen.

Dies ist bei Interpretation sowie leistungsangepassten Kraftfuttereinstellungen zu berücksichtigen.

Des Weiteren müssen immer die Werte des LKV-Berichts mit den aktuellen Molkereiproben abgeglichen werden. Die Daten der Molkereiproben fassen den Durchschnitt der Herde von zwei Tagen zusammen und bieten daher eine etwas bessere Aussagekraft. Sollten die Molkereiwerte mit den Ergebnissen des LKV-Berichts in etwa gleich sein, ist eine hohe Aussagekraft des LKV-Ergebnisses gegeben.

Um den LKV sinnvoll interpretieren zu können, müssen die einzelnen Parameter (Milchfett, Milcheiweiß usw.) und deren Bedeutung bzw. Zielwerte bekannt sein. (Dies wurde im Kapitel „Das Verdauungssystem der Milchkuh“ erklärt.) Außerdem muss beim Herauslesen der Daten systematisch vorgegangen werden, um einen roten Faden bezüglich der Fütterungssituation erkennen zu können. Ich empfehle zuerst die durchschnittlichen Daten der Herde zu interpretieren, anschließend die Leistungsgruppen zu erfassen und zuletzt die auffälligen Einzeltiere herauszufiltern. Zusätzlich liefern die abgebildeten Grafiken einen guten Überblick über die Herde.

Durchschnittswerte der gesamten Herde

Die Durchschnittswerte werden direkt nach der letzten Kuh in fett gedruckter Form angeführt. Erste fütterungstechnische Gegebenheiten lassen sich bereits von diesen Daten ableiten. Die Werte unter den fett gedruckten Parametern zeigen die Abweichungen zur vorigen Kontrolle an.

L.

Das L. steht für die Laktationsanzahl der Tiere. Der österreichische Durschnitt liegt bei ca. 2,6 Laktationen.

Liegt der Wert hier unter 2,6, hat der Betrieb viele Abgänge bzw. eine erhöhte Remontierung. Das reduziert die Milchleistung, da bei einer niedrigen durchschnittlichen Laktationsanzahl der Anteil an Erstlingskühen (1. Laktation) im Stall hoch ist. Zuchtbetriebe haben teilweise niedrige durchschnittliche Laktationszahlen, da diese einige Tiere ab der ersten

Nr.	Name	Lebensnummer	L.	Tg.	v_Mkg	M-kg	Fett%	Eiw%	Zellz.	FEQ	Harn.	KI
63	SASU	AT 98 9183 469	1	259	32,5	32,9	4,18	3,60	27	1,16	27	5
64	EFEUER	AT 98 9190 369	1	201	35,1	34,6	3,91	3,63	78	1,08	18	5
65	NINA VG86	AT 29 0140 668	3	362	43,3	trocken						
66	ELENA	AT 52 7266 529	5	255	47,3	49,3	2,72	3,55	109	0,77 -	22	5
67	EMELY	AT 98 9189 169	1	182	37,3	35,4	4,67	3,72	99	1,26	33	6
68	ERIKA	AT 98 9171 969	1	171	50,2	47,1	3,22	3,19 -	21	1,01	26	2
70	ANASTASIA	AT 98 9194 769	1	173	32,2	31,3	4,96	3,52	473 !	1,41	22	5
71	KUSS	AT 98 9197 169	1	164	36,8	38,1	3,68	3,63	29	1,01	21	5
72	EVELINE	AT 98 9200 469	1	163	33,7	38,3	3,69	3,63	248 !	1,02	25	5
76	PRESTA	AT 90 4469 868	3	63	57,5	62,9	3,89	2,88 -	19	1,35	16	2
77	KISS	AT 98 9198 269	1	166	34,5	36,6	3,90	3,61	47	1,08	23	5
78	SELINA	AT 98 9203 769	1	167	41,0	39,8	3,35	3,41	87	0,98 -	24	5
80	EMASTAR	AT 98 9195 869	1	157	37,1	36,2	3,23	3,26	17	0,99 -	28	5
81	KAROTTE	AT 90 4472 368	3	89	57,9	56,5	3,33	2,90 -	24	1,15	22	2
82	INES	AT 93 0571 929	5	175	51,3	51,0	4,71	3,31	36	1,42	27	5
83	ILSE	AT 80 8652 574	1	158	26,7 !	16,0	4,77	3,19 -	174	1,50	28	2
85	POISIN	AT 98 9199 369	1	145	36,6	34,8	3,89	3,25	51	1,20	27	5
86	SCHAKI	AT 90 4473 468	3	125	35,5	40,3	5,24	3,74	128	1,40	30	6
87	ULRIKE	AT 98 9202 669	1	139	37,4	30,5	4,05	3,28	474 !	1,23	20	5
88	HEIDI	AT 90 4484 768	3	118	52,8	53,7	3,38	3,43	15	0,99 -	24	5
89	KEKSI	AT 98 9201 569	1	131	42,1	41,7	3,39	2,96 -	15	1,15	31	3
90	KLASSE	AT 90 4482 568	3	195	35,8	35,1	4,01	3,87 +	45	1,04	31	9
91	HEIDEMARIE	AT 80 8653 674	1	138	30,2	29,9	3,71	3,53	15	1,05	32	6
92	ERDBEERE	AT 98 9193 669	1	125	46,4	43,8	3,35	3,25	119	1,03	22	5
93	SCHNEE	AT 80 8650 374	1	131	27,9	26,1	5,03	3,72	151	1,35	27	5
94	SARA	AT 35 2915 938	4	600	38,0	40,8	4,29	3,40	394 !	1,26	25	5
96	DANI	AT 80 8658 274	1	81	38,0	38,4	3,69	3,27	144	1,13	17	5
97	KARMI	AT 49 8213 122	7	35	S	61,2	4,12	2,93 -	385 !	1,41	20	2
	POESIE	AT 90 4462 168	3	19	T	Kolostralmilch						
55 Kühe, in Milch 52		**Su. 2036,2 kg**	**2,5**	**213**	**38,8**	**39,2**	**4,01**	**3,47**	**111**	**1,15**	**25**	
-2 Kühe, in Milch -2		Su. -80,6 kg				+0,0	+0,10	-0,13	+18	0,06	+1	

Gleitender Stalldurchschnitt

	Tage	Kuhanzahl	M-kg	F-%	F-kg	E-%	E-kg	F+Ekg
letzte 12 Monate	**365**	**53,5**	**13.090**	**3,84**	**503**	**3,46**	**453**	**955**
2022	365	55,0	12.507	3,91	489	3,46	433	922

Abbildung 5: Auszug eines LKV-Berichts (LKV, 2022)

Laktation verkaufen und bewusst auf eine junge Herde setzen, um den Zuchtfortschritt möglichst hoch zu halten.

Tg.

Tg. steht für die Höhe der Laktationstage. Das Ziel für Fleckvieh sollte es grundsätzlich sein, konstant über das Jahr hindurch 160–170 Laktationstage zu haben. Der Jahresbericht gibt dazu einen genaueren Aufschluss. Laktationstage über 200 deuten auf eine verminderte Fruchtbarkeit hin. Zu hohe Laktationstage reduzieren außerdem die Milchleistung. Als Faustregel gilt: „10 Tage kosten ca. 1 Liter Milch." Wenn die Herde statt 160 Laktationstage 200 Laktationstage im Schnitt aufweist, wären dies ca. 4 Liter Milch, die bei gleichen Gegebenheiten verloren gehen würden.

Bei Rassen wie Holstein setzt man teilweise aufgrund der sehr guten Persistenz bewusst auf höhere Laktationsstage.

v_Mkg

v_Mkg steht für die Milchleistung in kg der vorigen Milchkontrolle. Daraus kann der Milchanstieg bzw. Milchabfall seit der letzten Kontrolle abgeleitet werden. Dabei muss natürlich auch der Faktor Melkintervall zwischen Morgen- und Abendkontrolle berücksichtigt werden. Fällt die Milchleistung im Schnitt von einer zur nächsten Kontrolle über 3 Liter ab, sollte dies kritisch hinterfragt werden.

M-kg

M-kg steht für Milchkilogramm und zeigt die aktuelle Milchleistung der Tiere an.

Fett %, Eiweiß %, Harn

In den einzelnen Spalten der angeführten Parameter werden die Durchschnittswerte angezeigt. (Die Zielwerte für Fett-, Eiweiß- und Harnstoffgehalt wurden bereits im Kapitel „Die Interpretation der Milchinhaltsstoffe" erklärt.)

Zellzahl

Die Zellzahl gibt Aufschluss über die Eutergesundheit bzw. Hygiene. Der im LKV-Bericht angegebene Wert muss mit dem Faktor 100 multipliziert werden, um die tatsächliche Zellzahl zu erhalten.

Grundsätzlich gilt: „Je niedriger die Zellzahl, desto besser." Der Herdendurchschnitt sollte 150 nicht überschreiten. Die Zellzahlwerte der Einzeltiere geben einen genaueren Aufschluss, ob es sich um ein Herdenproblem handelt oder nur um ein paar Einzeltiere mit extrem hohen Zellzahlgehalten, die den Herdenschnitt erhöhen.

FEQ

FEQ steht für Fett-Eiweiß-Quotient. Dieser Parameter stellt das Verhältnis von Milchfett zu Milcheiweiß dar. Grundsätzlich sind Werte zwischen 1,0 und 1,5 anzustreben. Liegt der FEQ unter 1,0, deutet das auf eine Azidose hin. Dies ergibt sich daraus, weil bei einer Azidose meistens das Milcheiweiß aufgrund der hohen Kraftfuttermenge ansteigt und gleichzeitig der Milchfettgehalt wegen des niedrigen Pansen-pH-Werts abfällt.

Steigt der FEQ über 1,5 an, ist dies ein Indikator für Ketosen. In diesem Fall weist das betroffene Tier aufgrund eines Energiemangels einen niedrigen Milcheiweißwert auf. Um den Energiemangel auszugleichen, wird Körperfett eingeschmolzen. Die dabei frei werdenden Fettsäuren gehen zum Teil in die Milch über und erhöhen so den Milchfettgehalt. (Mehr dazu wird im Kapitel „Ursachen und Prävention von Stoffwechselerkrankungen – Ketose" erklärt.)

Kuh-Nr.	Laktationstage	Milch-kg	Milchfettgehalt	Milcheiweißgehalt	FEQ
1	20	35	5,0 %	2,7 %	1,8
2	40	39	4,5 %	3,0 %	1,5
3	5	20	4,3 %	3,5 %	1,2
4	30	37	4,3 %	3,1 %	1,3
5	35	45	3,5 %	2,8 %	1,2
6	330	17	6,0 %	3,7 %	1,6

Tabelle 1: Darstellung diverser FEQ in Abhängigkeit der Milchinhaltsstoffe

Der FEQ sollte eher bei der Einzeltierbewertung oder bei der Analyse der Leistungsgruppen interpretiert werden. In der Praxis kann der FEQ nämlich trügerisch sein und teils starke subklinische Ketosen nicht anzeigen. Der Grund hierfür ist, dass die Inhaltsstoffe der Milch multifaktoriell bedingt sind. Wenn z. B. eine Kuh an einer subklinischen Ketose erkrankt ist und die Kuh aufgrund dessen weniger Grundfutter frisst, aber das Kraftfutter am Transponder abholt, rutscht diese Kuh zusätzlich in eine Azidose, wodurch der Milchfettgehalt wiederum sinkt. Das Ergebnis wäre ein unauffälliger FEQ.

In weiterer Folge sind die Inhaltsstoffe bei Einzeltieren auch genetischen Gegebenheiten unterlegen und sagen somit nicht immer etwas über die Fütterungssituation aus. Summa summarum besteht also in der Interpretation des FEQ eine mögliche Fehlerquelle, was die Erkennung von subklinischen Ketosen betrifft. Deshalb ist das Ketosemessen des Bluts die präziseste Technik, um die tatsächliche Energieversorgung zu eruieren. (Mehr dazu wird im Kapitel „Wichtigste Controllingpunkte“ erklärt.)

Kuh Nr. 1: Der FEQ liegt bei 1,8. Das Tier hat laut LKV-Bericht eine Ketose. Das ist auch zu 100 % richtig!

Kuh Nr. 2: Der FEQ liegt bei 1,5. Das Tier hat laut LKV-Bericht eine beginnende Ketose. Das kann richtig sein, jedoch könnte die Ketose auch wesentlich stärker sein als vermutet. Hier kann nur über das Ketosemessen ein klares Urteil getroffen werden.

Kuh Nr. 3: Der FEQ liegt bei 1,2. Das Tier hat laut LKV-Bericht kein Stoffwechselproblem. Das kann stimmen, muss aber nicht! In der ersten Woche nach dem Abkalben verändern sich die Inhaltsstoffe sehr stark, und somit spiegeln diese nicht die tatsächliche Stoffwechsellage wider. Hier kann nur über das Ketosemessen ein klares Urteil getroffen werden.

Kuh Nr. 4: Der FEQ liegt bei 1,3. Das Tier hat laut LKV-Bericht kein Stoffwechselproblem. Vermutlich hat dieses Tier jedoch eine schleichende Ketose. Die Energieversorgung ist niedrig und der Milchfettgehalt in Anbetracht zur Milchleistung hoch. Hier kann nur über das Ketosemessen ein klares Urteil getroffen werden.

Kuh Nr. 5: Der FEQ liegt bei 1,2. Das Tier hat laut LKV-Bericht kein Stoffwechselproblem. Jedoch hat dieses Tier mit hoher Wahrscheinlichkeit eine schleichende Ketose, da der Milcheiweißgehalt so tief ist. Eventuell leidet das Tier auch an einer Azidose. Das kann nur über das Kotsieben und die Anzahl der Wiederkauschläge/Wiederkauminuten festgestellt werden. Möglicherweise resultieren aus der niedrige Fettgehalt auch aufgrund der Genetik sowie der hohen Milchleistung (Verdünnungseffekt). Wie stark die schleichende Ketose tatsächlich ist, kann nur über das Ketosemessen beurteilt werden.

Kuh Nr. 6: Der FEQ liegt bei 1,6. Das Tier hat laut LKV-Bericht eine Ketose. Dies ist aufgrund des hohen Milcheiweißgehalts sowie der hohen Laktationstage ganz sicher nicht der Fall. Hierfür muss auch nicht Ketose gemessen werden. Die Kuh ist überversorgt und mit hoher Wahrscheinlichkeit zu fett.

Kl

Kl steht für die Klasse. Je nach Milcheiweiß und Milchfettgehalt werden die Tiere in Versorgungsklassen eingeteilt. Diese Klassen sind am Schluss des

LKV-Berichts auch grafisch abgebildet. Eine ausgeglichene Versorgung entspricht der Klasse 5.

Durchschnittswerte der Leistungsgruppen

Die Tabelle „Fütterung und Stoffwechsel“ hat eine ganz zentrale Bedeutung. Hier werden die Tiere in den einzelnen Abschnitten der Laktation (1–100 Tage, 101–200 Tage und ab 200 Tage) sowie in Kühe der ersten Laktation und Mehrkalbskühe unterteilt. Die Leistungsgruppen in der ersten Laktation müssen allerdings immer etwas mit Vorsicht betrachtet werden, da diese Tiere häufig rangniedrig sind und meistens zu wenige Tiere pro Laktationsabschnitt vorhanden sind. Es sollten nämlich mindestens 10 Tiere pro Leistungsgruppe vorhanden sein. Dennoch können die Einsatzleistungen dieser Tiere ein guter Indikator für die Kälber- und Jungviehaufzucht sein.

Es wird immer Einzeltiere geben, die gesundheitliche Probleme haben und daher auffällig in ihren Inhaltsstoffen sind. Wichtig ist, dass die Leistungsgruppen bedarfsgerecht versorgt werden. Dazu ist die Tabelle „Fütterung und Stoffwechsel“ ein sehr aussagekräftiges Tool.

Das Interpretieren der Durchschnittswerte ist wichtig, jedoch werden diese Parameter oftmals in dessen Bedeutung überschätzt. Eine energetische Unterversorgung der Frischmelker, gekoppelt mit einer energetischen Überversorgung der Altmelker, kann z. B. den durchschnittlichen Milcheiweißgehalt perfekt aussehen lassen.

Hier noch mal genauer erklärt: Die größten Stoffwechselprobleme stellen starke Energiemängel am Anfang der Laktation sowie starke Energieüberversorgungen gegen Ende der Laktation dar. Das bedeutet, dass beispielsweise die Tiere am Beginn der Laktation Milcheiweißwerte von 2,8 % haben und gegen Ende der Laktation auf 4,0 % Milcheiweiß ansteigen. Das durchschnittliche Milcheiweiß könnte in diesem Fall bei 3,5 % liegen und somit als optimale Energieversorgung interpretiert werden. Das gleiche Schema gilt für alle anderen Parameter.

Daher ist die Durchleuchtung der einzelnen Leistungsgruppen viel genauer und aussagekräftiger!

Fütterung und Stoffwechsel

Milchinhaltsstoffe nach Klassen

Klasseneinteilung	Kühe	M-kg	Fett %	Eiw %	Zellz.	FEQ	Harn.
1–15,0 kg							
15,1–25,0 kg	5	21,1	4,21	4,18	322	1,01	25
25,1–35,0 kg	18	30,6	4,43	3,86	254	1,15	21
über 35,0 kg	39	44,0	3,95	3,65	247	1,08	20
1. Lakt. 1–100 Tg.	4	29,4	4,52	3,71	538	1,22	23
1. Lakt. 101–200 Tg.	7	38,4	3,91	3,76	66	1,04	24
1. Lakt. ab 200 Tg.	4	33,5	4,19	3,79	79	1,10	21
ab 2. Lakt. 1–100 Tg.	18	46,0	3,88	3,46	336	1,12	16
ab 2. Lakt. 101–200 Tg.	12	40,9	4,13	3,80	215	1,09	21
ab 2. Lakt. ab 200 Tg.	17	31,4	4,32	4,03	250	1,07	24

Abbildung 6: Auszug aus der Tabelle „Fütterung und Stoffwechsel“ (LKV, 2022)

Ab 2. Lak. 1-100 Tage

M-kg

Die Milchleistung sollte um ca. 5–7 Liter höher sein als bei der Gruppe 101–200 Tage. Ist dies nicht der Fall, kann die Ursache an einer suboptimalen Trockensteherfütterung oder an einer starken Belastung des Organismus (Stoffwechselprobleme, Klauenprobleme, Mastitis, Metritis, Infekte etc.) liegen. Treten beim Großteil der Tiere starke Stoffwechselprobleme auf, kann es sogar der Fall sein, dass die Milchleistung geringer ist als in der Gruppe 101–200 Tage.

Fett %

Das Milchfett sollte in dieser Leistungsgruppe aufgrund der erhöhten Milchleistung am niedrigsten innerhalb der drei Leistungsgruppen sein. Ist das Milchfett in dieser Gruppe höher als bei Gruppe 101–200 Tage, ist das ein klares Zeichen für subklinische Ketosen. Der Zielwert des Milchfetts hängt extrem stark von der Leistung und der Genetik ab. Grundsätzlich sind aber Milchfettgehalte unter 3,6 % definitiv zu tief. In diesem Fall leiden die Tiere an subklinischen Azidosen.

Eiweiß %

Das Milcheiweiß spiegelt die Energieversorgung wider. Mit steigenden Einsatzleistungen erhöhen sich tendenziell die Ansprüche an eine bedarfsgerechte Energieversorgung. Grundsätzlich muss es jedoch das Ziel sein, in den ersten 100 Tagen im Schnitt 3,4 % Milcheiweiß zu erreichen.

FEQ

Der FEQ ist vor allem in dieser Gruppe sehr interessant. Aufgrund der hohen Stoffwechselbelastung zu Laktationsbeginn besteht ein erhöhtes Risiko für Ketosen und Azidosen. Wie bereits erwähnt, soll der FEQ zwischen 1,1 und 1,4 liegen.

Harn

Der Harnstoffgehalt sollte in den ersten 100 Tagen der Laktation im Vergleich zwischen den drei Leistungsgruppen am niedrigsten sein. Das wird über die richtige Kraftfutterergänzung eingestellt. Die Zielwerte liegen zwischen 17 und 22 mmol/l Harnstoff. Bei diesem Harnstoffgehalt wird noch immer das volle Milchleistungspotenzial ausgeschöpft und gleichzeitig wird die Energieversorgung durch die geringere Eiweißzufuhr verbessert.

Ab 2. Lak. 101-200 Tage

M-kg

Die Milchleistung sollte im Vergleich zur ersten Gruppe um maximal 7 Liter Milch abfallen. Fällt die Milch um nur 6 Liter oder weniger Liter ab, deutet das auf eine sehr gute Persistenz hin. Natürlich ist die Beurteilung der Persistenz auch davon abhängig, wie hoch die Tiere in der Gruppe 1–100 Tage eingesetzt haben. Je höher diese einsetzen, umso größer darf auch der Milchleistungsunterschied zwischen den Gruppen sein.

Fett %

Das Milchfett sollte gegenüber der Gruppe 1–100 Tage aufgrund der etwas niedrigeren Milchleistung ansteigen. Natürlich hängt das Milchfett, wie bereits erwähnt, stark von der Leistung und der Genetik ab. Dennoch sollten zumindest 4,0 % Milchfett erreicht werden.

Eiweiß %

Das Milcheiweiß sollte gegenüber der Gruppe 1–100 Tage aufgrund der etwas niedrigeren Milchleistung um ca. 0,3 % ansteigen. Dieser Parameter überschreitet in dieser Gruppe meist 3,4 % Milcheiweiß. Sollte dies nicht der Fall sein, muss dringendst die Energieversorgung gesteigert werden.

FEQ

Die Stoffwechselbelastung ist in dieser Gruppe meistens nicht mehr so hoch. Dennoch kann es unter gewissen Bedingungen vor allem zu Azidosen kommen. Wie bereits erwähnt, soll der FEQ zwischen 1,1 und 1,4 liegen.

Harn
Der Harnstoffgehalt sollte gegenüber der Gruppe 1–100 Tage etwas ansteigen, da der Energiestoffwechsel nicht mehr so stark beansprucht wird und um gleichzeitig die Persistenz zu fördern. Die Zielwerte liegen zwischen 20 und 25 mmol/l Harnstoff. Ist dies nicht der Fall, müssen die Kraftfuttereinstellungen angepasst werden.

Ab 2. Lak. Ab 200 Tage

M-kg
Die Milchleistung sollte auch hier um maximal 7 Liter im Vergleich zur vorigen Gruppe 101–200 Tage abfallen. Häufig wird dieser Zielwert überschritten. Die Gründe hierfür liegen meistens an einer nicht zufriedenstellenden Fruchtbarkeit, einer nicht bedarfsgerechten Proteinversorgung sowie einer nicht optimalen genetischen Persistenz.

Fett %
Das Milchfett sollte aufgrund der geringeren Milchmenge in dieser Leistungsgruppe am höchsten sein. Wie bereits erwähnt, ist der Milchfettgehalt von mehreren Faktoren abhängig. Zumindest sollten aber 4,2 % erreicht werden.

Eiweiß %
Der Milcheiweißgehalt in dieser Gruppe ist ein ganz wesentlicher Faktor, um kontrollieren zu können, ob die Tiere bedarfsgerecht gefüttert werden. Das Milcheiweiß sollte im Vergleich zur Gruppe 1–100 Tage um maximal 0,6 % ansteigen. Steigt dieser Wert darüber hinaus an, werden die Altmelker energetisch überversorgt. Das führt zum Verfetten der Tiere und ist verantwortlich für diverse Folgeerkrankungen.

FEQ
In dieser Gruppe kommt es so gut wie nie zu starken Stoffwechselbelastungen. Wie bereits erwähnt, soll der FEQ zwischen 1,1 und 1,4 liegen.

Harn
Der Milchharnstoff sollte im Vergleich zu Gruppe 101–200 Tage wiederum etwas ansteigen. Die Zielwerte liegen bei 24 bis 28 mmol/l Harnstoff. Das fördert die Persistenz und schützt die Altmelker vor dem Verfetten.

Werte der Einzeltiere

Nachdem die durchschnittlichen Milchleistungsdaten sowie die einzelnen Leistungsgruppen interpretiert wurden, sollten noch die Einzeltierdaten bewertet werden, um mögliche „Problemkühe" zu erkennen und individuelle Maßnahmen ergreifen zu können.

M-kg

Ist die Milchleistung einer Kuh im Vergleich zur vorigen Kontrolle stark abgefallen, muss dies genau hinterfragt werden. Die Kuh muss auf mögliche Anzeichen von eventuellen Problemen beobachtet werden.

Fett %

Auffällige Milchfettgehalte, die stark vom Herdendurchschnitt abweichen, deuten auf Ketosen oder Azidosen hin. In diesem Fall muss das Milchfett immer in Kombination zum Milcheiweiß und den Laktationstagen gesehen werden.

Eiweiß %

Kühe mit Milcheiweißgehalten unter 3,2 % weisen auf einen Energiemangel hin. Bei noch nicht trächtigen Tieren sollte unbedingt Ketose gemessen werden. Milcheiweißgehalte über 3,8 % zeigen grundsätzlich eine Energieüberversorgung an. Dieser Wert kann allerdings bei Tieren mit genetisch hohen Inhaltsstoffen abweichen. Es empfiehlt sich, diese Tiere bezüglich ihrer Körperkondition zu bewerten. Bei bereits verfetteten Tieren muss unbedingt die Kraftfuttermenge reduziert bzw. das Kraftfutter ganz weggelassen werden. Zusätzlich kann ein frühzeitiges Trockenstellen sinnvoll sein.

Harn

Wenn der Harnstoffgehalt eines Einzeltiers wesentlich höher als der Gruppendurchschnitt ist, bekommt diese Kuh vermutlich zu viel Eiweißfutter. In Mischrationen tritt das z. B. auch dann auf, wenn die Tiere zu stark das Kraftfutter selektieren. Liegt der Harnstoffgehalt wesentlich unter dem Gruppendurchschnitt, bekommt die Kuh entweder zu wenig Eiweißfutter, oder sie frisst zu wenig. Das ist vor allem bei Kühen zu erkennen, die an subklinischen Stoffwechselproblemen leiden oder andere gesundheitliche Probleme (Euterentzündungen, Infekte, Klauenprobleme etc.) haben.

FEQ

Wie bereits erwähnt, spiegelt dieser Parameter das Verhältnis von Milchfett zu Milcheiweiß wider. Grundsätzlich sind Werte zwischen 1,0 und 1,5 anzustreben. Liegt der FEQ unter 1,0, deutet das auf eine Azidose hin. Dies ergibt sich daraus, weil bei einer Azidose meistens das Milcheiweiß aufgrund der hohen Kraftfuttermenge ansteigt und gleichzeitig der Milchfettgehalt wegen des niedrigen Pansen-pH-Werts abfällt. Azidosen können vor allem im Hochleistungsbereich auch noch gegen Ende der Laktation auftreten.

Steigt der FEQ über 1,5 an, ist dies ein Indikator für Ketosen. In diesem Fall weist das betroffene Tier aufgrund eines Energiemangels einen niedrigen Milcheiweißwert auf. Um den Energiemangel auszugleichen, wird Körperfett eingeschmolzen. Die dabei frei werdenden Fettsäuren gehen zum Teil in die Milch über und erhöhen so den Milchfettgehalt. (Mehr dazu wird im Kapitel „Ursachen und Prävention von Stoffwechselerkrankungen – Ketose" erklärt.) Da Ketosen hauptsächlich zu Beginn der Laktation auftreten, sollten FEQ-Werten über 1,5 bei Tieren mit über 200 Laktationstagen keine zu große Bedeutung beigemessen werden. Diese Tiere haben häufig aufgrund der geringeren Milchmenge hohe Fettwerte, die dazu führen, dass der FEQ im LKV-Bericht erhöht ist.

Zellzahl

Wenn Einzeltiere hohe Zellzahlgehalte aufweisen, sollte unbedingt ein Schalmtest sowie eine bakteriologische Untersuchung der Milch gemacht werden. Vor allem bei bestimmten Erregern (z. B. E. Coli) sollte in Absprache mit dem Tierarzt eine gezielte antibiotische Behandlung rasch erfolgen.

Harnstoff/Eiweiß – Übersicht der gesamten Herde

Die unten angeführte Grafik „Stoffwechselkontrolle Harnstoff/Eiweiß (KL)" gibt einen sehr guten Überblick über die Verteilung der Herde. Jede Kuh ist anhand ihrer Inhaltsstoffe auf der Abbildung angeführt. Die X-Achse zeigt den Harnstoffgehalt an. Die Klassen 8, 5 und 2 deuten auf eine optimale Proteinversorgung hin. Die Y-Achse zeigt den Milcheiweißgehalt an. In diesem Fall stellen die Klassen 4, 5 und 6 das Optimum dar. Nachdem beide Parameter im Optimum liegen sollten, ist die Versorgungsklasse 5 anzustreben. Die Tabelle daneben zeigt, wie hoch der prozentuelle Anteil an den jeweiligen Versorgungsklassen ist. In Versorgungsklasse 5 sollten sich mindestens 60 % der Tiere befinden. Ist dies nicht der Fall, müssen mögliche Ursachen hinterfragt werden. Streuen die Harnstoffwerte zu stark, liegt der Fehler meist an einer zu unterschiedlichen Kraftfutterzuteilung (eventuell auch Kraftfutterstehlen am Transponder) oder einer Kraftfutterselektion am Futtertisch. Gibt es bei den Milcheiweißwerten zu große Unterschiede, muss die Energieversorgung der Tiere hinterfragt werden. Dazu gibt die Abbildung „Stoffwechselkontrolle Energieversorgung" einen genaueren Aufschluss.

Die folgende Grafik zeigt eine wünschenswerte Verteilung der Herde. Der Großteil der Tiere wird optimal versorgt.

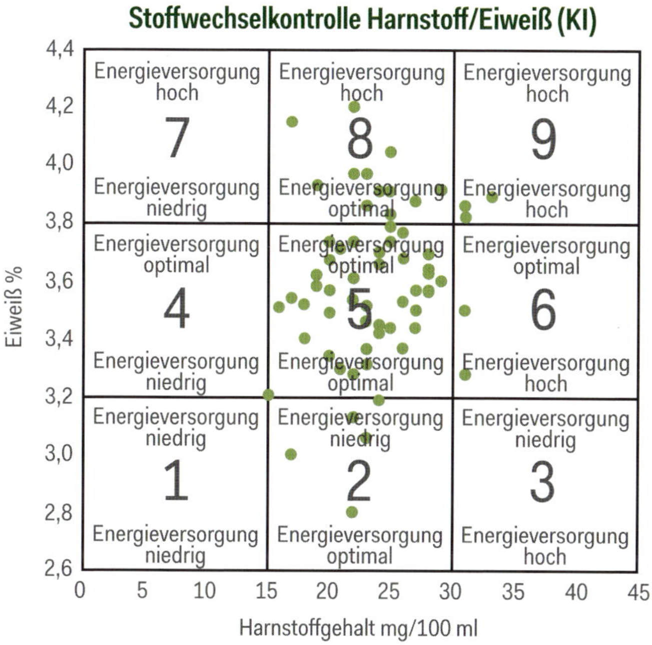

Klasse	Anz	%
9	3	4,5
8	12	17,9
7	0	0,0
6	2	3,0
5	45	67,2
4	0	0,0
3	0	0,0
2	5	7,5
1	0	0,0

Abbildung 7: Auszug aus der Tabelle „Stoffwechselkontrolle und Harnstoff/Eiweiß" mit geringen Schwankungen (LKV, 2022)

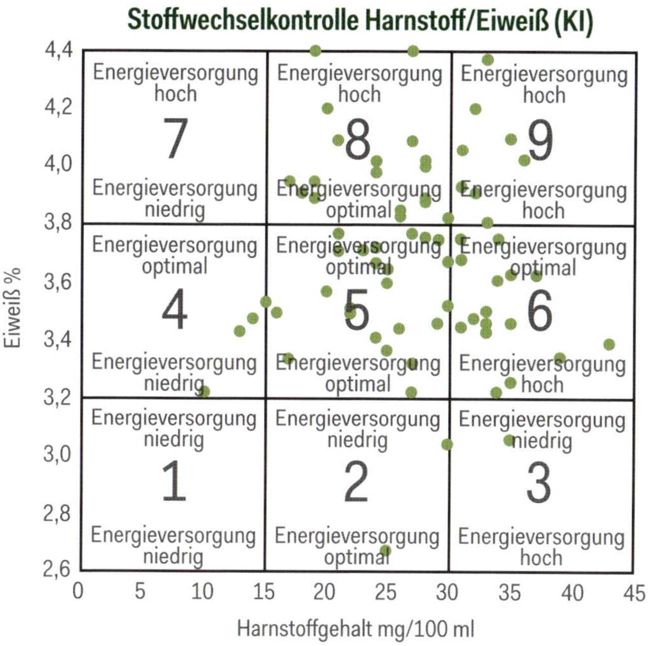

Klasse	Anz	%
9	10	13,3
8	17	22,7
7	0	0,0
6	19	25,3
5	23	30,7
4	3	4,0
3	2	2,7
2	1	1,3
1	0	0,0

Abbildung 8: Auszug aus der Tabelle „Stoffwechselkontrolle Harnstoff/Eiweiß" mit großen Schwankungen (LKV, 2022)

Abbildung 8 zeigt zu große Schwankungen innerhalb der Herde. Stoffwechselprobleme sind in einem solchen Fall vorprogrammiert. Mögliche Ursachen hierfür könnten eine zu trockene Ration oder eine fehlerhafte Kraftfutterzuteilung am Transponder sein.

Stoffwechselkontrolle Energieversorgung – Übersicht der gesamten Herde

Unter- sowie Überversorgungen sind in der Fütterung immer zu vermeiden. Vor allem die Energieversorgung hat einen großen Einfluss auf die Tiergesundheit. Das Ziel ist es, den Energiemangel zu Beginn der Laktation bestmöglich ausgleichen zu können und eine Energieüberversorgung gegen Ende der Laktation zu vermeiden. Die X-Achse der darunter angeführten Grafik zeigt die Milch-kg an, während auf der Y-Achse der Milcheiweißgehalt ausgewiesen wird.

Die Tabelle daneben zeigt die prozentuelle Verteilung der Tiere an. Über 70 % der Tiere sollten in die Klasse „normal" fallen. Liegt der Wert darunter, sollten mögliche Faktoren hinterfragt und verbessert werden. Manchen Betrieben gelingt es durch ein gutes Fütterungs- und Herdenmanagement, bis zu 95 % der Tiere in der Gruppe „normal" zu haben.

Abbildung 9 zeigt eine wünschenswerte Verteilung der Tiere an. Es gibt nur wenige Exemplare mit Energieüberschüssen bzw. Energiemängeln.

Abbildung 10 zeigt eine unzufriedenstellende Verteilung der Tiere an. Der Anteil an Energieüberschüssen und Energiemängeln ist zu hoch.

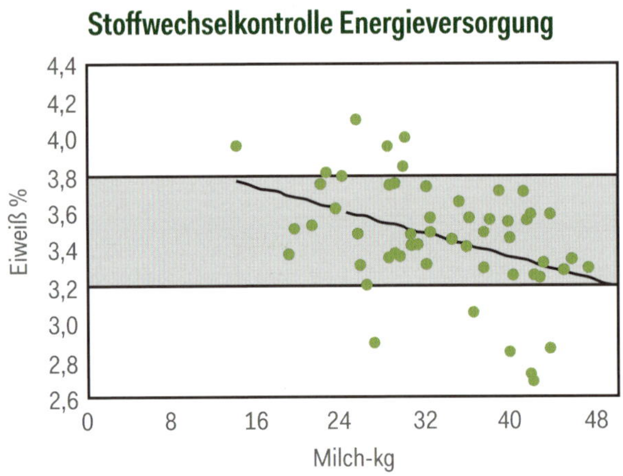

Klasse	Anz	%
Energieübersch.	6	10,2
normal	46	78,0
Energiemangel	7	11,9

Abbildung 9: Auszug aus der Tabelle „Stoffwechselkontrolle Energieversorgung" mit unzufriedenstellender Verteilung (LKV, 2022)

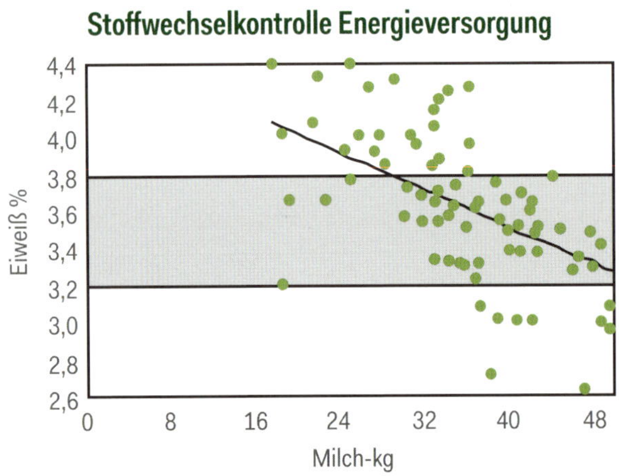

Klasse	Anz	%
Energieübersch.	23	24,7
normal	51	54,8
Energiemangel	19	20,4

Abbildung 10: Auszug aus der Tabelle „Stoffwechselkontrolle Energieversorgung" mit zufriedenstellender Verteilung (LKV, 2022)

Konservierung des Grundfutters

Die Milchkuh ist ein Wiederkäuer! Die Basis jeder Ration ist immer das Grundfutter. Die Variabilität des Grundfutters ist einer der Hauptgründe, weshalb es keine Standardration für Milchviehbetriebe geben kann und geben wird. Die Unterschiede zwischen den Betrieben und deren landwirtschaftlichen Nutzflächen sind teilweise immens. Dafür verantwortlich sind diverse Faktoren wie etwa Seehöhe, Klima, Exposition, Niederschlag, Botanik, Schnittnutzung, Düngeintensität, Erntetechnik, Silierqualität etc.

In vielen Betrieben liegt in meinen Augen enorm viel Potenzial in einer Wertschöpfungssteigerung des eigenen Grundfutters. Wenn beispielsweise die Grundfutterleistung von 13 kg Milch auf 16 kg Milch angehoben wird, bedeutet allein das eine Leistungssteigerung von rund 900 kg Milch pro Kuh und Jahr. Obendrein wirkt sich eine Verbesserung der Grundfutterqualität immer positiv auf die Tiergesundheit aus. Eine Intensivierung des Grünlands kann dem Betrieb große ökonomische Vorteile bieten (höherer Ertrag, gesteigerte Milchmenge, bessere Tiergesundheit, geringerer Kraftfutteraufwand). Die Optimierung muss aber gut durchdacht und geplant sein. Der Anbau von standortangepassten Gräsern sowie eine ertragsdynamische Nutzung und Düngung sind das A und O, um nachhaltig das eigene Grünland zu bewirtschaften. Eine ertragsdynamische Nutzung/Düngung bedeutet, dass die Anzahl der Schnittzeitpunkte sowie die Menge und Zusammensetzung des Düngers den Leitgräsern und den örtlichen Gegebenheiten entsprechen. Ich empfehle jedem Betrieb, Bodenproben zu ziehen, um die Düngungen bzw. Grünlanderneuerungen bedarfsgerecht durchführen zu können.

Silierprozess

Die allermeisten Milchviehbetriebe (Ausnahme Heumilchbetriebe und Weidebetriebe im Sommer) füttern ihren Nutztieren Silagen. Wie bereits erwähnt, ist die betriebseigene Grundfutterqualität eine der wichtigsten Faktoren, um die Milchviehfütterung erfolgreich betreiben zu können. Neben dem Futterbestand und der Erntetechnik ist dafür auch der Silierverlauf bzw. die Gärqualität von großer Bedeutung. Damit in der Praxis gewisse Vorgänge besser nachvollzogen werden können, werden folgend die wichtigsten Punkte im Gärprozess zusammengefasst.

Das Grundprinzip vom Silieren besteht darin, das Grundfutter stark verdichtet zu lagern. Durch die Verdichtung wird die Luft aus dem Grundfutter verdrängt, um ein anaerobes (ohne Sauerstoff) Klima zu erzeugen, das für einen guten Siliererfolg ausschlaggebend ist. Anschließend fermentieren Bakterien das Erntegut. Als Abbauprodukt entstehen Gärsäuren, die den pH-Wert absinken lassen. Durch das „Ansäuern" der Silage wird das Grundfutter lagerstabil gemacht. Diesen Gärprozess können wir in vier, teilweise fünf Phasen untergliedern. Erst wenn der Gärprozess vollständig beendet ist, darf die Silage verfüttert werden. Dies nimmt vier bis sechs Wochen in Anspruch. Wird die Silage zu früh geöffnet, besteht ein großes Risiko, dass anschließend eine Fehlgärung eintritt.

Phase 1

Das Grundfutter wurde verdichtet und luftdicht abgeschlossen. Der Restsauerstoff wird von aeroben Bakterien (Luftsauerstoff benötigende Bakterien) veratmet. Je stärker die Verdichtung war, umso weniger Restsauerstoff befindet sich im Silo. In der Praxis passiert es häufig, dass vor allem bei der Zusammenarbeit mit schlagfertigen Ernteketten nicht ausreichend verdichtet wird. Der Sauerstoffentzug soll möglichst schnell vonstattengehen. Dauert diese Phase zu lange oder bleibt zu viel Restsauerstoff im Silo, gehen wertvolle Nährstoffe durch anschließende Nacherwärmungen verloren. Beim Silieren von Maissilage hat sich der Einsatz von Futterharnstoff als sinnvoll erwiesen. Futterharnstoff gehört zur Gruppe der Stickoxide und ist somit schwerer als Luft. Diese physikalische Gegebenheit unterstützt neben dem mechanischen Verdichten die Luftverdrängung aus dem Silo.

Phase 2

Nach dem erfolgreichen Sauerstoffverbrauch übernehmen anaerobe Bakterien die Vergärung. Als Stoffwechselprodukte dieser Bakterien entstehen anfangs hauptsächlich Essigsäure und Kohlendioxid (CO_2). Das CO_2 sorgt für das „Aufblasen" des Silos. Die dadurch entstehende Gärhaube ist also ein positives Zeichen für eine gute Verdichtung. Auf keinen Fall darf versucht werden, das Gas entweichen zu lassen oder den Silo frühzeitig zu öffnen, da es sonst zu einer Fehlgärung kommt.

Anschließend beginnen die Milchsäurebakterien den Pflanzenzucker abzubauen und Milchsäure entsteht. Dadurch sinkt der pH-Wert der Silage weiter ab. Die bereits angesiedelten Essigsäurebakterien sind bei zu tiefen pH-Werten nicht überlebensfähig und sterben daher zugunsten der Milchsäurebakterien ab.

Phase 3

Dieser Abschnitt des Siliervorgangs ist auch als Hauptgärung bekannt. Der pH-Wert wurde bereits reduziert und die Milchsäurebakterien haben im Gärprozess die Oberhand. Es folgt ein kontinuierliches Absenken des pH-Werts, indem weiterhin der Restzucker aus den Pflanzen umgewandelt wird. Wie stark der pH-Wert abgesenkt wird bzw. wie lagerstabil die Silage schlussendlich sein wird, hängt in diesem Prozess von mehreren Faktoren ab, die anschließend erläutert werden.

Phase 4

Der Ansäuerungsprozess durch die Milchsäurebakterien ist abgeschlossen. Dafür kann es zwei mögliche Gründe geben:

Möglichkeit 1

Der pH-Wert in der Silage konnte tief genug herabgesetzt ($< 4{,}6$) werden, weil das Grundfutter ausreichend verdichtet wurde. Zudem waren genug schnell verdauliche Kohlenhydrate vorhanden, um ausreichend Milchsäure produzieren zu können. Aus diesem Grund stellen die Bakterien die Milchsäureproduktion von selbst ein und die Silage ist lagerstabil.

Möglichkeit 2

Der gesamte verfügbare Restzucker wurde verbraucht. Somit kann der Fermentationsprozess nicht weiter fortgeführt werden.

In diesem Fall wurde der pH-Wert noch nicht tief genug herabgesetzt. Die Silage ist nicht stabil und eine Nachgärung tritt ein.

Phase 5

Diese Phase ist auch als Nachgärung bekannt. Wurde der pH-Wert zu gering herabgesetzt, kippt die Silage. Dadurch startet erneut ein Gärprozess. Dabei wird die vorhandene Milchsäure zu Essig- und/oder Buttersäure umgewandelt. Der pH-Wert steigt folglich an.

Bei Nachgärungen gehen viele Nährstoffe verloren, die Silage verliert an Schmackhaftigkeit und im Extremfall kann es sogar zum totalen Futterverderb führen. Zusätzlich besteht bei einem erhöhten pH-Wert eine exorbitant höhere Wahrscheinlichkeit, dass es speziell in den Sommermonaten zu Nacherwärmungen kommt. Nachgärungen führen also in jeglicher Hinsicht zu wirtschaftlichen Schäden und müssen bestmöglich vermieden werden.

In diesem Zusammenhang möchte ich noch erwähnen, dass erhöhte Buttersäuregehalte im Grundfutter auch die Bildung von Ketonkörpern verstärken und somit Ketoseerkrankungen hervorrufen können. (Mehr zum Thema Ketose wird im Kapitel „Ursachen und Prävention von Stoffwechselerkrankungen – Ketose“ zusammengefasst.)

Ursachen für Fehlgärungen

Wird bei der Silage ein suboptimaler Gärverlauf festgestellt, muss die Ursache gefunden werden, um zukünftig bessere Silierqualitäten erzeugen zu können.

Trockene Silagen

Trockene Silagen haben tendenziell höhere pH-Werte und sind daher instabiler. Zu trockenes Siliergut ist sperrig und lässt sich nicht gut verdichten. Das Ziel sollte immer ein Trockensubstanzgehalt zwischen 30 % und 35 % sein. Nur bei Rundballensilage können trotz höherer Trockensubstanzgehalte gute Gärverläufe erzielt werden.

Praxistipps:

- Bei Schönwetterperioden eventuell keinen Aufbereiter verwenden bzw. nicht zu oft zetten.
- Kurze Feldzeiten – Das Erntegut sollte möglichst an einem Tag eingefahren, verdichtet und luftdicht abgeschlossen werden.

Geringe Verdichtung

Vor allem beim Silieren mit schlagkräftigen Ernteketten besteht die Gefahr, dass die Verdichtung nicht den gewünschten Anforderungen entspricht. Lang geschnittenes sowie trockenes Siliergut lassen sich grundsätzlich schwerer verdichten. Wird nicht ausreichend verdichtet, bleibt zu viel Restsauerstoff im Silo und die Milchsäurebakterien können nicht optimal arbeiten.

Praxistipps:

- Auf optimalen Trockensubstanzgehalt (30–35 %) achten.
- Das Siliergut kurz schneiden (Feldhäcksler erreichen hier die besten Ergebnisse; optimale Häcksellänge bei Grassilage ca. 20–45 mm; optimale Häcksellänge bei Maissilage ca. 5–8 mm; bei Trockensubstanzgehalten über 35 % eher an die unteren Grenzwerte halten).
- Ausgiebiges „Walzen“ am Silo.
- Sandwich-Silagen haben eine sehr gute Verdichtung.

Geringer Zuckergehalt

Ist im Grundfutter wenig Zucker vorhanden, können sich die Milchsäurebakterien nicht stark genug vermehren und es erfolgt eine zu schwache Ansäuerung. Hierbei spielen die Botanik sowie der Schnittzeitpunkt eine wichtige Rolle. Leguminosen (Klee, Luzerne) weisen generell sehr geringe Zuckerwerte auf und sind daher schwieriger lagerstabil zu silieren.

Die Zuckerkonzentration in der Pflanze wird über die Fotosynthese gesteuert. Licht, Wasser und CO_2 (Kohlendioxid) werden zu Zucker und Sauerstoff umgewandelt. Länger andauernde Schlechtwetterperioden bzw. stark bewölktes Wetter führen tendenziell zu geringen Zuckergehalten. Auch die Tageszeit beim Schnittzeitpunkt wirkt sich auf den Zuckergehalt aus. Bei Schönwetter ist der Zuckergehalt in der Pflanze nachmittags ab ca. 15 Uhr am höchsten.

Praxistipps:

- Nachmittags oder abends mähen
- Kurze Feldzeiten
- Einsatz von Siliermitteln
- Zusatz von Melasse am Silostock (bei Zuckermangel)
- Rasches Verdichten und Zudecken der Silos

Erhöhte Verschmutzung (Rohasche)

Rohaschewerte über 10 % stören den Gärverlauf. Die darin enthaltenen Clostridien und andere Schadstoffe führen zum Abbau der Milchsäure. Dadurch steigt der pH-Wert an und die Gefahr einer Nachgärung bzw. anschließender Nacherwärmung erhöht sich drastisch. Außerdem sind zu hohe Rohaschewerte schädlich für unsere Wiederkäuer. (Die genauen Auswirkungen werden im Kapitel „Interpretation von Grundfutteranalysen" geschildert.)

Praxistipps:

- Bekämpfung von Maulwurfhaufen (Sollten sich auf dem Grünland sehr viele Maulwurfhaufen befinden, empfiehlt es sich, etwas trockener zu silieren. Dadurch fällt die Erde beim Ernten eher vom Futter ab.)
- Höheneinstellungen bei Mähwerk, Schwader, Ladewagen etc. kontrollieren und anpassen
- Schonende Futterwerbung
- Einsatz von Siliermitteln

Die folgenden beiden Grafiken unterstreichen die Bedeutung der Grundfutterqualität.

In Tabelle 2 wird sauberes Kleegras an Milchkühe verfüttert. Um eine Milchleistung von 35 kg zu erlangen, fressen die Tiere im Durchschnitt 15 kg Trockenmasse vom sauberen Grundfutter. Zusätzlich werden 2 kg Heu und 9,4 kg Getreide gefüttert.

Tabelle 3 spiegelt dieselbe Ration mit verschmutztem Kleegras wider. Wenn 35 kg ermolken werden wollen, müssen 11,2 kg Getreide und 0,3 kg Rapsschrot dazugefüttert werden, weil die Kühe nur 13,7 kg Trockenmasse vom verschmutzten Grundfutter aufnehmen.

Beispiel Kostenrechnung:
Wenn eine TMR für 35 kg Milch ausgelegt wird, müssen im Beispiel der sauberen Silage 9,4 kg Triticale pro Tier und Tag gefüttert werden. Wenn 40 Kühe gefüttert werden, ergibt das Kraftfutterkosten von rund 3.600 € pro Monat.

Im Beispiel der verschmutzen Grassilage werden für 35 Liter Milch 11,2 kg Triticale und 0,3 kg Rapsschrot benötigt. Der Grund für den erhöhten Kraftfutterbedarf liegt an der geringeren Futteraufnahme der Tiere. Wenn wiederum 40 Kühe gefüttert werden, ergibt das Kraftfutterkosten von rund 4.300 € pro Monat.

Diese Differenz von rund 700 € pro Monat unterstreicht die Bedeutung von sauberem Grundfutter. Zusätzlich muss gesagt werden, dass die Wahrscheinlichkeit im Beispiel der verschmutzten Grassilage sehr hoch ist, dass vermehrt Euterentzündungen, Ketosen etc. auftreten. Dieser Faktor erhöht den ökonomischen Schaden.

Milchmenge kg	Grundfutter kg TM	Kleegrassilage kg FM	Heu kg FM	Rapsextrakt Schrot kg FM	Triticale kg FM
35	**15,0**	36,1	2	0	9,4
30	**15,5**	37,4	2	0	6,7
25	**15,9**	38,5	2	0	4,0
20	**16,4**	39,9	2	0	1,3
15	**16,2**	39,3	2	0	0

Tabelle 2: Futteraufnahmen in der Ration mit sauberer Kleegrassilage in Abhängigkeit der Milchleistung (in Anlehnung an Resch et al., 2014)

Milchmenge kg	Grundfutter kg TM	Kleegrassilage kg FM	Heu kg FM	Rapsextrakt Schrot kg FM	Triticale kg FM
35	**13,7**	32,6	2	0,3	11,2
30	**14,1**	33,6	2	0	8,7
25	**14,6**	35,0	2	0	6,1
20	**15,0**	36,1	2	0	3,4
15	**15,4**	37,2	2	0	0,8

Tabelle 3: Futteraufnahmen in der Ration mit erdig verschmutzter Kleegrassilage in Abhängigkeit der Milchleistung (in Anlehnung an Resch et al., 2014)

Annahme Kostenrechnung:
Triticale 32 Cent brutto/kg, Rapsschrot 42 Cent brutto/kg

„Eine erhöhte Futterverschmutzung steigert den Kraftfutterbedarf und strapaziert die Tiergesundheit."

Einsatz von Siliermitteln

Wenn vor oder beim Silierprozess suboptimale Bedingungen herrschen (zu hoher Trockensubstanzgehalt, zu viel Rohasche usw.), macht es definitiv Sinn, Siliermittel einzusetzen. Diese unterstützen den Gärprozess und können die Silagequalität steigern, zum Teil sogar retten. Dabei sind die richtige Auswahl sowie die bedarfsgerechte Dosierung des Siliermittels ausschlaggebend. Grundsätzlich muss zwischen chemischen und biologischen Siliermitteln unterschieden werden. Am Markt werden auch kombinierte Produkte angeboten.

Biologische Siliermittel

Biologische Siliermittel bestehen aus unterschiedlichsten Bakterienstämmen (hauptsächlich milchsäurebildende Bakterien) und unterstützen den Gärverlauf. Bei suboptimalen Bedingungen, wie bei einem hohen Verschmutzungsgrad, ungeeigneten Trockensubstanzgehalten (< 28 % oder > 38 %), einer unzureichenden Verdichtung etc. ist die Wirkung dieser Produkte meist zu schwach.

Chemische Siliermittel

Zu den chemischen Siliermitteln zählen organische Säuren (Ameisen-, Propion-, Sorbin- oder Benzoesäure), Salze von organischen Säuren (Formiat, Propionat, Benzoat etc.) und chemische Konservierungsstoffe (Natriumnitrit, Kaliumsorbat, Hexamethylentetramin etc.).

Sollten erschwerte Silierbedingungen (hoher Verschmutzungsgrad, ungeeignete Trockensubstanzgehalte (< 28 % oder > 38 %), geringer Zuckergehalt etc.) auftreten, spreche ich mich klar für den Einsatz von chemischen Siliermitteln aus. Diese können trotz erschwerten Bedingungen den Gärverlauf stabilisieren oder zumindest unterstützen.

Speziell Oberflächen und Randflächen am Silostock neigen zur Nacherwärmung. Auch in diesem Fall würde ich auf chemische Siliermittel zurückgreifen, um einen bestmöglichen Konservierungsschutz zu erzielen. Bei der Verwendung dieser Produkte muss unbedingt auf mögliche Wartezeiten bis zur Verfütterung der Silage geachtet werden.

Foto © Chris Redan/Shutterstock.com

Silage fertig zum Verfüttern

Interpretation von Grundfutteranalysen

Grundfutteruntersuchungen sind die Basis und somit eine absolute Voraussetzung, um eine Ration gut einstellen zu können. Zusätzlich geben die Daten der Grundfutteruntersuchung wichtige Einblicke über betriebseigene Abläufe wie Düngung, Schnittzeitpunkt, Botanik, Erntetechnik etc. Da die Unterschiede in den einzelnen Betrieben sehr groß sind, kann man hier nicht auf Standardwerte zurückgreifen. Um ein aussagekräftiges Analyseergebnis zu erlangen, ist eine sachgemäße Probenziehung das Wichtigste.

Korrekte Probenziehung

Der Gärprozess der Silage dauert mindestens vier bis sechs Wochen. Während dieser Zeitspanne ändert sich einiges in der Zusammensetzung des Grundfutters. Deshalb müssen im Idealfall mindestens sechs Wochen nach dem Einsilieren vergangen sein, bis der Silo für die Verfütterung geöffnet werden kann bzw. beprobt werden darf.

Das Grundfutter sollte ca. zwei bis vier Wochen vor dem Verfüttern untersucht werden. Die Analyseauswertung dauert vom Absenden der Probe je nach Analysepaket in etwa zwischen ein bis zwei Wochen. Danach sollte noch etwas Zeit eingeplant werden, um die Ration berechnen zu können und gegebenenfalls die benötigten Futtermittel (Kraftfutter, Mineralfutter, evtl. Spezialfuttermittel) einzulagern. Früher sollte die Probe nicht gezogen werden, denn auch nach den angesprochenen vier Wochen ist das Grundfutter einer gewissen Fermentation unterlegen.

Mehrere Probenentnahmen an verschiedenen Stellen des Silos erhöhen die Genauigkeit. Bei einem Fahrsilo empfehle ich, je nach dessen Größe zwei bis drei Proben (Anfang/Mitte/Ende) am selben Silostock zu entnehmen. Es muss darauf geachtet werden, dass eine aussagekräftige Durchschnittsprobe von oben bis ganz nach unten erfolgt (vor allem bei sehr hohen Silos muss besonders darauf geachtet werden). Bei Silageballen empfehle ich eine Mischprobe von mindestens fünf Rundballen pro Schnitt. Hier ist es wichtig, die Probe quer durch den Ballen zu ziehen, damit jede Schicht erreicht wird. Die Gesamtmasse der gezogenen Probe muss mindestens 0,75 kg betragen. Anschließend müssen die beprobten Stellen mit hochqualitativem Klebeband faltenfrei versiegelt werden. Das gewonnene Probenmaterial wird unter Luftabschluss verpackt und sollte schnellstmöglich verschickt werden. Dauert das Versenden zum Untersuchungslabor zu lange oder dringt Luft in die Verpackung ein, kommt es zu Nacherwärmungen und das Analyseergebnis wird verfälscht.

Weitere mögliche Analyseparameter

Zusätzlich zur Standarduntersuchung gibt es die Möglichkeit, noch viele weitere Parameter untersuchen zu lassen. Was genau analysiert werden soll, muss vor der Probenversendung selbst entschieden werden. Folgend werden die gängigsten Untersuchungsmöglichkeiten angeführt und deren Bedeutung beschrieben.

Mengenelemente

Zu den Mengenelementen gehören: Kalzium, Phosphor, Kalium, Natrium, Magnesium, Chlor und Schwefel. Chlor und Schwefel sind im Mengenelementpaket meistens nicht enthalten und müssen daher für eine Analyse zusätzlich angefordert werden. Die Mengenelemente können von Schnitt zu Schnitt deutlich variieren und sollten daher bei jeder

Grundfutteranalyse untersucht werden. Vor allem der Kalzium-, Phosphor- und Kaliumgehalt spielen in der Rationsberechnung eine große Rolle.

Spurenelemente

Zu dem Spurenelementpaket gehören: Kupfer, Zink, Mangan und Eisen. Spurenelemente sind im Organismus für wichtige Stoffwechselprozesse verantwortlich und wirken sich maßgeblich auf Fruchtbarkeit, Milchleistung und Tiergesundheit aus.

Nur wenn die Spurenelemente aus dem Grundfutter untersucht wurden, kann eine adäquate Mineralstoffmischung samt deren Einsatzmenge ausgesucht werden. Wenn der Betrieb viel Wert auf eine sehr genaue Mineralstoffversorgung legt, sollten auch die Spurenelemente bei jedem Schnitt analysiert werden. Mindestens sollte dies jedoch einmal pro Jahr gemacht werden.

Bei der Maissilage ändert sich in der Regel nicht sehr viel. Daher bin ich der Meinung, dass eine Untersuchung der Spurenelemente in einem Abstand von zwei Jahren genügt.

DCAB

Der DCAB-Wert stellt die Kationen-Anionen-Bilanz dar. Einfach beschrieben ist das das Säure-Basen-Verhältnis. Die positiv geladenen Teilchen (Natrium und Kalium) werden im mengenmäßigen Anteil zu den negativ geladenen Teilchen (Chlor und Schwefel) gesetzt. Vor allem bei Grassilagen liegen extreme Unterschiede zwischen den DCAB-Werten vor. In kraftfutterreichen Rationen und/oder sehr Maissilage-betonten Rationen empfehle ich, den DCAB-Wert für die laktierenden Tiere mit untersuchen zu lassen. Beim Grundfutter für die Trockensteher würde ich unabhängig von der Fütterungssituation und der Leistung der Tiere immer den DCAB analysieren lassen. Dieser spielt insbesondere bei der Stoffwechselerkrankung Milchfieber eine große Rolle. (Näheres dazu wird im Kapitel „Metabolische Azidose und Alkalose" erklärt.)

Gärsäuremuster

Wenn der Verdacht auf einen suboptimalen Gärverlauf besteht oder die Gärqualität überprüft werden soll, empfehle ich, das Gärsäuremuster untersuchen zu lassen. In diesem Zusammenhang ist auch die Auswertung des NH_3-(Ammoniak) und Ethanol-(Alkohol)Gehalts sehr aufschlussreich. Diese Parameter werden von manchen Laboren standardmäßig im Zuge des Gärsäuremusters untersucht, bei anderen muss es zusätzlich angefordert werden. Zumindest einmal im Jahr sollte das Gärsäuremuster einer unauffälligen Silage analysiert werden, um die eigene subjektive Wahrnehmung anhand von messbaren Daten überprüfen und Rückschlüsse über die Silierqualität ziehen zu können.

Zusätzliche Parameter

Bei bereits aufgetretenen Nachgärungen oder stark verschmutztem/verunreinigtem Siliergut sollte das Grundfutter auf Hefen, Pilze und Mykotoxine (Don, Zea, Aflatoxin etc.) zusätzlich untersucht werden. Vor allem Mykotoxine bei der Maissilage können zu erheblichen Schäden führen (Zellzahl, Fruchtbarkeitsprobleme). Bei sehr hohen Rohaschegehalten sollten auch Clostridien und Listerien analysiert werden. Speziell wenn die Zellzahl der gesamten Herde ansteigt, sollte das Grundfutter auf die gerade beschriebenen Parameter untersucht werden.

Wenn zu kurz vor einem Schnitt gedüngt wurde oder der Dünger aufgrund fehlenden Niederschlags nicht vollständig verwertet werden konnte, sollte der Nitratgehalt untersucht werden. Das Nitrat ist eine „giftige" Eiweißverbindung. Zu hohe Mengen belasten die Leber, führen zu Fruchtbarkeits- sowie Klauenproblemen und können im Extremfall sogar zum Tod des Tiers führen. Eine extrem stark ausgebildete Gärhaube könnte ein mögliches Indiz für eine erhöhte Nitratkonzentration sein. Ansonsten ist Nitrat geruchsneutral.

Grassilage

Grundfutteranalysen sind, wie bereits erwähnt, für jeden Betrieb unerlässlich! Doch genau genommen ist selbst das Analysieren des Grundfutters wertlos, wenn die gelieferten Daten nicht interpretiert werden. Dies kann, gleich wie bei den Milchinhaltsstoffen, nur dann gemacht werden, wenn die Hinter-

UNTERSUCHUNGSBEFUND

Futtermittellabor Rosenau
Landwirtschaftskammer
Niederösterreich

Gewerbepark Haag 3
3250 Wieselburg
www.futtermittellabor.at
futtermittellabor@lk-noe.at

Musterbefund

Probennummer	2021 02 0000
Kategorie	Wiederkäuerfutter
Probeneingang	---
Verpackung	ordnungsgemäß
Versiegelung	nein
Befundung	---
Projekt	

Probenbezeichnung: Grassilage 2021 1.Schnitt

ANALYSENERGEBNISSE

Nährstoffe (g/kg)		TM	Bew	UM
Trockenmasse (je kg Futter)	TM	338	✓	a
Rohprotein	XP	158	✓	a/b
Nutzbares Rohprotein	nXP	141		c
Unabgebautes XP **15 %**	UDP	24		c
N-Bilanz im Pansen	RNB	3		c
Gerüstsubstanzen	NDF	409	↓ 1	a/b
Lignozellulose	ADF	272	✓	a/b
Lignin	ADL	31	✓	a
Rohfaser	XF	242	✓	a/b
Nicht-Faser-Kohlenhydrate	NFC	311		c
Stärke	XS	-		a/b
Zucker	XZ	30	✓	a/b
Rohfett	XL	35		a/b
Rohasche	XA	87	✓	a

Energiebewertung*		TM	Bew	UM
Verdaul. der org. Masse	% dOM	75,6		c
Umsetzbare Energie	MJ ME	10,69	✓	c
Nettoenergie Laktation	MJ NEL	6,44		c

Mengenelemente (g/kg)		TM	Bew	UM
Kalzium	Ca	6,2	✓	a
Phosphor	P	3,4	✓	a
Magnesium	Mg	2,7	✓	a
Kalium	K	29,8	✓	a
Natrium	Na	0,55	✓	a

Spurenelemente (mg/kg)		TM	Bew	UM
Eisen	Fe	496,6	✓	a
Mangan	Mn	56,4	✓	a
Zink	Zn	28,7	↓	a
Kupfer	Cu	7,2	✓	a

Gärqualität (g/kg)*		%	TM	Bew	UM
Milchsäure	MS	73	87,1	↓ 2	a
Essigsäure	ES	24	28,1	↑ 3	a
Propionsäure	PS	0	0,3		a
Buttersäure	BS	3	3,8	↑ 4	a
Gesamtsäure	GS	100	119,3		c
Ethanol	EtOH		4,4	✓	a
Ammoniak-N (% des N)	NH_3-N	7,9		✓	c
pH-Wert			4,2	(soll < 4,6)	a
Punkte Gärqualität (nach DLG 1997)		95			c
Note Gärqualität		1 sehr gut			c
Dichte	kg TM/m³	232		(soll > 205)	c

weitere Parameter			TM	UM
Stickstoff	N	(g/kg)	25,3	a/b
Ammoniak+Ammonium	$NH_3+NH_4^+$	(g/kg)	2,4	a
Schwefel	S	(g/kg)	1,5	a
Chlor	Cl	(g/kg)	3,9	a
Nitrat	NO_3	(mg/kg)	-	a
Selen	Se	(mg/kg)	-	a
Carotin		(mg/kg)	-	a
Salzsäureunlösliche Rohasche		(g/kg)	-	a
Enzyml. org. Substanz	ELOS	(g/kg)	-	a
Kationen-Anionenbilanz	DCAB		583	c

mikrobiologische Analyse (KBE/g)	FM	Bew	UM
präsumtive sulfitreduzierende Clostridien	1210	↑ 5	a

Informationen hierzu unter www.futtermittellabor.at

Information

TM: Gehalt je kg Trockenmasse (/10 = Gehalt in %)

Bew: Bewertung – zusätzliche Information auf der Rückseite

UM: Untersuchungsmethode:
- **a** = nasschemisch nach dem VDLUFA-Methodenbuch
- **b** = Nah-Infrarot-Reflexionsspektroskopie (NIRS)
- **c** = Parameter wurde berechnet

KBE/g FM: kolonienbildende Einheiten je g Frischfutter

* Die Futterbewertung erfolgt auf Basis der DLG.

Nährstoff-, Gerüstubstanz- und Zuckeranalyse mit Infrarotmessung (NIRS).

Abbildung 11: Analysebericht Grassilage (Landwirtschaftskammer Niederösterreich, 2021)

gründe zu den einzelnen Parametern verstanden werden. Zusätzlich sollte man unbedingt die Zielwerte (in Anbetracht zur geografischen Lage und der Nutzungsintensität) kennen, um die eigenen Ergebnisse besser einordnen zu können. Nachdem der Großteil der Betriebe Gras- und Maissilage verfüttert, wird auf diese zwei Grundfuttermittel näher eingegangen.

Nährstoffe Grassilage

Trockenmasse (TM)

Der TM-Gehalt einer Grassilage sollte zwischen 30 % und 35 % liegen. TM-Werte über 35 % reduzieren die Schmackhaftigkeit und somit die Futteraufnahme. Zusätzlich leidet, wie bereits erklärt, die Silagequalität. Sollte im Betrieb ein Mischwagen/Fütterungsroboter vorhanden sein, kann ein zu hoher TS-Gehalt des Grundfutters ausgeglichen werden, indem Wasser eingemischt wird. Zu nasses Grundfutter (< 30 %) wirkt sich ebenfalls negativ auf die Futteraufnahme aus. Zusätzlich gehen über den austretenden Sickersaft viele Nährstoffe verloren.

Rohprotein (XP)

Je mehr Eiweiß über das Grundfutter geliefert wird, umso weniger teure Eiweißergänzer müssen zugekauft werden. Der Zukauf von Energie (z. B. Getreide) ist immer günstiger als der Zukauf von Eiweiß (z. B. Soja, Raps). Darum hat die Rohproteinversorgung aus dem Grundfutter einen erheblichen ökonomischen Anteil. Der angestrebte Proteingehalt hängt sehr stark von der Nutzungsintensität sowie der geografischen Lage ab. Grundsätzlich gelten beim Dauergrünland Proteingehalte ab 15 % XP als zufriedenstellend. Bei Ackergrünland, wie Kleegras- oder Luzernemischungen, sind aufgrund des hohen Blattanteils etwas höhere Proteingehalte von ca. 17 % anzustreben.

Wie daraus schnell abgeleitet werden kann, spielt der Gräserbestand (Botanik) eine zentrale Rolle. Regelmäßige Nachsaaten oder auch Neuanlagen sind unerlässlich, um die gewünschten Qualitäten ernten zu können. Bei den Gräsern gibt es eine Vielzahl an diversen Gattungen und Sorten. Futterwerttabellen liefern einen guten Überblick über die Wertigkeit der einzelnen Pflanzen. Grundsätzlich wird zwischen Unter- und Obergräsern unterschieden. Bei intensiverer Nutzung nehmen vor allem die Untergräser an Bedeutung zu.

Bei der Gräserauswahl muss auf die geografischen Gegebenheiten sowie auf die geplante Nutzungsintensität und Düngeintensität Rücksicht genommen werden. Bezüglich der Düngung führt nur eine ertragsdynamische Bewirtschaftung zu langfristigen Erfolgen. Das bedeutet, dass die Düngung, der Schnittzeitpunkt und die Botanik aufeinander abgestimmt sein müssen. Wird der Gräserbestand sowie die Düngung nicht der intensiveren Nutzung angepasst, kommt es zur Entartung des Gräserbestands. Wertvolle Leitgräser sterben ab und werden durch minderwertige Gräser (z. B. gemeine Wiesenrispe) ersetzt, oder es entstehen sogar „Lücken". Bei der Düngung gilt somit dasselbe Prinzip wie bei der Rinderfütterung. Es gibt kein Standardrezept. Die Analysedaten der Bodenproben in Kombination mit einer sauber durchgeführten Düngeplanung sind essenziell, um das Grünland ökonomisch bewirtschaften zu können. Auf alle wichtigen Makro- und Mikronährstoffe einzugehen, würde hier den Bogen überspannen. Jedoch möchte ich kurz auf die Bedeutung der Stickstoffversorgung eingehen:

Stickstoff wurde aufgrund von Verordnungen und Wasserschutzrichtlinien teilweise in ein negatives Bild gerückt. Fakt ist, dass die Versorgung der Pflanze mit Stickstoff hauptverantwortlich für Ertrag und Proteinqualität ist. Je nach Art des Düngers wirkt der Stickstoff unterschiedlich schnell.

Hier eine kurze Übersicht von ganz langsam bis sehr schnell verfügbaren Stickstoffquellen:
Kompost → Mist → Gülle → Gülle mit Wasser verdünnt → Jauche → mineralischer Stickstoff

Stickstoffgaben steigern den Blattanteil der Pflanzen. In den Blättern wird der Großteil des Rohproteins gespeichert. Vor allem durch die zusätzlichen Gaben von mineralischem Stickstoff sind auch am Dauergrünland sensationelle Rohproteinerträge möglich.

Das Schnittintervall sollte sich daher nach den bereits angesprochenen Punkten richten. Grundsätzlich gilt: „Je früher gemäht wird, desto höher ist der Proteingehalt im Grundfutter!" Beachtet werden muss dabei, dass durch ein kürzeres Schnittintervall auch gleichzeitig der Wert an strukturierter Rohfaser im Grundfutter sinkt. Vor allem, wenn zusätzlich Maissilage eingesetzt wird, muss auf eine wiederkäuergerechte Ration geachtet werden. Die Zugabe von Stroh oder Heu kompensiert einen Rohfasermangel. Wenn früher gemäht wird, sind zusätzlich etwas geringere Erträge pro Hektar und Jahr zu erwarten. Vor allem in Gebieten, wo es des Öfteren zu Dürreperioden kommt, muss das beachtet werden.

Bei der Ernte selbst wirken sich die verwendete Erntetechnik sowie der nachfolgende Gärverlauf ebenfalls auf die Proteinqualität aus. Wie beschrieben befindet sich in den Blättern extrem viel Rohprotein. Umso wichtiger ist eine schonende Futterwerbung. Vor allem beim Schwaden und Zetten führen erhöhte Drehzahlen zu hohen Verlusten. Je trockener das Futter ist, desto höher sind tendenziell die Bröckelverluste. Deshalb hat Heu meist nur Rohproteingehalte zwischen 11 % und 14 %.

Nachgärungen und auch Nacherwärmungen reduzieren die Protein- und Energiegehalte im Grundfutter sehr stark! Ob eine Nachgärung stattgefunden hat, kann anhand der analysierten Gärsäuren, des pH-Werts und des NH_3-Gehalts festgestellt werden.

Nutzbares Rohprotein (nXP)

Das nutzbare Rohprotein beschreibt, wie viel vom Gesamtprotein tatsächlich im Dünndarm aufgenommen werden kann. Somit ist die Höhe des nXP-Gehalts abhängig vom Energie- und Eiweißgehalt. Zumindest sollten Grassilagen 13 % nXP aufweisen. Die Bewertung des nXP sollte sich jedoch immer auf die Gesamtration beziehen.

Unabgebautes Dünndarmprotein (UDP)

Ein gewisser Proteinanteil passiert den Pansen und wird erst im Dünndarm verdaut. Dieses unabgebaute Dünndarmprotein wird von den meisten Laboren nicht analysiert, sondern berechnet und ist somit nur ein Richtwert. Bei dem Beispielbefund zu Beginn des Kapitels wird von 15 % UDP des Gesamtproteins ausgegangen. Die tatsächlichen UDP-Gehalte können zwischen den Grassilagen stark variieren.

Ruminale Stickstoffbilanz (RNB)

Die Ruminale Stickstoffbilanz (Rumen = Pansen) spiegelt das Energie-Eiweiß-Verhältnis wider. Liegt die RNB bei 0, ist das Verhältnis zwischen Energie und Eiweiß im Futter ausgeglichen. Ist sie negativ, liegt ein Energieüberschuss vor. Eine positive RNB zeigt einen Proteinüberschuss an. Grassilagen sollten deshalb immer eine positive RNB von 2–9 aufweisen. Der Zielwert richtet sich ganz stark nach der Botanik. Leguminosen wie Klee und Luzerne haben grundsätzlich gegenüber Dauergrünland eine höhere RNB.

Rohfaser (XF)

Der Rohfasergehalt steuert die Nährstoffdichte im Grundfutter. Je höher der Rohfasergehalt liegt, desto niedriger sind die Energie- und Eiweißwerte. Bei den Grassilagen sollten in Gunstlagen Rohfaserwerte unter 25 % angestrebt werden. Jedoch ist Rohfaser nicht gleich Rohfaser! Die Verdaulichkeit der Rohfaser macht hierbei den entscheidenden Unterschied. Das Verhältnis zwischen leicht verdaulicher Rohfaser (innere Zellwand) und schwer verdaulicher Rohfaser (äußere Zellwand) muss individuell betrachtet werden. Die Parameter NDF, ADF und ADL geben genauere Auskunft über die Rohfaserqualität. Das ADL zeigt den Ligningehalt (schwer verdaulicher Bestandteil der Zellaußenwand) der Pflanze an und ist somit ein guter Indikator für den Verholzungsgrad des Futters. Alte Grünlandbestände, späte Schnittzeitpunkte sowie Leguminosen weisen tendenziell hohe Ligninwerte auf. Schwer verdauliche Rohfaser kann von den Pansenmikroben schlecht bzw. gar nicht verdaut werden und ist somit ineffizient.

Die nachstehende Grafik gibt einen guten Überblick über die Verteilung der Rohfasersegmente.

Nicht-Faser-Kohlenhydrate (NFC)

Der NFC-Gehalt spiegelt die Energie des Grundfutters wider. Hohe NFC-Gehalte deuten auf energiereiche und schnell verdauliche Silagen hin. Grundsätzlich sollten Grassilagen zumindest 29 % NFC aufweisen.

Zucker (XZ)

Die Zuckergehalte im Grundfutter variieren sehr stark. Die Zuckerkonzentration in der Pflanze wird über die Fotosynthese gesteuert. Licht, Wasser und CO_2 (Kohlendioxid) werden zu Zucker und Sauerstoff umgewandelt. Länger andauernde Schlechtwetterperioden bzw. stark bewölktes Wetter führen tendenziell zu geringen Zuckergehalten. Auch die Tageszeit beim Mähzeitpunkt wirkt sich auf den Zuckergehalt aus. Bei Schönwetter ist der Zuckergehalt in der Pflanze nachmittags ab ca. 15 Uhr am höchsten. Leguminosen (Klee, Luzerne) weisen

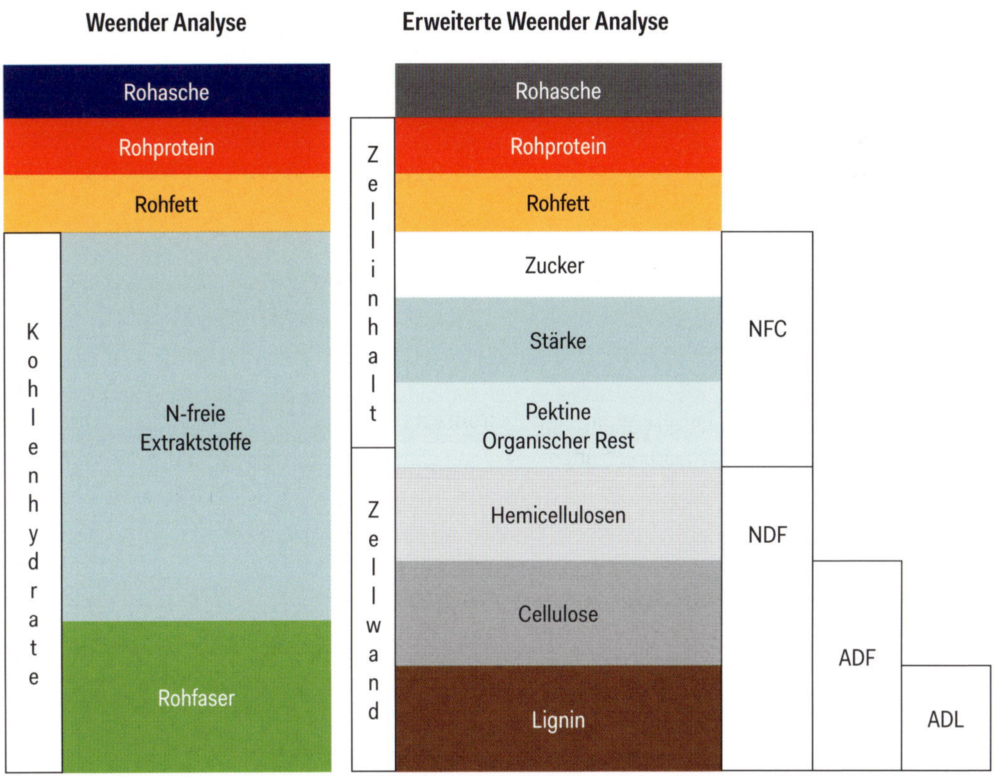

Abbildung 12: Vergleich verschiedener Weender Analysen (Schuldt & Dinse, 2010)

jedoch auch trotz optimalen Bedingungen nur sehr niedrige Zuckergehalte auf.

In Grassilagen werden möglichst hohe Zuckergehalte von 5–7 % angestrebt. Häufig weisen Grassilagen jedoch nur 2–3 % Zucker auf. Der Zuckergehalt in der Gesamtration ist extrem wichtig für die Energieversorgung und die Schmackhaftigkeit, die wiederum die Futteraufnahme beeinflusst. Eine Zuckerüberversorgung von über 7 % in der Gesamtration (Grundfutter plus Kraftfutter) führt zu Pansenazidosen und lässt das Milchfett sinken. Wenn vom Grundfutter zu wenig Zucker in die Gesamtration kommt, kann dies über die Beigabe von Melasse oder Futterzucker ausgeglichen werden.

Rohfett (XL)

Der Rohfettgehalt beträgt meist 3–4 %. Das Rohfett wird über die Leber zu einer wertvollen Energiequelle umgewandelt. Zu hohe Rohfettgehalte in der Gesamtration können jedoch zu erheblichen Pansenfermentationsstörungen führen. Dies geschieht ausschließlich durch den Einsatz von sehr fettreichen Produkten wie z. B. Sojabohne oder Kürbiskernkuchen. Über das Grundfutter kann es zu keinem Überschuss kommen.

Rohasche (XA)

Der Rohaschegehalt zeigt den Grad der Verschmutzung an. Generell gilt: „Je weniger Rohasche, desto besser." Bei Grassilagen ist ein Rohaschegehalt unter 10 % das Ziel. Sollten die Analyseergebnisse darüber liegen, muss dringend die Ursache herausgefunden werden. Hohe Rohaschewerte können zu erheblichen ökonomischen Einbußen führen. Vor allem bei nassen Silagen besteht eine erhöhte Gefahr, da der Schmutz leichter am Futter festklebt.

Folgen von zu hohen Rohaschewerten

- Nachgärungen der Silage → Energie- und Eiweißverluste im Futter → Milchverlust bzw. wesentlich höhere Kraftfutterkosten
- Geringere Schmackhaftigkeit→ reduzierte Futteraufnahme → Milchverlust, eventuell Ketosen
- Höherer Gehalt an schädlichen Bakterien → Schädigung der Darmwand → zusätzliche Belastung der Leber → erhöhte Zellzahl, Euterentzündungen → Milchverlust, Tierarztkosten
- Nacherwärmungen am Silostock und am Futtertisch → erhöhte Zellzahl, Euterentzündungen, Milchverlust, Tierarztkosten
- Eventuell erhöhter Gehalt an Buttersäure → vermehrte Bildung von Ketonkörper → Milchverlust, Tierarztkosten

Energiebewertung

Verdaulichkeit der organischen Masse (% dOM)

Die Verdaulichkeit der organischen Masse ist ein berechneter Wert.

Dieser wird bestimmt durch Proteingehalt, Rohfasergehalt und Rohfettgehalt. Grassilagen sollten zumindest eine Verdaulichkeit von 70 % erreichen. Hochverdauliche Grassilagen erreichen bis zu 80 %.

Umsetzbare Energie (MJ ME)

Der Parameter ME (metabolische Energie), angegeben in MJ (Megajoule), wird in der Aufzucht und Mast für die Energiebewertung herangezogen und spielt daher in der Milchkuhfütterung keine Rolle.

Nettoenergie Laktation (MJ NEL)

Die Höhe an MJ NEL zeigt den Energiegehalt des Futters an. Energieschwache Silagen sind ein Hauptfaktor für unzufriedenstellende Ergebnisse wie z. B. geringere Milchleistung, erhöhte Ketosebelastung, geringere Milcheiweißwerte, verminderte Fruchtbarkeit etc. Grassilagen für laktierende Kühe sollten in Gunstlagen zumindest 6,0 MJ NEL aufweisen.

Der Energiegehalt ist die Summe aus den bereits angesprochenen Parametern. Alte Grünlandbestände sowie eine zu geringe Düngung führen zu unterdurchschnittlichen Energiegehalten. In weiterer Folge wirken sich ein zu später Schnittzeitpunkt und ein dadurch erhöhter Rohfasergehalt ebenfalls negativ auf die Energiekonzentration aus. Rohaschegehalte über 10% reduzieren die Energiedichte sehr stark und führen meistens zu Fehlgärungen/Nacherwärmungen, die wiederum Energie verbrauchen. Abschließend ist noch ein zu geringer Zuckergehalt von unter 4% als möglicher energiereduzierender Faktor zu erwähnen.

Mengenelemente

Die detaillierten Wirkungsweisen der einzelnen Mengenelemente werden im Abschnitt „Bedeutung der Mineralstoffversorgung – Funktion der Mengenelemente" näher behandelt. Nachfolgend wird kurz auf die spezifische Bedeutung des jeweiligen Elements in Grassilagen eingegangen.

Kalzium (Ca)

Der Kalziumgehalt kann sehr stark, von 3,5 –10 g/kg Trockensubstanz, variieren. Demnach muss bei den laktierenden Kühen die Mineralstoffversorgung bzw. die Zugabe von Futterkalk an die gefütterte Silage angepasst werden. Bei den Trockenstehern spielt die Analyse des Kalziumgehalts eine wichtige Rolle, um bei der Rationsberechnung der Stoffwechselerkrankung Milchfieber vorbeugen zu können.

Phosphor (P)

Die Phosphorgehalte in den Grassilagen können sehr niedrige (2,5 g/kg Trockensubstanz), aber auch sehr hohe Konzentrationen (4,5 g/kg Trockensubstanz) aufweisen. Grundsätzlich ist die Phosphorversorgung aus den Grassilagen in den vergangenen Jahren stark angestiegen.

Erhöhte Phosphorwerte im Grünland in Kombination mit höheren Mengen an Rapsschrot (> 2 kg) können dazu führen, dass eine Phosphorergänzung über die Mineralstoffmischung nicht mehr notwendig ist.

Magnesium (Mg)

Der Magnesiumgehalt liegt meistens relativ einheitlich bei 2–3 g/kg Trockensubstanz. Dieses Element muss immer über das Mineralfutter ergänzt werden.

Kalium (K)

Auch die Kaliumgehalte sind speziell auf düngeintensiven Betrieben stark angestiegen. Die Zielwerte liegen hier bei 25–32 g/kg Trockensubstanz. Sehr häufig werden jedoch Kaliumwerte von über 33 g/kg Trockensubstanz analysiert. In Milchviehrationen sorgen Kaliumüberversorgungen immer wieder für Probleme. Kalium muss niemals ergänzt werden.

Natrium (Na)

Natrium ist in den Grassilagen kaum vorhanden und muss daher immer über die Zugabe von Viehsalz oder einer Mineralstoffmischung ergänzt werden. Die Gehalte variieren von 0,1–2 g/kg Trockensubstanz.

Spurenelemente

Die detaillierten Wirkungsweisen der einzelnen Spurenelemente werden im Kapitel „Bedeutung der Mineralstoffversorgung – Funktion der Spurenelemente" näher behandelt. Nachfolgend wird kurz auf die spezifische Bedeutung des jeweiligen Elements in Grassilagen eingegangen.

Eisen (Fe)

Ähnlich wie beim Kalium verursachen Eisenüberversorgungen Probleme bei den Wiederkäuern. Grassilagen sollten Eisengehalte unter 600 mg/kg Trockensubstanz aufweisen. Neben dem Eisengehalt im Boden spielt die Erntetechnik (Abnutzungen der Maschinen erhöhen den Eisengehalt) sowie der Rohaschegehalt eine entscheidende Rolle.

Hohe Konzentrationen vermindern die Absorption von Kupfer. Dieser Faktor muss bei der Mineralfutterauswahl beachtet werden. Der Einsatz von organisch gebundenen Spurenelementen ist bei hohen Eisenwerten absolut sinnvoll.

Kupfer (Cu), Zink (Zn) und Mangan (Mn)

Die Spurenelemente Kupfer, Zink und Mangan müssen immer über eine Mineralstoffmischung ergänzt werden. In gewissen Gebieten können bei den einzelnen Parametern starke Mängel auftreten, deswegen ist eine gesonderte Analyse dieser Spurenelemente besonders wichtig.

Spurenelement	Orientierungswert
Kupfer	7–10 mg/kg Trockensubstanz
Zink	30–50 mg/kg Trockensubstanz
Mangan	50–100 mg/kg Trockensubstanz

Tabelle 4: Zielwerte der Spurenelemente Kupfer, Zink und Mangan

DCAB (Kationen-Anionen-Bilanz)

Das Säuren-Basen-Verhältnis ist bei den einzelnen Grassilagen sehr unterschiedlich und kann nur mithilfe einer Grundfutteruntersuchung festgestellt werden. Diese Bilanz schwankt zwischen –150 und +600 meq/kg Trockenmasse. In der Regel nehmen die DCAB-Gehalte mit fortlaufender Schnittnutzung ab. Das Ziel bei Grassilagen für laktierende Kühe sind DCAB-Gehalte über +350 meq/kg Trockenmasse.

Gärqualität

pH-Wert

Der pH-Wert gibt ebenfalls Aufschluss über den Siliererfolg und somit auch über die Lagerfähigkeit. Er sollte unter 4,6 liegen. Wenn der pH-Wert der gezogenen Probe darüber liegt, muss großes Augenmerk auf mögliche Nacherwärmungen am Silostock sowie am Futtertisch gelegt werden. In diesem Zusammenhang spielt auch der Vorschub eine essenzielle Rolle. Dieser beschreibt die durchschnittliche Siloentnahme in Meter/Woche. Dazu gibt es folgende Faustregel: 2,5 m/Woche im Sommer und 1,5 m/Woche im Winter. Nacherwärmungen können zu erheblichen Eutererkrankungen und Fruchtbarkeitsstörungen führen. Wird der Silo beim Anschnitt warm, sollten die Anschnittsflächen mit speziellen Säuren besprüht werden. Ist ein Mischwagen/Fütterungsroboter im Einsatz, kann das Futter über die Sommermonate mithilfe der Zugabe von Futtersäuren stabilisiert werden.

NH_3-N

Der NH_3-(Ammoniak-)Gehalt ist ein weiterer Indikator für die Silierqualität. NH_3 entsteht im Zuge einer Fehlgärung, indem Rohprotein zu Ammoniak umgewandelt wird. NH_3-Gehalte unter 8 % zeigen einen guten Gärverlauf an. Steigt dieser Gehalt über 10 % an, fand eine Nachgärung statt. Erhöhte Ammoniakkonzentrationen führen zu einem unangenehmen Geruch und reduzieren die Schmackhaftigkeit. Ein NH_3-Gehalt von beispielsweise 12 % bedeutet, dass 12 % des ursprünglichen Rohproteins zu NH_3 umgewandelt wurden. NH_3 ist eine schnell verfügbare Eiweißquelle im Pansen und kann nur verdaut werden, wenn genug Energie im Pansen vorhanden ist. Andernfalls wird dieses nicht verwertet und muss über die Leber entgiftet werden.

Ethanol

Hohe Ethanolgehalte werden von hohen Konzentrationen an Hefen verursacht und sind unbedingt zu vermeiden. Als Grenzwert bei Grassilagen gilt ein Gehalt von 10 g/kg Trockensubstanz.

Gärsäuremuster

Milchsäure (MS)

Die Milchsäure ist die wichtigste Säure und sollte bei Silagen mit ca. 73–80 % vertreten sein. Liegt der analysierte Wert darunter, wurde der Gärverlauf gestört.

Essigsäure (ES)

Die Essigsäure sollte mit 20–24 % in der Silage enthalten sein. Sie tötet Hefebakterien ab und erhöht somit den Konservierungsschutz bzw. die Lagerfähigkeit der Silage. Essigsäuregehalte über 25 % sind das Resultat einer Nachgärung und unerwünscht, da diese die Schmackhaftigkeit stark reduzieren und Energie- sowie Proteinverluste zur Folge haben.

Buttersäure (BS)

Buttersäure ist in der Silage unerwünscht und sollte 2,5 % nicht überschreiten. Erhöhte Buttersäuregehalte im Grundfutter führen zur Bildung von Ketonkörpern und können somit Ketoseerkrankungen hervorrufen. (Mehr zum Thema Ketose wird im Kapitel „Ursachen und Prävention von Stoffwechselerkrankungen – Ketose“ zusammengefasst.)

Die Tabelle zeigt eine Übersicht über die gewünschte Verteilung der Gärsäuren in Grassilagen an. Die Aufschlüsselung des Gärsäuremusters wird von den Laboren entweder in % oder in g/kg Trockensubstanz angegeben.

Gärsäure	Gärsäuregehalt in %	g/kg Trockensubstanz
Milchsäure	73–80	60–90
Essigsäure	20–24	15–30
Buttersäure	0–2,5	0–3

Tabelle 5: Zielwerte der Gärsäuren, Milchsäuren und Buttersäuren (in Anlehnung an FarmCHAMPs, n. d.)

Maissilage

Maissilage wird in vielen Betrieben eingesetzt und ist ein sehr gutes Futtermittel. Die Maissilage liefert wertvolle Energie und reduziert gleichzeitig den Rohfasergehalt in der Gesamtration. Vor allem in niederschlagsarmen Gebieten bietet der Anbau von Silomais eine wesentlich höhere Ertragssicherheit gegenüber dem Grünland. Der wesentlich niedrigere Gehalt an Eiweiß und Mengen- sowie Spurenelementen muss in der Gesamtration mithilfe von Eiweißergänzern und Mineralstoffmischungen ausgeglichen werden.

Das Ernteverfahren – ein unterschätzter Faktor

Meiner Meinung nach sollte der/die Betriebsführer/-in während des gesamten Silierprozesses in der Nähe des Silostocks sein, um regelmäßig die Häckselqualität überprüfen zu können. Dabei muss auf eine ausreichende Kornzerkleinerung sowie auf eine zufriedenstellende Häcksellänge geachtet werden. Gleichzeitig macht das Abzählen der eintreffenden Silierwägen Sinn. Dadurch kann der geerntete Ertrag abgeschätzt werden. Das dient als Berechnungsgrundlage für die verfügbare Silomaismenge in kg pro Tag. Wenn die Gesamtmenge der Maissilage in kg durch 425 Tage dividiert wird (425 Tage werden herangenommen, weil die soeben geerntete Maissilage zwei Monate vor dem Öffnen geschlossen bleiben sollte), ergibt sich ein grober Richtwert an der verfügbaren Silomaismenge in kg pro Tag.

UNTERSUCHUNGSBEFUND

Futtermittellabor Rosenau
Landwirtschaftskammer
Niederösterreich

Gewerbepark Haag 3
3250 Wieselburg
www.futtermittellabor.at
futtermittellabor@lk-noe.at

Musterbefund

Probennummer	2021 01 0000
Kategorie	Wiederkäuerfutter
Probeneingang	---
Verpackung	ordnungsgemäß
Versiegelung	nein
Befundung	---
Projekt	

Probenbezeichnung: Maissilage 2021 linker Silo

ANALYSENERGEBNISSE

Nährstoffe (g/kg)		TM	Bew	UM
Trockenmasse (je kg Futter)	TM	349	✓	a
Rohprotein	XP	64	↓ 1	a/b
Nutzbares Rohprotein	nXP	128		c
Unabgebautes XP **25 %**	UDP	16		c
N-Bilanz im Pansen	RNB	-10		c
Gerüstsubstanzen	NDF	388	✓	a/b
Lignozellulose	ADF	239	↑	a/b
Lignin	ADL	27	✓	a
Rohfaser	XF	194	✓	a/b
Nicht-Faser-Kohlenhydrate	NFC	484		c
Stärke	XS	360	✓	a/b
Zucker	XZ	-		a/b
Rohfett	XL	29		a/b
Rohasche	XA	33	✓	a

Energiebewertung*		TM	Bew	UM
Verdaul. der org. Masse	% dOM	73,7		c
Umsetzbare Energie	MJ ME	11,02	✓	c
Nettoenergie Laktation	MJ NEL	6,67		c

Mengenelemente (g/kg)		TM	Bew	UM
Kalzium	Ca	1,9	✓	a
Phosphor	P	1,9	✓	a
Magnesium	Mg	1,3	✓	a
Kalium	K	9,2	✓	a
Natrium	Na	0,11	✓	a

Spurenelemente (mg/kg)		TM	Bew	UM
Eisen	Fe	66,6	✓	a
Mangan	Mn	14,1		a
Zink	Zn	16,2		a
Kupfer	Cu	5,0		a

Gärqualität (g/kg)*		%	TM	Bew	UM
Milchsäure	MS	79	41,3	↓ 2	a
Essigsäure	ES	20	10,3	✓	a
Propionsäure	PS	1	0,6		a
Buttersäure	BS	n.n.	n.n.	✓	a
Gesamtsäure	GS	100	52,2		c
Ethanol	EtOH		3,1	✓	a
Ammoniak-N (% des N)	NH_3-N	5,4		✓	c
pH-Wert		3,8	(soll < 4,6)		a
Punkte Gärqualität (nach DLG 1997)		100			c
Note Gärqualität		1 sehr gut			c
Dichte	kg TM/m³	217	(soll > 248)		c

weitere Parameter			TM	UM
Stickstoff	N	(g/kg)	10,2	a/b
Ammoniak+Ammonium	$NH_3+NH_4^+$	(g/kg)	0,7	a
Schwefel	S	(g/kg)	1,0	a
Chlor	Cl	(g/kg)	2,3	a
Nitrat	NO_3	(mg/kg)	-	a
Selen	Se	(mg/kg)	-	a
Carotin		(mg/kg)	-	a
Salzsäureunlösliche Rohasche		(g/kg)	-	a
Enzyml. org. Substanz	ELOS	(g/kg)	-	a
Kationen-Anionenbilanz	DCAB		113,8	c

mikrobiologische Analyse (KBE/g)	FM	Bew	UM
präsumtive sulfitreduzierende Clostridien	210	↑ 3	a

Informationen hierzu unter www.futtermittellabor.at

Information

TM: Gehalt je kg Trockenmasse (/10 = Gehalt in %)
Bew: Bewertung – zusätzliche Information auf der Rückseite
UM: Untersuchungsmethode:
- **a** = nasschemisch nach dem VDLUFA-Methodenbuch
- **b** = Nah-Infrarot-Reflexionsspektroskopie (NIRS)
- **c** = Parameter wurde berechnet

KBE/g FM: kolonienbildende Einheiten je g Frischfutter
* Die Futterbewertung erfolgt auf Basis der DLG.

Nährstoff-, Gerüstsubstanz- und Stärkeanalyse mit Infrarotmessung (NIRS).

n.n. = erfolgreich untersucht, Wert unter der Nachweisgrenze

Abbildung 13: Analysebericht Maissilage (Landwirtschaftskammer Niederösterreich, 2021)

Kornzerkleinerung

Für die Kornzerkleinerung habe ich einen einfachen Leitsatz: „Die Körner können nicht zu fein vermahlen werden!" Häufig wird zu grob gehäckselt und die Körner sind nur mäßig zerkleinert. Ein Anbrechen oder Anreißen der Schale genügt vor allem im Hochleistungsbereich nicht, da die Passagerate (Verweildauer im Verdauungstrakt) gegenüber einer Kuh mit 20 l Milch pro Tag wesentlich höher ist. Daher wird vom Korn eine große Oberfläche benötigt, damit die Energie effizient genutzt werden kann. Ganze Körner dürfen auf keinen Fall gefunden werden. Durch eine unzureichende Kornzerkleinerung geht Energie und bares Geld verloren.

Häcksellänge

Ich empfehle kurze Häcksellängen von 5–9 mm. Kurze Häcksellängen führen zu einer besseren Verdichtung und wirken sich gleichzeitig positiv auf den Gärverlauf aus. Bei dieser Häcksellänge ist auch noch eine ausreichende Strukturwirksamkeit gegeben.

Nährstoffe Maissilage

Trockenmasse (TM)

Die optimale Trockensubstanz liegt zwischen 32 % und 36 %. Die Trockensubstanz wird hauptsächlich vom Erntezeitpunkt bestimmt. Je später gehäckselt wird, desto höher steigt der Trockensubstanzgehalt der Pflanze an. Es bedarf eines guten Urteilsvermögens des Landwirts/der Landwirtin und vor allem viel Geduld, um den optimalen Häckselzeitpunkt zu eruieren. Dieser ist hauptverantwortlich für die Qualität und den Energiegehalt der Maissilage. Wird zu früh gehäckselt, haben sich die Maiskörner noch nicht ausreichend entwickelt und es fehlt dadurch an Energie. Ein zu später Erntezeitpunkt führt zwar zu sehr gut entwickelten Maiskörnern, jedoch sinkt durch die zunehmende Verholzung der Energiegehalt der Restpflanze stark ab. Dies hat zur Folge, dass der Gesamtenergiegehalt ab einem Trockensubstanzgehalt von über 36 % ebenfalls sinkt. Zusätzlich führen zu trockene Silagen zu einer geringeren Futteraufnahme. Mit dem sogenannten SRI (Silomais-Reifeindex) kann der Trockenmassegehalt der Maispflanze noch vor dem Silieren abgeschätzt werden. Dazu wird jedoch ein mobiles Analysegerät benötigt.

DER SRI WIRD FOLGENDERMASSEN BERECHNET:

Trockenmassegehalt Korn: Trockenmassegehalt der Restpflanze

Der Zielwert liegt bei 2,8.

Wird der SRI nicht bestimmt, sollte zumindest eine sensorische Beurteilung gemacht werden, um den geplanten Erntezeitpunkt bestimmen zu können. Der ideale Zeitpunkt zum Silieren wäre zwischen Beginn und Ende der Teigreife. Die folgende Tabelle gibt dazu einen groben Überblick.

Bezeichnung	% TS	Beschreibung
Beginn der Kolbenbildung	17	Körner nicht voll ausgebildet
In der Milchreife	20	Körner ausgebildet, grün-weiß, ohne Füllung
In der Milchreife	22	Körnerinhalt milchartig
Beginn der Teigreife	25	Körnerinhalt gelblich und zähflüssig
Beginn der Teigreife	30	Körnerinhalt teig- bis mehlartig
Ende der Teigreife	35	Körnerinhalt mehlartig, Korn mit Fingernagel noch ritzbar
Ende der Teigreife	38	Ausgereifte Körner, Korn mit Fingernagel kaum mehr ritzbar

Tabelle 6: Bestimmung des Reifestadiums und des TS-Gehalts bei Silomais (Wurth & Nußbaum, n. d.)

Rohprotein (XP)

Der Rohproteingehalt ist abhängig von der Sorte und der Stickstoffdüngung. Maissilage sollte zumindest 7 % Eiweiß enthalten.

Grundsätzlich spielt der Rohproteingehalt in der Maissilage aber eine untergeordnete Rolle.

Nutzbares Rohprotein (nXP)

Das nutzbare Rohprotein beschreibt ebenso wie bei der Grassilage, wie viel vom Gesamtprotein tatsächlich im Dünndarm aufgenommen werden kann. Somit ist die Höhe des nXP-Gehalts abhängig vom Energie- und Eiweißgehalt. Auf die Interpretation der Energiebewertung wird separat eingegangen. Eine Maissilage sollte über 12,5 % nXP aufweisen.

Unabgebautes Dünndarmprotein (UDP)

Ein gewisser Proteinanteil wird nicht im Pansen, sondern erst im Dünndarm verdaut. Das unabgebaute Dünndarmprotein wird bei der Futtermitteluntersuchung nicht analysiert und ist somit nur ein errechneter Wert. Die Labore gehen bei ihren Berechnungen von 25 % UDP des Gesamtproteins aus. Aufgrund des geringen Proteingehalts beim Silomais ist der UDP-Gehalt nicht wirklich von Bedeutung.

Ruminale Stickstoffbilanz (RNB)

Die Ruminale Stickstoffbilanz (Rumen = Pansen) spiegelt das Energie-Eiweiß-Verhältnis wider. Liegt die RNB bei 0, ist das Verhältnis zwischen Energie und Eiweiß im Futter ausgeglichen. Die Stickstoffbilanz im Pansen ist aufgrund des Energieüberschusses immer negativ. Deshalb muss Maissilage mit Eiweißfuttermitteln ausgeglichen werden. Die RNB sollte zumindest bei –7 liegen.

Rohfaser (XF)

Ein zu hoher Rohfasergehalt reduziert die Energiedichte der Maissilage. Maissilage sollte einen Rohfasergehalt von 17–19 % aufweisen. Der Fasergehalt wird durch die Sorte und die Wuchshöhe beeinflusst. Es gibt Maissorten, die genetisch bedingt einen sehr hohen Masseanteil bilden, dafür aber einen erhöhten Rohfasergehalt aufweisen. Diese Pflanzen haben tendenziell auch niedrige Restpflanzenverdaulichkeiten. Andere Maissorten zeichnen sich durch die etwas geringere Wuchshöhe und den damit niedrigeren Rohfasergehalt aus. In diesem Zusammenhang spielen natürlich auch der Erntezeitpunkt sowie die Häckselhöhe eine große Rolle. Je später gehäckselt wird, desto höher ist der Rohfasergehalt. Da sich im unteren Teil der Pflanze sehr viel schwer verdauliche Rohfaser befindet, sollte die Schnitthöhe bei ca. 25 cm liegen. Außerdem führt eine zu tiefe Häckselhöhe zu einem gesteigerten Rohaschegehalt, der ebenfalls unerwünscht ist.

Nicht-Faser-Kohlenhydrate (NFC)

Der NFC-Gehalt ist entscheidend für die Energiedichte in der Maissilage. Ein hoher Kornanteil sowie eine gut verdauliche Restpflanze liefern hohe NFC-Gehalte. Maissilage sollte zumindest 470 g NFC/kg Trockensubstanz enthalten.

Stärke (XS)

Der Stärkegehalt zählt neben dem Rohfaser- und Trockenmassegehalt zu den bedeutendsten Analysedaten bei der Maissilage. Die Zielwerte variieren ganz stark je nach der geografischen Lage. Während in Grenzgebieten des Silomaisanbaus Stärkegehalte von knapp 30 % das Ziel definieren, sind beispielsweise in Silomaisgunstlagen Analyseberichte von Maissilagen mit rund 37 % Stärke nichts Außergewöhnliches. Unabhängig davon muss der abnehmende Gehalt der im Pansen beständigen Stärke beachtet werden. Frische Maissilage weist in etwa einen Gehalt von 20–23 % beständige Stärke auf. Das bedeutet, dass 25 % des gesamten Stärkeanteils den Pansen passiert und erst im Dünndarm aufgenommen wird. Dieser Anteil baut sich im Lauf des Jahres im Silostock kontinuierlich ab. Nach einem Jahr reduziert sich der Anteil auf ca. 10–15 %.

Folgende Faktoren beeinflussen den Stärkegehalt:

Maissorte und Reifezahl

Die Reifezahl muss den klimatischen Bedingungen angepasst sein. Zu hohe Reifezahlen sollten unbedingt vermieden werden, weil sich dann der Maiskolben bis zur Ernte nicht wie gewünscht entwickeln kann. Die Genetik der Maispflanze macht wie bei den Tieren einen großen Unterschied. Auch hier müssen einige individuelle Faktoren berücksichtigt werden.

Anbau, Düngung, Bestandspflege und Wetter

Nachdem das Saatgut nach reiflicher Überlegung ausgesucht wurde, sollte beim Anbau, bei der Düngung und der Bestandspflege nichts dem Zufall überlassen werden. Hier trennt sich in der Praxis definitiv die Spreu vom Weizen. Das Wetter bleibt immer ein unbeeinflussbarer Faktor.

Anzahl der Körner pro Maiskolben

Natürlich sollten auf einem Maiskolben möglichst viele vollwertig entwickelte Maiskörner sein. Ein durchschnittlicher Maiskolben weist ca. 14–18 Kornreihen auf und hat 400–600 Körner.

Die folgende Tabelle listet mögliche Ursachen für eine verminderte Kolbenbildung auf.

Das Foto auf Seite 56 zeigt auf der linken Seite gut entwickelte Maiskolben. Diese wurden ausreichend mit Stickstoff gedüngt. Auf der rechten Seite sieht man schlecht entwickelte Maiskolben. Hier wurde zu wenig Stickstoff gedüngt.

Reifegrad der Körner

Das Maiskorn enthält mit zunehmendem Entwicklungsstadium mehr Stärke. Der optimale Erntezeitpunkt liegt in der sogenannten Teigreife. Eine standortangepasste Reifezahl ist die Voraussetzung, damit sich die Körner bis zum Erntezeitpunkt ausreichend entwickeln können.

Symptom am Kolben	Nährstoffmangel und Ursachen mit ähnlichen Symptomen
Schlecht gefüllte Spitze, leichter Kolben, sehr lose, schrumpelige, schlecht gefüllte Körner	Schwerer Kaliummangel Aber auch anderer Stress während der Teigreife: früher Frost, Verlust von Blattfläche durch Krankheiten, schlechte Nährstoffversorgung oder Absterben der Pflanze durch Stängelfäule
Kleine Kolben mit lückigem Kornansatz, manchmal verborgen und mit schlecht gefüllten Körnern	Phosphatmangel, Kupfermangel, Kalkmangel, Insektenfraß an Narbenfäden, Trockenheit
Keine oder verzögerte Blütenbildung, nur wenige deformierte Körner	Zinkmangel
Kleiner Kolben mit leerer Spitze, manchmal deformiert und mit weniger Kornreihen (und bei Stickstoffmangel mit geringem Gehalt an Rohprotein)	Stickstoffmangel (früh und zur Hauptbedarfszeit) Trockenheit Zu hohe Bestandsdichte
Reduzierte Kolbenspitze	Stickstoffmangel zu Beginn der Kornbildung bis zur Milchreife Trockenheit
Kurze ungleichmäßig befruchtete Kolben mit leeren Spitzen und ungleichmäßig entwickelten Körnern, manchmal gekrümmte Kolben, wenn Reihen fehlen	Bormangel (nur auf sauren, armen Sandböden, Symptom hauptsächlich am Kolben, Bodenprobe wichtig)
Verzögerte Kornausbildung, fahlgelbe Maiskörner	Schwefelmangel

Tabelle 7: Nährstoffmangelsymptome am Kolben (in Anlehnung an Pioneer, 2013)

Foto © Pioneer Hibred NE Service GmbH, Standort Greven

Abbildung 14: Nährstoffmangelsymptome am Kolben (Pioneer, 2013)

Wuchshöhe bzw. Häckselhöhe

Der Stärkegehalt wird neben der Quantität und Qualität der Maiskörner natürlich auch von der Gesamtmasse der Restpflanze beeinflusst. Üppige Wuchshöhen haben quasi einen Verdünnungseffekt und reduzieren somit den Stärkeanteil.

Zucker (XZ)

Silomais liefert fast keinen Zucker. Deshalb weisen silomaisreiche Rationen immer geringe Zuckergehalte auf.

Rohfett (XL)

Der Rohfettgehalt im Silomais ist tendenziell tiefer als bei Grassilagen. In silomaisreichen Rationen kann es deshalb Sinn machen, durch den gezielten Einsatz von fettreichen Produkten den Rohfettgehalt in der Ration zu steigern. Dies muss allerdings immer mithilfe von einer Rationsberechnung gemacht werden, um die Obergrenzen nicht zu überschreiten. Der Rohfettgehalt liegt meist bei 25–30 g/kg Trockensubstanz.

Rohasche (XA)

Der Rohaschegehalt soll unter 5 % liegen. Das wird beim Silomais in aller Regel erfüllt. Wird dieser Wert überschritten, haben vermutlich die Silierwägen über die Räder viel Schmutz eingetragen, oder es wurde zu tief gehäckselt. Vor allem, wenn es vor der Ernte stark geregnet hat, kann sich am Stamm der Pflanze Erde ansammeln und somit den Rohaschegehalt negativ beeinflussen.

Energiebewertung

Verdaulichkeit der organischen Masse (% dOM)

Die Verdaulichkeit der organischen Masse ist ein berechneter Wert.

Dieser wird bestimmt durch den Energiegehalt, Rohfasergehalt und Rohfettgehalt. Maissilagen sollten zumindest eine Verdaulichkeit von 70 % erreichen. Hochverdauliche Maissilagen erreichen bis zu 80 %.

Umsetzbare Energie (MJ ME)

Der Parameter MJ ME (metabolische Energie in Megajoule) wird in der Aufzucht und Mast für die Energiebewertung herangezogen und spielt daher in der Milchkuhfütterung keine Rolle.

Nettoenergie Laktation (MJ NEL)

Die Hauptaufgabe der Maissilage liegt darin, wertvolle Energie in die Ration zu bringen. Deshalb muss auf den Energiegehalt größtes Augenmerk gelegt werden. Eine Maissilage sollte unbedingt 6,8 MJ NEL überschreiten. Der Energiegehalt ist das Ergebnis aus dem Zusammenspiel vieler verschiedener Faktoren. Wurde von der Sortenauswahl über den

Anbau bis hin zur Ernte vieles richtig gemacht, ergeben sich hohe Energiedichten (vorausgesetzt, das Wetter war in Ordnung). Ganz wesentlich beeinflussen folgende vier Parameter den Energiegehalt: Stärkegehalt, Rohfasergehalt, Trockenmassegehalt und die Silierqualität.

Liegt der Energiegehalt unter 6,8 MJ NEL, müssen alle Arbeitsschritte kritisch hinterfragt werden, um zukünftig höhere Energiekonzentrationen erzielen zu können.

Mengenelemente und Spurenelemente

Die Mengen- und Spurenelemente sollten vor allem ab Einsatzmengen von über 30 % des Grundfutters unbedingt analysiert werden. Jedoch spielen diese im Vergleich zu den Grassilagen eine eher untergeordnete Rolle, da die Mineralstoffkonzentration viel geringer ist. Daher müssen in Rationen mit hohen Maissilageanteilen auch höhere Mineralstoffmengen eingesetzt werden.

DCAB-Wert

Maissilagen haben im Vergleich zu Grassilagen einen eher tiefen DCAB-Wert. Diese schwanken in der Regel zwischen 100–160 meq/kg Trockenmasse. Wird ein hoher Anteil an Maissilage verfüttert, muss darauf geachtet werden, dass sich die Kationen-Anionen-Bilanz nicht zugunsten der Anionen verschiebt. Ein zu tiefer DCAB-Wert führt zu einer metabolischen Azidose und lässt den Stoffwechsel übersäuern. Die Folgen sind eine verminderte Futteraufnahme sowie geringere Milchleistung und reduzierte Milchinhaltsstoffe.

Gärqualität

pH-Wert

Der pH-Wert sollte zwischen 3,8 und 4,2 liegen. In der Praxis werden des Öfteren zu hohe pH-Werte festgestellt. Dies erhöht speziell im Sommer enorm das Risiko für eine Nacherwärmung am Silostock oder direkt am Futtertisch. Tritt dieses Szenario ein, sollten die Anschnittsflächen mit chemischen Siliermitteln behandelt werden. Gegebenenfalls können auch Futtersäuren zum Stabilisieren der Futtertischration in den Mischwagen/Fütterungsroboter gegeben werden. Ein zu hoher pH-Wert ist immer ein Resultat aus einem suboptimalen Gärverlauf. (Mehr dazu wird im Kapitel „Grundlagen des Silierprozesses“ erklärt.)

NH_3-N

Der NH_3-(Ammoniak-)Gehalt ist ein weiterer Indikator für die Silierqualität. NH_3 entsteht im Zuge einer Fehlgärung, indem Rohprotein zu Ammoniak umgewandelt wird. NH_3-Gehalte unter 8 % zeigen einen sehr guten Gärverlauf an. Steigt dieser Gehalt über 12 % an, fand eine Nachgärung statt. Erhöhte Ammoniakkonzentrationen führen zu einem unangenehmen Geruch und reduzieren die Schmackhaftigkeit. Ein NH_3-Gehalt von beispielsweise 12 % bedeutet, dass 12 % des ursprünglichen Rohproteins zu NH_3 umgewandelt wurden. Ammoniak ist eine schnell verfügbare Eiweißquelle im Pansen und kann nur verdaut werden, wenn genug Energie im Pansen vorhanden ist. Andernfalls wird dieses nicht verwertet und muss über die Leber entgiftet werden.

Ethanol

Der Grenzwert des Ethanolgehalts ist gegenüber der Grassilage doppelt so hoch. Dieser sollte nämlich unter 20 g/kg Trockensubstanz liegen. Hohe Ethanolgehalte werden von starken Konzentrationen an Hefen verursacht und sind unbedingt zu vermeiden. Hefen werden bereits durch das frisch gehäckselte Siliergut in unterschiedlich starken Konzentrationen in den Silo eingetragen. Ein suboptimaler Gärverlauf, insbesondere eine zu geringe Verdichtung, führt meistens zu erhöhten Ethanolgehalten.

Gärsäuremuster

Da bei der Maissilage gegenüber der Grassilage ein etwas niedrigerer pH-Wert angestrebt wird, ergeben sich auch bei dem gewünschten Gärsäuremuster geringfügige Abweichungen.

Milchsäure (MS)

Die Milchsäure ist die wichtigste Säure und sollte bei Maissilagen mit ca. 75–85 % vertreten sein. Liegt der analysierte Wert darunter, wurde der Gärverlauf gestört.

Essigsäure (ES)

Die Essigsäure sollte mit 15–24 % in der Silage enthalten sein. Sie tötet Hefebakterien ab und erhöht somit den Konservierungsschutz bzw. die Lagerfähigkeit der Silage. Essigsäuregehalte über 25 % sind das Resultat einer Nachgärung und unerwünscht, da diese die Schmackhaftigkeit stark reduzieren und Energie- sowie Proteinverluste zur Folge haben.

Buttersäure (BS)

Buttersäure ist in der Maissilage absolut unerwünscht und sollte fast nicht nachgewiesen werden (< 0,3 %). Erhöhte Buttersäuregehalte im Grundfutter führen zur Bildung von Ketonkörpern und können somit Ketoseerkrankungen hervorrufen. (Mehr zum Thema Ketose wird im Kapitel „Ursachen und Prävention von Stoffwechselerkrankungen – Ketose" zusammengefasst.)

Die Tabelle zeigt eine Übersicht über die gewünschte Verteilung der Gärsäuren in Maissilagen an. Die Aufschlüsselung des Gärsäuremusters wird von den Laboren entweder in % oder in g/kg Trockensubstanz angegeben.

Gärsäure	Gärsäuregehalt in %	g/kg Trockensubstanz
Milchsäure	75–85	85–105
Essigsäure	15–24	15–35
Buttersäure	0–0,2	0–3

Die Maissilage neigt aufgrund des hohen Energiegehalts besonders in den Sommermonaten stark zur Nacherwärmung. Die fatalen Folgen von Nacherwärmungen wurden im Kapitel „Konservierung des Grundfutters – Ursachen für Fehlgärungen" erläutert. Auch wenn das Gärsäuremuster optimal ist, kann es bei einem zu geringen Vorschub sehr schnell zu Nachgärungen kommen. Vor allem in kleineren Betrieben kommt es hier immer wieder zu starken Problemen. Mithilfe von Silomaisballen kann man diesem Risiko speziell über die heißen Monate gezielt ausweichen.

Foto © Göweil

Abbildung 15: Maisballenpresse (Zur Verfügung gestellt von der Firma Göweil)

Übersicht der Kraftfuttermittel und Rohstoffe

Kraftfutter wird eingesetzt, um das Grundfutter auszugleichen und die Milchleistung der Kühe zu steigern. Nachdem der Kraftfuttereinsatz einen Großteil der jährlichen Betriebsausgaben ausmacht, sollte man sich mit diesem Thema intensiv beschäftigen, um die betriebseigene Rentabilität optimieren zu können. Folgend wird ein Überblick über die wichtigsten Rohstoffe gegeben, die in Energie- und Eiweißfuttermittel untergliedert werden.

Energiefuttermittel

Sämtliche Getreidearten sind äußerst hochwertige Energiequellen für den Wiederkäuer. Diese haben unterschiedlichste Einflüsse auf den Verdauungstrakt des Tiers und sind auf das betriebseigene Grundfutter und das jeweilige Fütterungssystem anzupassen. Entscheidend ist hierbei, ob die eingesetzten Energiequellen schnell oder langsam verfügbar sind. Der Einsatz von 3 kg Weizen pro Tier und Tag bringt z. B. völlig andere Resultate, als wenn Körnermais in diesen Mengen verfüttert wird. In den meisten Rationen werden zwei bis drei Getreidearten benötigt, um das Grundfutter perfekt ausbalancieren zu können.

Schnelle Energiequellen sind Futtermittel, die einen hohen Energiegehalt aufweisen und im Pansen verdaut werden. Das sorgt für ein rasches Absinken des pH-Werts. Werden schnelle Energiequellen in einem zu hohen Maß eingesetzt, sind Pansenazidosen die Folge. Ein Mangel an schneller Energie kann hingegen zu einer Reduktion der Mikrobenaktivität sowie der Milchproduktion führen.

Langsame Energiequellen zeichnen sich durch eine hohe Pansenbeständigkeit aus und wirken daher dem Absinken des Pansen-pH-Werts entgegen. Der Indikator dafür ist der Anteil an beständiger Stärke. Ein Mangel an beständiger Stärke belastet den Pansen und reduziert somit die Tiergesundheit. Überschüsse an beständiger Stärke können nicht optimal verdaut werden und erhöhen das Risiko für Dünndarm-/Dickdarmazidosen.

Die Tabelle auf Seite 60 gibt einen Überblick über die wichtigsten Energiequellen samt deren Nährstoffangaben. Die Orientierungswerte werden auf die Frischmasse bezogen und dienen als Anhaltspunkt. Die exakten Inhaltsstoffe können aufgrund unterschiedlicher Anbaugebiete sowie Erntequalitäten variieren. Um Feuchtmais und CCM mit den Getreidesorten einheitlich vergleichen zu können, müssen diese Futtermittel auf 88 % Trockenmasse umgerechnet werden.

Roggen

Roggen ist die am schnellsten abbaubare Getreidequelle und führt daher zu einer starken pH-Wert-Absenkung im Pansen. Die hohe Energiedichte resultiert mitunter aus dem hohen Zuckergehalt. Dadurch kann Roggen vor allem in zuckerarmen Rationen eine interessante Energiequelle sein. Aufgrund der sehr schnellen Abbaubarkeit liegt die tägliche Obergrenze bei 3 kg pro Tier und Tag. Besteht bereits ein erhöhtes Risiko für Pansenazidosen, sollte die Roggenmenge pro Tag auf maxi-

Nährstoffe	Roggen	Weizen	Triticale	Gerste	Feuchtmais, CCM	Körnermais
Rohprotein, g/kg	100	120–140	110–120	110–120	48–55	60–70
Energie, MJ NEL	7,5	7,6	7,45	7,15	6,05	7,35
Stärke, g/kg	550	600	560	510	458–500	650
Beständige Stärke, g/kg	55	60	56	51	158–75	240
Rohfaser, g/kg	23	23	25	46	20,8–37,5	21
Frischmasse, g/kg	880	880	880	880	650–720	880

Tabelle 8: Übersicht der einzelnen Getreidearten

mal 1 kg begrenzt werden. Dies trifft bei folgenden Szenarien zu:

- Hohe Kraftfutterteilgaben (> 2 kg)
- Hohe Kraftfuttergaben am Transponder (> 10 kg)
- Hohe Zuckergehalte in der Gesamtration (z. B. Heumilch, Weide)
- Vermehrtes Auftreten von Klauenrehen
- Geringe Wiederkauaktivität (< 50 Wiederkauschläge)

Roggen beinhaltet einen hohen Anteil an Pentosanen und Glucanen. Diese sind für Kühe ungefährlich, können jedoch bei Kälbern zu Durchfällen führen. Deshalb ist Roggen für die Kälberfütterung ungeeignet.

Weizen

Weizen hat die höchste Nährstoffdichte unter den Getreidearten und macht daher in Milchviehrationen absolut Sinn. Die schnelle Verfügbarkeit des Weizens führt zu einem starken Absinken des pH-Werts im Pansen.

Dies beschränkt die Einsatzmenge auf maximal 3 kg pro Tier und Tag.

Besteht bereits ein erhöhtes Risiko für Pansenazidosen, würde ich die Weizenmenge pro Tag von maximal 1 kg empfehlen bzw. diesen ganz aus der Ration nehmen. Mögliche Beispiele dafür wurden bereits beim Roggen aufgezählt.

Triticale

Triticale ist eine Kreuzung aus Roggen und Weizen. Aufgrund des etwas höheren Rohfasergehalts und der geringeren Energiedichte ergibt sich eine etwas langsamere Abbaugeschwindigkeit als beim Weizen. Die Höchstmenge beim Einsatz in der Milchkuhfütterung würde ich auf 3 kg pro Tier und Tag festlegen.

Gerste

Gerste ist für den Wiederkäuer bekömmlich und hat sich daher in vielen Milchviehrationen und Kraftfuttermischungen manifestiert. Der pH-Wert im Pansen wird weniger stark herabgesetzt als beim Einsatz von Roggen, Weizen oder Triticale. Es gibt keine empfohlene Obergrenze. Natürlich muss stets auf eine wiederkäuergerechte Ration geachtet werden.

Feuchtmais und CCM

Beim Feuchtmais und CCM werden die Maiskörner ab Ende der Teigreife geerntet und in schmalen Fahrsilos, Hochsilos oder Rundballen siliert, um haltbar gemacht zu werden. Man spricht von Feuchtmais, wenn nur die Maiskörner siliert werden. Von CCM (CornCobMix) ist die Rede, wenn auch die Spindel mitverarbeitet wird. Deshalb weist CCM gegenüber Feuchtmais etwas niedrigere Stärkegehalte und höhere Rohfasergehalte auf.

Feuchtmais und CCM sind ernährungsphysiologisch betrachtet eine Mischung aus Maissilage und Körnermais. In der Rationsgestaltung muss dieses Futtermittel jedoch, bezogen auf 88 % Trockenmasse, als Kraftfutter bewertet werden. Der Anteil an beständiger Stärke ist anfangs mit ca. 25 % relativ hoch. Ab den Monaten April/Mai sinkt der Gehalt an beständiger Stärke jedoch auf 10–15 % ab. Dieser Abbau an beständiger Stärke muss dementsprechend berücksichtigt und ausgeglichen werden.

Extrem interessant macht dieses Futtermittel die hohe Energiedichte sowie die Preiswürdigkeit.

Speziell im Sommer muss jedoch bei der Lagerung achtgegeben werden. Aufgrund der hohen Energiedichte und des niedrigen Trockenmassegehalts von ca. 70 % besteht eine hohe Gefahr für Nacherwärmungen. Eine ausreichende Verdichtung bzw. luftdichte Abdeckung ist Voraussetzung für eine gute Gärqualität. Der Einsatz von Siliermitteln wird definitiv empfohlen. In weiterer Folge muss die Silierdauer von vier bis sechs Wochen eingehalten werden und auf einen ausreichenden Vorschub geachtet werden.

Körnermais

Körnermais sticht durch den sehr hohen Gehalt von ca. 38 % beständiger Stärke heraus. Die anderen Getreidesorten werden mit ca. 10–13 % beständiger Stärke bewertet. Dadurch, dass die beständige Stärke nicht im Pansen aufgenommen wird, kommt es zu keiner pH-Wert-Absenkung. Das wirkt sich wiederum positiv auf das Milchfett sowie auf die Tiergesundheit aus. Zusätzlich kommt es bei der Aufnahme von Körnermais zu keiner Leberbelastung, da diese Energiequelle nicht über die Leber verstoffwechselt werden muss. Der Mais geht den direkten Weg über die Darmschleimhaut ins Blut und hebt somit die Energieversorgung an. Aufgrund dieser Tatsache müsste man glauben, dass Körnermais das wertvollste Getreide für den Wiederkäuer ist. Das ist allerdings nur bedingt richtig. Die gerade beschriebenen Effekte sind ohne Zweifel der Hauptpunkt, weshalb sich der Einsatz von Körnermais in den Milchviehrationen so gut bewährt hat. Jedoch hat der Dünndarm eine beschränkte Aufnahmekapazität von beständiger Stärke. Täglich können ca. 40–50 g beständige Stärke pro kg Trockenmasse effizient aufgenommen werden. Daher ergeben sich folgende Richtwerte:

- Kühe bis 200 Laktationstage: maximal 1.100–1.200 g beständige Stärke pro Tag
- Kühe ab 200 Laktationstagen: maximal 800 g beständige Stärke pro Tag

Bei Rationen mit einem hohen Anteil an Maissilage und/oder Feuchtmais werden nur geringe oder keine Mengen an Körnermais benötigt, um die gewünschten Zielwerte zu erreichen.

Folgen von zu hohen Körnermaismengen

Da der Darm in seiner Aufnahmefähigkeit begrenzt ist, wird die angeflutete Energie nicht zu 100 % in Milch umgewandelt. Dadurch leidet die Effizienz, und Milchleistung geht verloren. Zusätzlich wirken zu hohe Körnermaismengen sättigend. Das vermindert die Futteraufnahme und erhöht somit das Ketoserisiko.

Des Weiteren neigen Altmelker bei über 1.000 g beständiger Stärke sehr schnell zum Verfetten.

Folgen von zu geringen Körnermaismengen

Zu geringe Körnermaismengen erhöhen die Pansenbelastung. Mögliche Folgen davon sind beispielsweise zu dünner Kot, geringe Milchfettgehalte, eine verminderte Milchleistung sowie Klauenprobleme.

Zusätzlich wird die Leber einer stärkeren Belastung ausgesetzt, da diese die pansenverfügbare Energie verstoffwechseln muss.

Eiweißfuttermittel

Die Milchviehration muss je nach Grundfutter und Leistungsniveau der Tiere mit Eiweißträgern ausgeglichen werden. In den vergangenen Jahren kam es zu einem starken Preisanstieg im Eiweißsegment. Um einen optimalen Kosten-Nutzen-Faktor erzielen zu können, macht es meistens Sinn, unterschiedliche Proteinquellen zu kombinieren. Bei der Auswahl der geeigneten Eiweißfuttermittel müssen vor allem folgende Parameter beachtet werden:

Rohprotein

Umso höher der Rohproteingehalt des Futtermittels ist, desto weniger Einsatzmenge wird benötigt, um den gewünschten Harnstoffwert in der Milch zu erreichen. Um die Preiswürdigkeit der einzelnen Futtermittel vergleichen zu können, müssen die Kosten pro kg Eiweißfuttermittel durch den Proteingehalt dividiert werden. Noch genauer wird dieser Vergleich, wenn auch der Energiegehalt berücksichtigt wird.

Energie

Der Energiegehalt der Eiweißfuttermittel kann sich stark unterscheiden. Grundsätzlich sollte die Energieversorgung über das Grundfutter und die Energiefuttermittel sichergestellt werden. Wenn der Betrieb offensichtliche Energiedefizite (Ketosen) oder ein hohes Milchleistungsniveau hat, sollte der Energiegehalt der Eiweißfuttermittel berücksichtigt werden.

UDP

UDP (unabgebautes Dünndarmprotein) wird auch als pansenstabiles Eiweiß bezeichnet. Gleich wie bei der beständigen Stärke passiert das UDP den Pansen und gelangt erst vom Dünndarm über die Schleimhäute ins Blut. Speziell in Hochleistungsrationen werden deshalb hohe UDP-Gehalte angestrebt, um den Pansen zu entlasten.

Rohfett

Die Erhöhung des Fettgehalts in der Ration führt tendenziell zu einem Milchleistungsanstieg. Jedoch darf durch den Einsatz von herkömmlichen Futtermitteln auf keinen Fall ein Rohfettgehalt von mehr als 4 % in der Gesamtration überschritten werden. Wird geschütztes Fett eingesetzt, können bis zu 6 % Fett in der Ration enthalten sein. Ein zu hoher Rohfettgehalt bindet die Pansenbakterien sowie gewisse Mineralien (Kalzium und Magnesium) und führt zu Verdauungsstörungen.

Nährstoffe	Rapsschrot	Sojaschrot	Sojabohne (getoastet)	Actiprot
Rohprotein, g/kg	330–345	420–490	350–380	280
Energie, MJ NEL	6,35	7,75	9,1	7,0
Rohfaser, g/kg	127	46	52	66
UDP %	120	141	76	120
Rohfett, g/kg	17	21,5	200	95
Lysin, g/kg	18,5	28	24,1	7,0
Methionin, g/kg	6,9	6,27	5,3	4,7
Frischmasse, g/kg	880	873	900	900

Tabelle 9: Überblick über die wichtigsten Eiweißquellen samt Nährstoffangaben

Die Folgen davon können sein:
- Abfall des pH-Werts → erhöhtes Azidoserisiko
- Geringerer Zelluloseabbau → weniger Milchfett
- Erhöhte Leberbelastung
- Milchverlust

Aminosäurenmuster

Proteine bestehen aus verschiedensten Aminosäuren. Die Zusammensetzung der Proteine wirkt sich auf Fruchtbarkeit, Milchmenge und Milcheiweißgehalt aus. Hierbei gilt das Prinzip: „Die Kette ist nur so stark wie ihr schwächstes Glied." Wenn ein Mangel einer Aminosäure auftritt, beeinflusst das gleichzeitig alle weiteren Aminosäuren. Die zwei bedeutendsten Aminosäuren in der Milchviehfütterung sind Methionin und Lysin. In aller Regel ist Methionin die erste limitierende Aminosäure.

Die Grafik symbolisiert das Prinzip der Aminosäurenverteilung. Jede Daube stellt eine essenzielle Aminosäure. Nachdem die Aminosäuren unterschiedlich stark vorkommen, haben die Dauben unterschiedliche Höhen. Wird nun Wasser in das Fass gefüllt, würde in diesem Fall bei der „Methionin-Daube" das Wasser austreten und der Befüllvorgang enden. Wird diese Daube jedoch durch eine Methioninergänzung verlängert, kann das Volumen des Fasses effizienter genutzt werden.

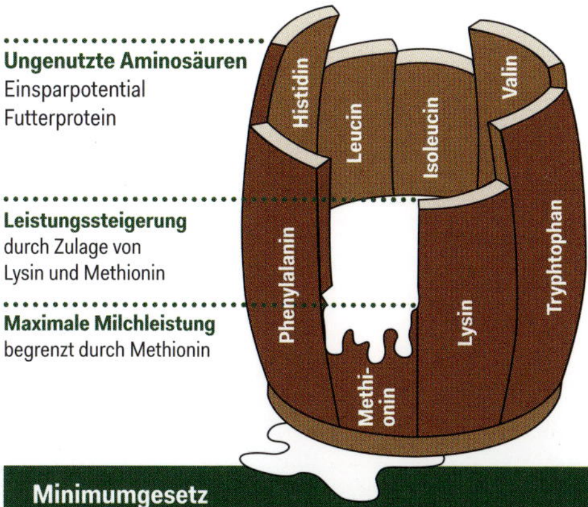

Minimumgesetz

Das Minimumgesetz, von K. Sprengel (1839) ausgehendes und von J. von Liebig (1855) formuliertes Gesetz zum Gesamtertrag. Es besagt, dass der jeweils in relativ geringster Menge vorhandene Wachstumsfaktor (Minimumfaktor) den Ertrag begrenzt. Anders ausgedrückt: Eine Steigerung des Minimumfaktors erhöht den Gesamtertrag am meisten.

Die Tabelle 9 gibt einen Überblick über die wichtigsten Eiweißquellen samt deren Nährstoffangaben. Die angeführten Deklarationen beziehen sich auf 88 % Trockenmasse.

Rapsextraktionsschrot

Der Einsatz von Rapsschrot hat in den vergangenen Jahren aufgrund der Preiswürdigkeit gegenüber Sojaschrot extrem an Bedeutung gewonnen. Zusätzlich weist Rapsschrot einen hohen Gehalt an Methi-

Maisschlempe	Maiskleberfutter	Sonnenblumenschrot, teilentschält	Biertreber, siliert	Futterharnstoff
270	190–270	335	220	2800
7,1	7,2	5,15	5,9	0
80	90	215	140	0
120	58	25	72	0
110	35	15	80	0
7,1	6,0	11,5	8,45	0
4,7	3,4	6,9	5,0	0
900	940	890	220–260	995

onin auf. Beim Einsatz dieses Futtermittels sind der sehr hohe Phosphorgehalt, der niedrige Energiegehalt sowie der tiefe DCAB-Wert zu berücksichtigen. Werden hohe Rapsmengen (> 2,5 kg/Tier/Tag) verfüttert, kann es je nach Grundfuttersituation zu einer Phosphorüberversorgung kommen. Bei den laktierenden Tieren ist eine gewisse Überversorgung an Phosphor ernährungsphysiologisch grundsätzlich kein Problem. Jedoch geht mit einer Überversorgung an Phosphor auch eine gesteigerte Phosphorausscheidung einher. (In Deutschland werden diese Ausscheidungen bereits über die Stoff-Strom-Bilanz erfasst.) Die phosphorreiche Gülle hebt wiederum die Phosphorgehalte im Grünland an und der Kreislauf setzt sich fort. Beim Einsatz von höheren Rapsschrotmengen in der Ration sollten deshalb Mineralfuttersorten mit einem reduzierten Phosphorgehalt eingesetzt werden. Das schont die Umwelt und reduziert gleichzeitig die Kosten, da phosphorreiche Mischungen tendenziell teurer sind.

Der tatsächliche Bedarfswert muss anhand einer Rationsberechnung und den dazugehörigen Grundfutteranalysen eruiert werden.

Der Rapsschrot hat im Vergleich zum Sojaschrot wenig Energie, da die Schale des Rapskorns unverdaulich ist und somit von der Kuh ausgeschieden wird. Vor allem, wenn die Tiere in den ersten 100 Laktationstagen Energiemängel verzeichnen, sollte der Rapsschrot mit einer energiereicheren Eiweißquelle kombiniert werden.

Die Kationen-Anionen-Bilanz schwankt beim Rapsschrot zwischen –200 und –50 meq/kg Trockensubstanz. Somit wirkt Rapsschrot ansäuernd auf den metabolischen Stoffwechsel. Das bedeutet, dass der Blut-pH-Wert absinkt. Vor allem beim Einsatz von höheren Rapsmengen (> 2,5 kg/Tier/Tag) muss der DCAB-Gehalt der Milchviehration kontrolliert werden. Zu tiefe DCAB-Werte in der Milchviehration führen mitunter zu einer verminderten Futteraufnahme, einem geringeren Milchfettgehalt und zu einer reduzierten Milchleistung.

In Trockensteherrationen wird der Stoffwechsel bewusst angesäuert, um die Kalziumaufnahmen zu reduzieren. Hierfür kann Rapsschrot ein wertvolles Futtermittel sein. (Näheres dazu wird im Kapitel „Fütterung der Trockensteher – Ziele der Trockensteherfütterung“ beschrieben.)

Pansengeschützter Rapsextraktionsschrot

Durch ein technisches Verfahren wird der UDP-Gehalt vom Rapsschrot von 35 % auf ca. 80 % angehoben. Der Einsatz von pansengeschütztem Rapsschrot entlastet dadurch den Energiekreislauf und steigert aufgrund des höheren nXP-Gehalts die Milcheiweißwerte. Aufgrund der erheblichen Kosten für dieses Produkt muss der voraussichtliche Nutzen individuell abgeklärt werden. Alle weiteren Parameter wie Aminosäurenmuster, Rohproteingehalt und Energiegehalt bleiben unverändert.

Sojaextraktionsschrot

Die hohen Protein- und Energiegehalte machen Soja zu einem sehr wertvollen Eiweißträger. Aufgrund der extrem hohen Nährstoffdichte lassen sich äußerst energiereiche Rationen erstellen.

Der Proteingehalt ist sortenabhängig und schwankt zwischen 42 % und 49 %.

Zusätzlich zeichnet sich dieses Futtermittel durch ein hochwertiges Aminosäurenmuster (sehr hoher Methionin- und Lysinanteil) aus. Der hohe DCAB-Wert kann bei den laktierenden Kühen vor allem bei Rationen mit einem hohen Maissilageanteil (> 50 %) positive Effekte zeigen. Trotz all dieser genannten Vorteile muss aus ökonomischen Gründen die Preiswürdigkeit individuell abgeklärt werden.

Pansengeschützter Sojaextraktionsschrot

Durch ein technisches Verfahren wird der UDP-Gehalt im Sojaschrot ähnlich wie beim geschützten Rapsschrot auf ca. 80 % UDP angehoben. Dadurch entlastet der Einsatz von pansengeschütztem Sojaschrot den Energiekreislauf und steigert aufgrund des höheren nXP-Gehalts die Milcheiweißwerte.

Aufgrund der sehr hohen Kosten wird dieses Produkt kaum eingesetzt. Alle weiteren Parameter wie Aminosäurenmuster, Rohproteingehalt und Energiegehalt bleiben unverändert.

Sojabohne

Dieser Eiweißträger wird umgangssprachlich auch als „vollfette Sojabohne" bezeichnet. Die Sojabohne wurde thermisch behandelt (getoastet), um die darin enthaltenen Hemmstoffe zu reduzieren. Jedoch wird das Fett dieses Produkts gegenüber dem Sojaextraktionsschrot nicht extrahiert. Dadurch bleibt das Fett im Eiweißträger enthalten. Daraus resultiert der sehr hohe Energiegehalt. Die Sojabohne enthält das Enzym Urease. Urease spaltet Stickstoffverbindungen im Pansen und erhöht somit die NH_3-Konzentration. Daher sollte in Kombination mit diesem Futtermittel kein Futterharnstoff gefüttert werden. Die empfohlene Einsatzmenge pro Tier und Tag liegt aufgrund des hohen Fettgehalts bei maximal 1,5 kg. Natürlich muss auch hier die ideale Einmischrate berechnet werden.

Getreideschlempe

Die Getreideschlempe ist der Rückstand, der bei Bioethanolherstellung aus Körnermais und Getreide (Gerste/Weizen) anfällt. Schlempen zeichnen sich durch den hohen UDP-Gehalt (dünndarmverdauliches Eiweiß) und den guten Energiewert aus. Aufgrund des minderwertigen Aminosäurenmusters (geringer Gehalt an Methionin und Lysin) dürfen an Milchkühe maximal 3 kg Schlempe pro Tier und Tag verfüttert werden. Die Kombination aus Rapsschrot oder Sojaschrot und Getreideschlempe hat sich in der Wiederkäuerfütterung sehr gut bewährt.

Maisschlempe

Maisschlempe ist so wie die Getreideschlempe ein Rückstand der Bioethanolherstellung. In diesem Fall wird jedoch nur Körnermais als Ausgangsprodukt genutzt. Daraus resultiert ein etwas höherer Stärke- bzw. Energiegehalt. Das Aminosäurenmuster ist sehr ähnlich. Deshalb sollte auch die Maisschlempe mit Rapsschrot oder Sojaschrot kombiniert werden. Zu beachten ist zusätzlich der höhere Rohfettgehalt. Die Obergrenze pro Tier und Tag richtet sich nach dem Rohfettgehalt der Gesamtration, die nach erfolgten Grundfutteruntersuchungen berechnet werden muss.

Sonnenblumenschrot

Aufgrund des niedrigen Energiegehalts und des hohen Gehalts an Rohfaser sollte Sonnenblumenschrot immer mit einer weiteren Eiweißquelle kombiniert werden. Bei Hochleistungstieren oder bei starken Energiemängeln empfehle ich dieses Futtermittel nicht zu verwenden.

Maiskleberfutter

Bei der Stärkegewinnung aus Mais fällt Maiskleberfutter an. Es ist ein Gemisch aus Maiskleber, stärkehaltigen Maisschalen und Maispülpe. Der Proteingehalt dieses Futtermittels schwankt, aufgrund unterschiedlichster Qualitäten, zwischen 19 % und 27 %. Die Energiedichte ist in Ordnung, jedoch muss das Futtermittel wegen des minderwertigen Aminosäurenmusters mit anderen Eiweißquellen kombiniert werden.

Biertreber

Biertreber ist ein Nebenprodukt der Brauindustrie und wird in vielen Betrieben als Eiweißergänzung eingesetzt. Wegen des niedrigen Trockenmassegehalts (ca. 25 %) muss Biertreber im Betrieb einsiliert werden. Dies erfolgt entweder auf einer betonierten Bodenplatte oder mithilfe eines Siloschlauchs, der bereits beim Entlade-Lkw integriert ist. Biertreber neigt aufgrund des hohen Feuchtigkeitsgehalts vor allem in den Sommermonaten sehr stark zur Nacherwärmung. Das Eiweißfuttermittel sollte, wenn möglich, im Schatten gelagert werden. Wenn kein Siloschlauch verwendet wird, muss unbedingt auf eine ausreichende Verdichtung und eine luftdichte Abdeckung geachtet werden. Die Silierdauer von vier bis sechs Wochen ist einzuhalten. Der Zusatz von Siliermitteln macht absolut Sinn. In weiterer Folge ist ein ausreichender Vorschub unabdingbar.

Die Preiswürdigkeit von Biertreber hängt von den Einkaufspreisen der anderen Eiweißquellen ab und ist somit individuell zu betrachten. Um Biertreber mit klassischem Eiweißfutter wie Rapsschrot, Sojaschrot etc. vergleichen zu können, muss dieser immer in 88 % Trockenmasse umgerechnet werden. Hierbei gilt grundsätzlich folgende Faustregel für Biertreber: 3,5 kg Frischmasse entsprechen ca. 1 kg Trockenmasse (88 % TS). Die Trockenmassegehalte von Biertreber können jedoch sehr unterschiedlich sein. Das Umrechnen der Trockenmasse ist außerdem wichtig, da Biertreber als Kraftfuttermittel bewertet werden muss.

Dennoch wirkt Biertreber aufgrund des hohen Fasergehalts pansenschonender als andere Eiweißfuttermittel. Die empfohlene Einsatzmenge liegt zwischen 6 und 12 kg pro Tier und Tag. Fütterungstechnisch sind beim Einsatz von Biertreber folgende Vor- und Nachteile zu beachten:

Vorteile

Biertreber zeichnet sich durch den hohen UDP-Gehalt von rund 40 % aus. Zusätzlich weist er wertvolle Vitamin-B-Verbindungen auf. Dieses sehr schmackhafte Futtermittels fördert die Futteraufnahme und wirkt sich vor allem bei Grundfutterumstellungen positiv aus. Speziell beim Einsatz von Rundballen kommt es sehr häufig zu Änderungen der Grundration. Das Verfüttern von Biertreber bringt den Vorteil, über das gesamte Jahr hinweg eine konstante Eiweißquelle in der Ration zu haben, was wiederum die Effektivität der Pansenbakterien unterstützt. In weiterer Folge besteht bei einem Schnittwechsel immer die Gefahr, dass das zu fütternde Grundfutter eine leichte Fehlgärung und/oder einen etwas anderen Geschmack aufweist. Beides führt bei den Tieren zu einer verminderten Futteraufnahme. Aufgrund der bereits erwähnten hohen Schmackhaftigkeit und Kontinuität werden Futterumstellungen bei den Tieren so besser gemeistert. In weiterer Folge gleicht der niedrige Trockenmassegehalt von ca. 25 % zu trockene Mischrationen aus. Jedoch muss an dieser Stelle gesagt werden, dass genauso gut auch Wasser in den Mischwagen gegeben werden kann, um den Trockensubstanzgehalt zu optimieren.

Nachteile

In den vergangenen Jahren war Biertreber im Vergleich zur Nährstoffdichte von herkömmlichen Eiweißkonzentraten meist etwas teurer. Dies muss jedoch aufgrund der kontinuierlich steigenden Eiweißpreise individuell überprüft werden. Sollte über den Einsatz von Biertreber nachgedacht werden, muss vor dem Kauf unbedingt die fortlaufende Verfügbarkeit abgeklärt werden. Der Einsatz dieses Produkts macht nur dann Sinn, wenn konstant über das gesamte Jahr dieselben Mengen pro Kuh und Tag gefüttert werden können. Neben den teils leicht erhöhten Kosten muss auch der zusätzliche Arbeitsaufwand (Silieren, Lagern, Einmischen etc.) genannt werden. Der Hauptgrund, weshalb viele Betriebe wieder aufgehört haben, diesen zu verfüttern, liegt daran, dass dieser ein hohes Risiko zur Nacherwärmung aufweist. Das verursacht erhöhte Zellzahlen, Euterentzündungen etc. Beim Verdacht, dass der Biertreber qualitativ nicht einwandfrei ist, sollte unbedingt eine Analyse auf Pilze und Hefen gemacht werden.

Futterharnstoff

Der Einsatz von Futterharnstoff ist die kostengünstigste Eiweißergänzung. Futterharnstoff gehört zu den NPN-(Nicht-Protein-Stickstoff-)Verbindungen und wird im Pansen durch Energieaufwand zu hochwertigem Mikrobenprotein umgewandelt. Die Voraussetzung dafür ist ein vollwertig entwickeltes Vormagensystem sowie ein hoher Anteil an schnell verdaulichen Kohlenhydraten in der Ration. Herrscht ein Mangel an pansenverfügbarer Energie, sollte der Futterharnstoff nicht verwertet werden, da er unter Belastung der Leber entgiftet werden muss. Dadurch steigt lediglich der Milchharnstoffgehalt an. Dies hat jedoch keinen positiven Effekt auf die Milchleistung.

Des Weiteren darf der Futterharnstoff nur an Tiere über 400 kg Lebendmasse (ca. 6 Monate alt) verfüttert werden und die Ration muss mindestens 40 % Silomais beinhalten.

Kein Futterharnstoff sollte außerdem gefüttert werden, wenn im Pansen bereits eine erhöhte Ammoniakkonzentration zu vermuten ist. Dies ist beispielsweise der Fall, wenn das Grundfutter hohe NH_3-Gehalte von über 10 g/kg Trockensubstanz aufweist oder wenn unbehandelte Sojaprodukte (z. B. Sojabohne) eingesetzt werden. Das darin vorhandene Enzym Urease führt nämlich ebenfalls zu einer erhöhten NH_3-Konzentration im Pansen.

Wird Futterharnstoff, der nicht in einer Vormischung enthalten ist, in den Mischwagen gegeben, muss unbedingt auf eine hohe Verteilgenauigkeit und auf einen ausreichend niedrigen Trockenmassegehalt (39–43 % TS) geachtet werden.

In weiterer Folge müssen die Einsatzmengen genau abgewogen werden. Die Aufnahme von Futterharnstoff über 0,5 kg pro Tier und Tag kann bereits zum Tod des Tiers führen.

Ich empfehle daher, den Futterharnstoff in Kraftfuttervormischungen, in das Fertigfutter oder in die Mineralstoffmischung einmischen zu lassen. Die maximale Einsatzmenge pro Tier und Tag richtet sich nach dem prozentuellen Silomaisanteil in der Ration, dem Anteil an schnell verfügbaren Kohlenhydraten (NFC) sowie dem energetischen Versorgungsgrad der Tiere.

Die folgende Tabelle beschreibt meine Herangehensweise, um den ungefähr möglichen Harnstoffeinsatz in der Ration einschätzen zu können. Für die tatsächliche Einsatzmenge ist eine individuelle Betrachtung sowie eine Rationsberechnung auf Basis von Grundfutteranalysen unabdingbar.

Silomaisanteil	NFC-Gehalt	Energieversorgung der Tiere	Futterharnstoff
< 30 %	Durchschnittlich	Durchschnittlich	0 g
40 %	Hoch	Sehr gut	100 g
40 %	Durchschnittlich	Durchschnittlich	60 g
40 %	Niedrig	Schlecht	0 g
70 %	Hoch	Sehr gut	170 g
70 %	Durchschnittlich	Gering	0–30 g

Tabelle 10: Orientierungswerte für den Einsatz von Futterharnstoff

Der NFC-(Nichtfaser-Kohlenhydrate-)Gehalt ist abhängig vom Grundfutter sowie von dem Kraftfuttereinsatz und muss berechnet werden. Ich bewerte den NFC-Gehalt folgendermaßen:

- NFC-Gehalt hoch → > 38 % in Trockenmasse
- NFC-Gehalt durchschnittlich → 25–38 % in Trockenmasse
- NFC-Gehalt niedrig → < 24 % in Trockenmasse

Weitere mögliche Rohstoffe

Neben den bisher aufgezählten Rohstoffen gibt es in der Rinderfütterung natürlich noch viele weitere Kraftfuttermittel. Die Produkte Weizenkleie, Trockenschnitzel und Melasse sind meiner Meinung nach weder den Energiefuttermitteln noch den Eiweißfuttermitteln unterzuordnen. Nachdem diese aber oft eingesetzt werden bzw. fester Bestandteil in einigen Kraftfuttermischungen sind, möchte ich darauf noch etwas genauer eingehen.

Nährstoffe	Weizenkleie	Trockenschnitzel	Melasse
Rohprotein, g/kg	140–160	98	105
Energie in MJ NEL	5,35	6,5	6,2
Rohfaser, g/kg	115	180	–
Frischmasse, g/kg	880	910	780

Tabelle 11: Nährstoffangaben weiterer Rohstoffe

In der Tabelle sind die wichtigsten Nährstoffe der zuvor erwähnten Rohstoffe angeführt.

Die Orientierungswerte werden auf die Frischmasse bezogen. Um die Melasse einheitlich vergleichen zu können, muss dieses Futtermittel auf 88 % Trockenmasse umgerechnet werden.

Weizenkleie

Weizenkleie ist ein Nebenprodukt, das bei der Gewinnung von Weizenmehl anfällt. Dabei wird der Mehlkörper von der Schale getrennt. Aus diesem Grund hat Weizenkleie einen extrem niedrigen Energiewert. Weizenkleie ist ein „billiges" Produkt und wird deshalb in vielen Futtermitteln eingesetzt. Aufgrund der diätetischen Wirkung der Rohfaser kann sich Weizenkleie positiv auf zu dünnen Kot auswirken. Hierfür gibt es aber auch andere Möglichkeiten. Grassilagen sollten Energiewerte von mindestens 5,8 MJ NEL (bezogen auf 100 % TS) aufweisen. Der hier angeführte Rohstoff hat nur 5,19 MJ NEL. Daher muss auch festgestellt werden, dass der vermeintlich günstige Preis von Weizenkleie, bezogen auf die Nährstoffdichte, in Wahrheit teuer ist.

Trockenschnitzel

Trockenschnitzel, oder auch Zuckerrübenschnitzel genannt, sind Nebenprodukte aus der Zuckerrübenverarbeitung. Trockenschnitzel haben einen sehr hohen Anteil an leicht verdaulicher Rohfaser und sind somit ein schonender Rohstoff für den Wiederkäuer. Diese leicht verdauliche Rohfaser stabilisiert den Pansen-pH-Wert und kann sich positiv auf das Milchfett auswirken. Es ist natürlich auch möglich, ohne den Zusatz von Trockenschnitzel eine wiederkäuergerechte Ration zu füttern. Aufgrund der niedrigen Energiedichte machen hohe Trockenschnitzelanteile von über 1,5 kg in meinen Augen keinen Sinn. In den vergangenen Jahren sind die Preise dieses Rohstoffs stark angestiegen, weshalb aus ökonomischer Sicht der Einsatz abgeklärt werden muss. Unter folgenden Umständen empfehle ich das Verfüttern von Trockenschnitzeln:

- Extrem niedriger Gehalt von unter 2.200 g an strukturierter Rohfaser in der Gesamtration
- Hohe Kraftfutterteilgaben von über 2 kg pro Tier
- Hohe Kraftfuttermengen von über 11 kg pro Tier und Tag

Melasse

Melasse ist ein honigartiger dunkelbrauner Zuckersirup, der als Nebenerzeugnis in der Zuckerproduktion anfällt. Die Einmischung von Melasse über den Mischwagen/Fütterungsroboter hat sich positiv bewährt, da das eingemischte Kraftfutter besser am Grundfutter anhaftet und somit gegen eine mögliche Kraftfutterselektion vorgebeugt wird. Zusätzlich liefert der hohe Zuckergehalt wertvolle schnelle Energie und fördert aufgrund der gesteigerten Schmackhaftigkeit die Futteraufnahme. Jedoch zieht die hohe Schmackhaftigkeit nicht nur die Tiere, sondern auch Fliegen und Bienen/Wespen an. Das kann vor allem in puncto Futtertischhygiene zu einem Problem werden. Sollte aufgrund sehr zuckerreicher Silagen ein Gesamtzuckergehalt von 6 % in der Ration überschritten werden, bringt der zusätzliche Einsatz von Melasse keinen Mehrwert. Ganz im Gegenteil. Zuckerüberschüsse rufen Pansenazidosen hervor. Um das Risiko einer Pansenazidose zu minimieren, muss eine Rationsberechnung erfolgen. Dabei wird die tatsächlich benötigte Menge an Melasse errechnet. Diese variiert je nach Grundfuttersituation zwischen 0 und 1,5 Liter pro Tier und Tag.

Im Winter kann die Fließfähigkeit der Melasse aufgrund der kühlen Temperaturen stark reduziert sein. Das Verdünnen mit Wasser sowie das Lagern in geschützten Räumen haben sich diesbezüglich bewährt. Als Alternative kann auch Futterzucker eingemischt werden. Dieser ist getrocknet und somit leichter zu handhaben, da er in Säcken bezogen werden kann. Nachteilig sind der etwas höhere Einkaufspreis sowie die Tatsache, dass der Futterzucker das Kraftfutter nicht bindet.

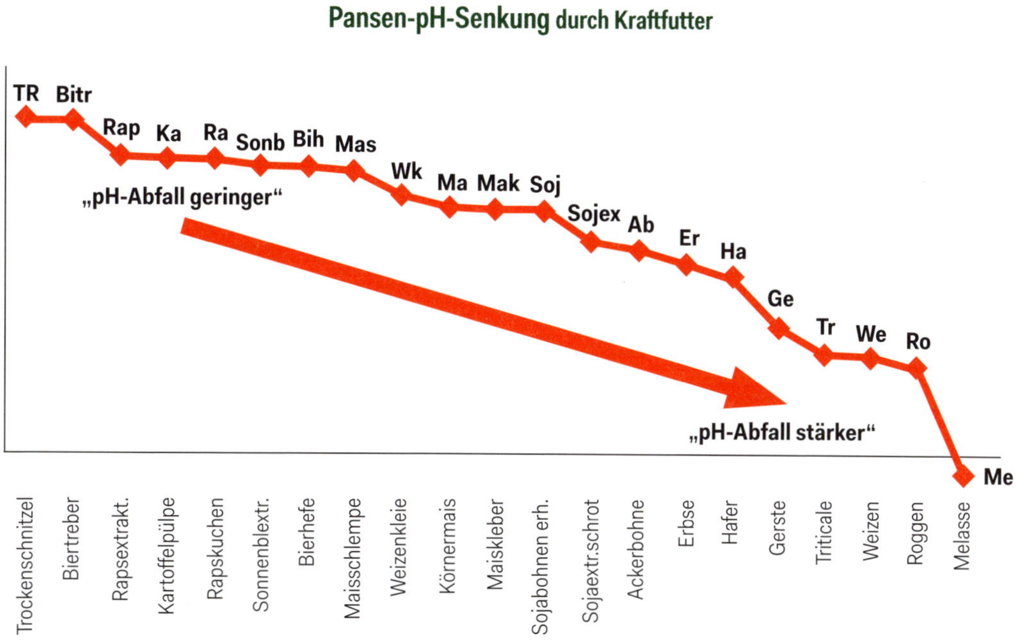

Abbildung 16: Pansen-pH-Senkung durch Kraftfutter (Wurm, K., nach: de Brabander et al.,1999)

Abbildung 16 gibt einen Überblick über die wichtigsten Futtermittel und deren Auswirkungen auf den Pansen-pH-Wert.

Fertigfutter

Fertigfutter wird auf den Großteil der Betriebe eingesetzt und bringt viele Vorteile mit sich. Beim Zukauf von Mischfutter muss großes Augenmerk auf die Nährstoffangaben sowie die Futtermittelzusammensetzung gelegt werden. Zu beachten ist ebenfalls, dass das Fertigfutter in den allermeisten Fällen bereits teilmineralisiert ist. (Die Interpretation der Mineralstoffe wird im Kapitel „Bedeutung der Mineralstoffversorgung“ erklärt.) Um die Tiere bedarfsgerecht versorgen zu können, müssen meistens zwei Kraftfuttersorten kombiniert werden.

Nährstoffangaben

Die zwei wichtigsten Parameter zur Interpretation des Kraftfutters sind das Rohprotein (XP) sowie der Energiegehalt (MJ NEL).

Proteinbewertung

Das Kraftfutter kann in unterschiedliche Rohproteingehalte untergliedert werden. Neben dem XP-Gehalt muss aber auch immer auf die eingesetzten Rohstoffe geachtet werden, um einen Eindruck über die Proteinqualität zu bekommen.

Die folgende Tabelle gibt einen Überblick über die unterschiedlichen Rohproteingehalte. Die Spalte „Bemerkung“ bezieht sich auf den Einsatz von nur einer Kraftfuttersorte. Wenn zwei Futtersorten (z. B. Getreidemischung und Eiweißkonzentrat) miteinander kombiniert werden, ist diese Spalte irrelevant.

XP-Gehalt	Bezeichnung	Bemerkung
8–10 %	Getreidemischung	gleicht starke Proteinüberschüsse aus
11–14 %	Energiefuttermittel	gleicht einen Proteinüberschuss aus
15–17 %	energiebetontes Ausgleichsfutter	gleicht einen minimalen Eiweißüberschuss aus
18–19 %	Ausgleichsfutter	ergänzt eine ausgeglichene Ration
20–25 %	eiweißbetontes Ausgleichsfutter	gleicht einen leichten Proteinmangel aus
26–35 %	Eiweißfuttermittel	gleicht einen Proteinmangel aus
> 35 %	Eiweißkonzentrat	gleicht einen starken Proteinmangel aus

Energiebewertung

Der Energiegehalt spielt vor allem beim Leistungskraftfutter eine wichtige Rolle. Hochwertige Futtermittel zeichnen sich durch einen Energiegehalt von über 7,2 MJ NEL aus. Sollten die Tiere energetisch gut versorgt sein, können bei den Eiweißfuttermitteln auch Produkte mit niedrigeren Energiedichten (< 7,0 MJ NEL) verwendet werden.

Energiegehalt	Bezeichnung	Bemerkung
7,0 MJ NEL	Energieschwaches Futtermittel	hoher Anteil an Nebenprodukten (Weizenkleie), für leistungsstarke Tiere absolut ungeeignet
7,0–7,2 MJ NEL	Standardfuttermittel	Durchschnittliche Energiedichte, meist gutes Preis-Leistungs-Verhältnis
> 7,3 MJ NEL	Sehr hochwertiges Futtermittel	bringt viel Energie in die Gesamtration

Futtermittelzusammensetzung

Neben den Nährstoffangaben spielen die einzelnen Rohstoffkomponenten bzw. deren prozentueller Anteil eine wesentliche Rolle. Beim Warenbegleitschein unter dem Punkt „Zusammensetzung" werden die enthaltenen Rohstoffe angegeben und nach deren Einmischrate gereiht. Der Rohstoff mit dem höchsten prozentuellen Anteil wird an erster Stelle angeführt. Hier ein Beispiel für ein hochwertiges und ein minderwertiges Kraftfutter:

Hochwertiges Kraftfutter

Körnermais, Rapsschrot, Gerste, Sojaschrot, Weizen, Calciumcarbonat, Zuckerrübenmelasse, Magnesiumoxyd, Natriumchlorid

Minderwertiges Kraftfutter

Weizenkleie, Sonnenblumenextraktionsschrot, Roggenmischkleie, Actiprot, Gerste, Rapsextraktionsschrot, Körnermais, Calciumcarbonat, Zuckerrübenmelasse, Magnesiumoxyd, Natriumchlorid

Körnermais ist ein hochwertiges Kraftfutter.

Bedeutung der Wasserversorgung

Die Milch enthält ca. 87 % Wasser. Aus diesem Grund wird das Wasser umgangssprachlich auch als „wichtigstes Futtermittel" bezeichnet. Die tägliche Wasseraufnahme steht in einem direkten Verhältnis zur Milchleistung und Tiergesundheit. Demnach sollte uns bewusst sein, welche elementare Rolle die Wasserversorgung einnimmt. Der tägliche Wasserbedarf ist abhängig von der erbrachten Milchleistung und der Außentemperatur. Damit die gewünschten Wassermengen aufgenommen werden können, müssen ein paar essenzielle Kriterien erfüllt werden. Die Tränkebecken müssen immer in kurzen Wegen für die Rinder erreichbar sein. Des Weiteren sollte pro Becken mindestens 3 m „freier Raum" vorliegen, damit vorbeigehende Kühe ihre Kollegin beim Saufen nicht stören.

Eine Kuh säuft im Durchschnitt 5–25-mal pro Tag und nimmt dabei ca. 5–8 l pro Trinkvorgang auf (max. Werte von 25 l pro Minute werden auch erreicht). Die Durchsatzleistung des Tränkers sollte deshalb mindestens 60 l pro Minute betragen. Kippbare Tränkebecken haben sich diesbezüglich bewährt.

Beim Ausgang des Melkbereichs sowie in der unmittelbaren Nähe des Futtertisches sollten unbedingt Tränkebecken angebracht werden, da nach dem Fressen bzw. Melken der höchste Wasserbedarf vorliegt.

Um herauszufinden, wie viele Tränkebecken nun ein Betrieb installieren muss, gibt es eine einfache Faustregel. Pro Tränkestation sollten mindestens 10 cm Troglänge pro Kuh vorhanden sein. Jedoch dürfen maximal 20 Kühe pro Trog gerechnet werden.

Bei einer „Krankenbox" oder dem Trockensteherbereich sollten auch bei geringer Tieranzahl immer zwei Tränker angebracht werden, damit auch die rangniedrigeren Tiere ausreichend Wasser aufnehmen können. Mithilfe einer Wasseruhr die tatsächliche Wasseraufnahme der Tiere ermittelt werden, so stellt man fest, ob genug Wasser gesoffen wird.

Neben der täglichen Wasseraufnahme muss auch die Wasserqualität überprüft werden. Die Tränkebecken müssen beim täglichen Stalldurchgang entleert und gegebenenfalls auch gereinigt werden. Die Wasserqualitäten können stark variieren. Immer wieder kommen Schadstoffe und Bakterien wie z. B. Clostridien übers Wasser in den Verdauungstrakt der Tiere und richten dort großen Schaden an. Aus diesem Grund wird eine regelmäßige Wasseruntersuchung empfohlen. Verschmutztes Wasser reduziert nicht nur die Wasseraufnahme, sondern belastet auch die Kuh und muss somit unbedingt vermieden werden.

Die Grafik zeigt den täglichen Wasserbedarf einer Kuh in Abhängigkeit der Milchleistung und der Außentemperatur. Wie man sehen kann, steigt der Wasserbedarf nicht nur bei höheren Außentemperaturen, sondern auch bei gesteigerten Milchmengen stark an.

kg Milch	20	30	40	50
Wasserbedarf bei Außentemperatur –5 °C	55	75	90	105
Wasserbedarf bei Außentemperatur 5 °C	70	80	95	110
Wasserbedarf bei Außentemperatur 25 °C	90	105	120	135

Abbildung 17: Benötigte Wassermenge in Abhängigkeit der Milchleistung und der Außentemperatur (in Anlehnung an Hoffmann, 2022)

Inhaltsstoff	Kritischer Wert	Wirkung bei Überschreiten des kritischen Werts
Chlorid	500 mg/l	Verdorben
Eisen	3 mg/l	Ab 0,3 sinkt Futteraufnahme
Kalzium	500 mg/l	Durchfall
Mangan	4 mg/l	Futteraufnahme sinkt ab 0,05 mg/l
Kupfer	2 mg/l	Durchfall, Tod
Natrium	500 mg/l	Futteraufnahme sinkt, erhöhte Wasseraufnahme
Nitrat (NO_3)	300 mg/l	Krämpfe, Tympanien
Stickstoff-dioxid (NO_2)	30 mg/l	Akute Vergiftung, Tod
Selen	0,05 mg/l	Futteraufnahme sinkt, Klauenkrankheiten
Zink	5 mg/l	Futteraufnahme sinkt
Sulfate	500 mg/l	Durchfall
Sulfide	0,1 mg/l	Futteraufnahme sinkt
Pestizide	Ges. 0,0005	Bakterielle Aktivität
Coliforme Keime, *E. coli*	0	
Andere Keime bei 20 °C	< 1.000 KbE/ml	
Andere Keime bei 37 °C	< 10.000 KbE/ml	

Abbildung 18: Höchstwerte einzelner Elemente (in Anlehnung an Hoffmann, 2022)

Foto © Jonas Schiffer

Diese Tränkebecken haben sich in der Praxis sehr bewährt.

Die Grafik zeigt die Höchstwerte der einzelnen Elemente und Keime an, die ein Trinkwasser nicht überschreiten sollte, sowie mögliche Symptome bei einer Überversorgung.

Synchronisation der Milchviehration

Um aus den eingesetzten Futtermitteln möglichst effizient Milch produzieren zu können, muss auf die Synchronisation aller Komponenten geachtet werden. Vereinfacht dargestellt füttern wir unseren Wiederkäuern Energie und Eiweiß. Dies lässt sich in weiterer Folge in pansenabbaubare und pansenstabile Energie sowie in pansenabbaubares und pansenstabiles Eiweiß untergliedern. Wenn vom Synchronisieren einer Ration die Rede ist, bedeutet das, dass z. B. pansenabbaubare Energie in der Ration durch die Ergänzung einer pansenabbaubaren Eiweißquelle ausgeglichen wird. Die Kunst in der Fütterung besteht darin, die einzelnen Kraftfutterkomponenten auf das aktuelle Grundfutter anzupassen. Ob die Ration gut synchronisiert ist, kann mithilfe der LKV-Daten und durch das Kotsieben sehr gut interpretiert werden. (Genaueres dazu wird im Kapitel „Wichtigste Controllingpunkte" erklärt.) Kommt es in der Ration zu Dysbalancen, sind suboptimale Milchinhaltsstoffe sowie eine reduzierte Milchleistung die Folge. Zusätzlich sollten die Milchkühe die unterschiedlichen Futterkomponenten zur gleichen Zeit fressen können. Das Verfüttern von totalen oder zumindest stark aufgewerteten Mischrationen bringt diesbezüglich natürlich große Vorteile.

Folgend werden die unterschiedlichen Abbaugeschwindigkeiten der wichtigsten Futtermittel grafisch dargestellt. Dies sind jedoch nur Richtwerte. Vor allem beim Grundfutter kann es bei der Abbaugeschwindigkeit zu großen Unterschieden kommen. Grundsätzlich gilt, dass Grassilagen mit wenig Rohfaser, einem hohen Energie- sowie Proteingehalt und einem Trockenmassegehalt unter 35 % schnell abbaubar sind. Heu oder trockene Grassilagen sind dagegen eher langsam abbaubar und weisen einen hohen UDP-Gehalt auf. Zusätzlich muss gesagt werden, dass sich das silierte Grundfutter mit fortschreitender Zeit ebenfalls verändert. Vor allem Maissilagen werden über die Sommermonate schneller in ihrer Abbaugeschwindigkeit, da die vorhandene beständige Stärke abgebaut wird. Wenn Silagen länger als vier Monate gefüttert werden, sollten diese deshalb nochmals einer Silountersuchung unterzogen werden.

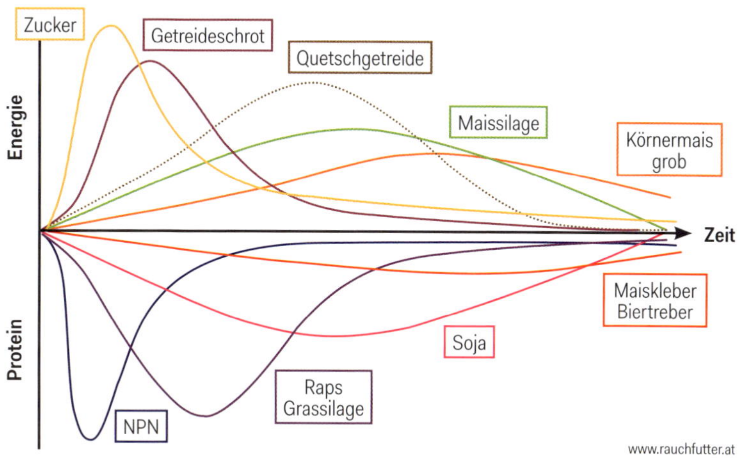

Abbildung 19: Pansensynchronisation (Raiffeisen Kraftfutterwerk Kehl GmbH, Schmautz, 2015)

Bedeutung der Mineralstoffversorgung

Unter dem Begriff Mineralstoffversorgung wird die Zufuhr an Mengenelementen, Spurenelementen sowie Vitaminen zusammengefasst. Die Mineralstoffversorgung des Tiers hat weitreichende Auswirkungen auf Tiergesundheit, Fruchtbarkeit und Milchleistung. Dennoch wird dieser Thematik in der Praxis häufig zu wenig Aufmerksamkeit geschenkt. Um die geeignete Mineralstoffmischung definieren zu können, müssen unbedingt die Mengen- und Spurenelemente des Grundfutters untersucht werden. Häufig werden nur Standardwerte zur Rationsberechnung herangezogen. Davon kann ich nur abraten. Denn selbst innerhalb eines Bezirks können die Konzentrationen der Mengen- und Spurenelemente im Grundfutter stark variieren. Neben der Auswahl des richtigen Produkts spielt natürlich auch die Einsatzmenge eine wichtige Rolle. Hier gilt das Sprichwort: „Die Dosis macht das Gift." Eine Überversorgung sowie eine Unterversorgung von nur einem Element können weitreichende negative Folgen auf Milchleistung, Fruchtbarkeit und Tiergesundheit haben. In den meisten Fällen kommt es jedoch zu einer Mineralstoffunterversorgung.

In weiterer Folge interagieren die Elemente miteinander. Diese Interaktion zwischen den Elementen wird auch als Wechselbeziehung bezeichnet. Deshalb müssen sämtliche Elemente immer gemeinsam betrachtet und ausgeglichen werden. Jedes Element hat nämlich einen oder mehrere Gegenspieler (Antagonisten). Das bedeutet, dass ein Überschuss bzw. Mangel eines Elements ein oder mehrere andere Elemente in dessen Funktion einschränkt bzw. sogar blockiert. So kann z. B. ein Eisenüberschuss aus dem Grundfutter die Kupferabsorption einschränken. Dadurch kommt es trotz bedarfsgerechter Kupferversorgung zu Mangelerscheinungen. In diesem Zusammenhang spricht man von einem sekundären Mangel. Einige Landwirte/Landwirtinnen müssen z. B. zu ihrem Unmut die Wechselwirkung zwischen Kalium und Kalzium sowie Magnesium erfahren. Werden Trockensteher zu kaliumreich gefüttert, wird das Milchfieberrisiko um ein Vielfaches erhöht, da dadurch die Kalzium- und Magnesiumabsorption nach der Geburt beeinträchtigt wird.

Diese Grafik zeigt die komplexen Wechselwirkungen zwischen den einzelnen Elementen.

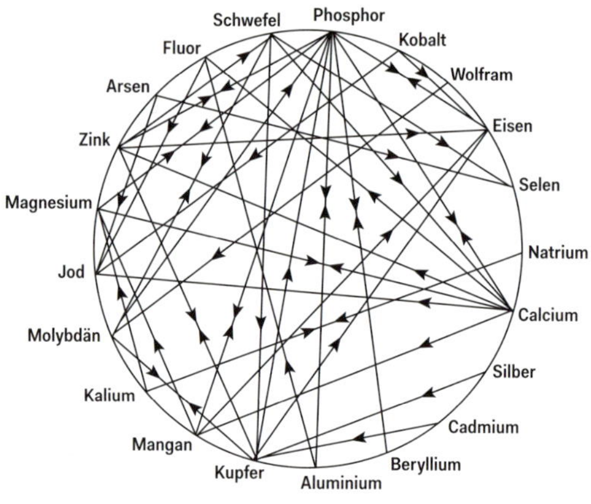

Abbildung 20: Wechselwirkung zwischen einzelnen Elementen (Gasteiner n. d.)

Übersicht der Mineralstoffmischungen

Natürlich gibt es, wie beim Kauf von Fertigfutter, Dutzende verschiedener Anbieter mit diversen Produkten. Um bei diesem üppigen Angebot einen Überblick zu bewahren, müssen die Minerale vorab kategorisch betrachtet werden.

Grundsätzlich wird zwischen Kälber-, Jungvieh-, Mast-, Milchvieh- (laktierend) sowie Trockensteher-Mineralstoffmischungen unterschieden. In diesem Buch gehe ich nur auf die Milchvieh- und die Trockenstehermischungen näher ein. Neben der Mineralisierung und Vitaminisierung werden diesen Produkten des Öfteren Zusatzstoffe wie Hefen, Kräuterextrakte etc. beigemengt. (Die Wirkungsweisen dieser Additive werden im Kapitel „Bedeutung der Zusatzprodukte" erklärt.)

Bedarfswerte laktierendes Milchvieh

Ganz gleich, welcher Mineralstoff verfüttert wird oder welches Grundfutterverhältnis in der Ration vorhanden ist, das Ziel ist immer eine bedarfsgerechte Versorgung, um Mineralstoffmängel sowie Überschüsse zu vermeiden. In der folgenden Tabelle befinden sich die empfohlenen Richtwerte, in Abhängigkeit der Milchleistung, für eine bedarfsgerechte Vitamin-, Mengen- und Spurenelementversorgung. In den heißen Sommermonaten würde ich die Bedarfswerte um ca. 15 % erhöhen, da die Tiere über den Schweiß sehr hohe Mengen an Mineralstoffen ausscheiden. (Die Erklärung zu den Funktionen und Wirkungsweisen der einzelnen Elemente werden im Kapitel „Bedeutung der Mineralstoffversorgung" erläutert.)

Foto © Jonas Schiffer

Die Abbildung zeigt einen Landwirt beim Einmischen vom Mineralstoff. Die eingesetzten Mineralstoffe müssen genau abgewogen werden, um Unter- sowie Überversorgungen zu vermeiden.

Mengenelemente	20 kg Milch	50 kg Milch	Trockensteher
Kalzium in g	82	175	35–40
Phosphor in g	53	108	30–35
Natrium in g	23	42	12
Magnesium in g	25	44	25–35
Kalium in g	165 (ab 330 Überversorgung)	260 (ab 390 Überversorgung)	115 (ab 200 Überversorgung)
Spurenelemente			
Kupfer in mg	170	260	120
Zink in mg	850	1.300	600
Mangan in mg	850	1.300	600
Jod in mg	8,5	13	6
Selen in mg	3,4	5,2	2,4
Kobalt in mg	3,4	5,2	2,4
Vitamine			
Vitamin A in I.E.	70.000	115.000	70.000
Betacarotin in mg	> 800	> 800	> 400
Vitamin B in I.E.	Nach Bedarf	Nach Bedarf	Nach Bedarf
Vitamin Ds in I.E.	10.000	14.000	10.000
Vitamin E in I.E.	500	1.000	1.000

Tabelle 12: Bedarfswerte Mengen- und Spurenelemente (in Anlehnung an Hoffmann, 2022)

Zielwerte für Mineralstoffmischungen

Bei den laktierenden Tieren wird in herkömmliche Mineralstoffe und sogenannte „All in One"-Produkte unterschieden. Bei den „All in One"-Produkten werden höhere Salz- und Kalkmengen eingemischt, damit diese nicht zusätzlich gefüttert werden müssen. Daher der Name „Alles in einem". Diese Produkte eignen sich besonders gut für Rationen mit einem Maissilageanteil von über 40 % oder wenn nicht mineralisiertes Kraftfutter bzw. Rohstoffe eingesetzt werden. Zu beachten ist bei diesen Produkten die niedrigere Konzentration an Vitaminen und Spurenelementen im Vergleich zu herkömmlichen

Mineralstoffmischungen. Daher liegt bei „All in One“-Produkten meistens die empfohlene Einsatzmenge zwischen 150 und 250 g.

Um die Qualität eines Mineralstoffs überprüfen zu können, muss der Sackanhänger des jeweiligen Produkts gelesen und interpretiert werden. Die Zusammensetzung unterteilt sich in analytische Bestandteile und Gehalte sowie in Futtermittel-Zusatzstoffe je kg.

Analytische Bestandteile und Gehalte

Es werden Kalzium, Phosphor, Magnesium und Natrium im prozentuellen Anteil dargestellt. Hierbei gibt es kein Richtig oder Falsch. Die benötigte Konzentration der Mengenelemente ist abhängig von vielen Faktoren. Neben den individuellen Analyseergebnissen der Silagen hat das Verhältnis von Gras zu Maissilage in der Ration einen großen Einfluss auf die Auswahl der richtigen Mineralstoffmischung. In weiterer Folge macht es einen großen Unterschied, ob das Kraftfutter bereits mineralisiert ist oder nur Rohstoffe gefüttert werden.

Zusatzstoffe je kg

Bei den Zusatzstoffen trennt sich die Spreu vom Weizen.

Die Konzentration der Spurenelemente und Vitamine (vor allem Vitamin E) spielt eine große Rolle. Darüber hinaus muss auf die Bindungsform der Spurenelemente geachtet werden. Diese können entweder in organischer oder in anorganischer Form in der Mineralstoffmischung enthalten sein. Die jeweilige Bindungsform bestimmt die Verfügbarkeit des Elements im Körper des Tiers. In den allermeisten Mineralstoffmischungen für laktierende Kühe sind die Spurenelemente anorganisch und organisch vorhanden. Doch sowohl die „absolute Einmischrate je Element“ sowie das Verhältnis von organischen zu anorganischen Verbindungen kann sehr stark variieren.

Anorganische Verbindungen

Anorganische Verbindungen werden als Oxide, Chloride, Carbonate oder Sulfate deklariert. Wird also in der Deklaration dem Kupfer, Zink oder Mangan eines dieser Begrifflichkeiten zugefügt, wie z. B. Zinkoxid, Kupfersulfat etc., liegen die Spurenelemente in anorganischer Form vor. Wird Selen als Natriumselenit betitelt, ist dieses ebenfalls den anorganischen Verbindungen zuzuordnen. Der Vorteil dieser Elementverbindungen liegt ganz klar am günstigeren Preis. Nachteilig zu betrachten ist die schlechtere Verfügbarkeit. Der Großteil dieser Verbindungsformen wird über Harn und Kot ausgeschieden. Des Weiteren ist eine verminderte Absorption die Folge, wenn es innerhalb der Elemente zu den zuvor beschriebenen Wechselwirkungen kommt oder wenn die Tiere zu starken pH-Wert-Schwankungen (subklinische Azidosen) ausgesetzt sind.

Organische Verbindungen

Organische Verbindungen werden als sogenannte Chelate deklariert. Am Sackanhänger sind diese als Kupferchelat, Zinkchelat oder Manganchelat ausgewiesen. Wird Selen als Selenmethionin oder als Selenhefe angeführt, ist diese Verbindung den organisch gebundenen Elementen zuzuordnen.

Bei den Chelatverbindungen werden die jeweiligen Spurenelemente an Aminosäuren (Proteinbausteine) gebunden. Diese Verbindungen sind wesentlich stabiler. Daher können diese auch besser im Körper eingelagert werden und weisen somit eine verbesserte Verfügbarkeit auf. Unter folgenden Umständen sollte unbedingt auf einen hohen Anteil an organischen gebundenen Spurenelementen geachtet werden:

- Milchleistung > 9.000 l pro Kuh und Jahr
- Hohe Eisen- und/oder Kaliumwerte im Grundfutter
- Azidotische Bedingungen (Zuckerüberschuss, hohe Kraftfuttergaben, Kraftfutterteilgaben > 2 kg etc.)

*Anmerkung: Seit geraumer Zeit werden auch Hydroxy-Spurenelemente in Mineralstoffmischungen eingesetzt. Diese weisen ebenfalls eine deutlich höhere Bioverfügbarkeit gegenüber den klassischen anorganischen Bindungsformen auf.

Spurenelemente

Bei den Spurenelementen muss besonders auf die Einmischrate der organischen Bindungsformen geachtet werden. Hier gibt es sehr große Unterschiede! So sind z. B. 2.500 mg Zinkchelat in der Qualität hochwertiger einzustufen als 3.000 mg Zinkoxid. Es gibt Mischungen, in denen nur 10 % der Spurenelemente organisch gebunden sind, währenddessen andere Produkte sogar bis zu 100 % der Spurenelemente als Chelatverbindungen enthalten. Eine hochwertige Mineralstoffmischung zeichnet sich dadurch aus, dass zumindest 40 % der jeweiligen Spurenelemente in organischen Verbindungen angelegt sind.

Zink	Mangan	Kupfer	Selen	Kobalt
> 4.500 mg	> 3.500 mg	> 900 mg	> 30 mg	> 30 mg

Vitamine

Bei den Vitaminen hängen die Bedarfswerte davon ab, ob es sich um eine herkömmliche Mineralstoffmischung oder um ein „All in One"-Produkt" (höhere Einsatzmenge, da Kalk und Salz in deutlich höheren Mengen eingemischt werden) handelt. Die Vitamine A und D_3 sind in fast allen Mineralstoffmischungen ausreichend enthalten. Sehr große Unterschiede treten beim Vitamin-E-Gehalt auf. Die B-Vitamine müssen nicht unbedingt eingemischt werden, da diese vom Wiederkäuer grundsätzlich selbst produziert werden. Unter gewissen Umständen (hohe Milchleistung, vermehrtes Auftreten von Pansenazidosen) kann der Einsatz von B-Vitaminen jedoch absolut Sinn machen.

*Die angegebenen Werte in den zwei Tabellen dienen lediglich als Anhaltspunkt. Speziell wenn mineralisiertes Kraftfutter eingesetzt wird, können sich die benötigten Komponenten stark unterscheiden. Schlussendlich muss immer auf die Gesamtversorgung (Grundfutter + Kraftfutter + Mineralfutter) geachtet werden.

Bedarfswerte für Trockensteher

Das Ziel ist immer eine bedarfsgerechte Versorgung, um Mineralstoffmängel sowie Überschüsse zu vermeiden. (Die weitreichende Bedeutung einer angepassten Mineralstoffversorgung wird im Kapitel „Fütterung von Trockensteher" erklärt.) In der Tabelle auf Seite 78 befinden sich die empfohlenen Richtwerte für eine bedarfsgerechte Vitamin-, Mengen- und Spurenelementversorgung. In den heißen Sommermonaten würde ich die Bedarfswerte um ca. 15 % erhöhen, da die Tiere über den Schweiß sehr hohe Mengen an Mineralstoffen ausscheiden. (Die Erklärung zu den Funktionen und Wirkungsweisen der einzelnen Elemente werden im Kapitel „Bedeutung der Mineralstoffversorgung" erläutert.)

Zielwerte für Mineralstoffmischungen

Natürlich gibt es auch bei den Mineralstoffmischungen für Trockensteher ein breit gefächertes Angebot. Bei diesen Mischungen sollte unbedingt auf hochwertige Produkte (hoher Anteil an Vitaminen und Spurenelementen) gesetzt werden, um die Kuh auf die beginnende Laktation gut vorzubereiten. In kalzium- und/oder kaliumreichen Trockensteherrationen kann es Sinn machen, eine angesäuerte Tro-

	Vitamin A	Vitamin B	Vitamin D_3	Vitamin E
Standardprodukt	> 700.000 I.E.	Nach Bedarf	> 90.000 I.E.	> 4.500 I.E.
„All in One"-Produkt	> 450.000 I.E.	Nach Bedarf	> 60.000 I.E.	> 3.500 I.E.

Mengenelemente	Trockensteher
Kalzium, g/kg	35–40
Phosphor, g/kg	30–35
Natrium, g/kg	12
Magnesium, g/kg	25–35
Kalium, g/kg	115 (ab 200 Überversorgung)
Spurenelemente	
Kupfer, mg/kg	120
Zink, mg/kg	600
Mangan, mg/kg	600
Jod, mg/kg	6
Selen, mg/kg	2,4
Kobalt, mg/kg	2,4
Vitamine	
Vitamin A, I.E.	70.000
Betacarotin, mg/kg	> 400
Vitamin B, I.E.	Nach Bedarf
Vitamin D_3, I.E.	10.000
Vitamin E, I.E.	1.000

Tabelle 13: Bedarfswerte Trockensteher, Mengenelemente, Spurenelemente und Vitamine (in Anlehnung an Hoffmann, 2022)

ckensteher-Mineralstoffmischung einzusetzen. Diese Produkte enthalten saure Salze (Schwefelverbindungen), die den Blut-pH-Wert des Tiers senken und somit das Milchfieberrisiko reduzieren. (Mehr dazu wird im Kapitel „Trockensteherfütterung" erklärt.) Um die Qualität der Mineralstoffmischung überprüfen zu können, muss der Sackanhänger des jeweiligen Produkts gelesen und interpretiert werden. Die Zusammensetzung unterteilt sich in analytische Bestandteile und Gehalte sowie in Futtermittel-Zusatzstoffe je kg.

Analytische Bestandteile und Gehalte

Es werden Kalzium, Phosphor, Magnesium und Natrium im prozentuellen Anteil dargestellt. Die benötigte Konzentration der Mengenelemente ist von vielen Faktoren abhängig. In einer Trockensteherration, ohne Zugabe von sauren Salzen, sind folgende Richtwerte gegeben:

Mengenelement	Prozentueller Anteil
Kalzium	0–3 %
Phosphor	0–5 %
Natrium	2–3 %
Magnesium	10–14 %

Zusatzstoffe je kg

So wie auch bei den Mineralstoffen für laktierende Kühe gibt es bei den Trockensteher-Mineralstoffmischungen sehr große Unterschiede. Besonderes Augenmerk muss auf die Einmischrate und Verfügbarkeit (organisch oder anorganisch) der Spurenelemente sowie auf die Vitaminausstattung gelegt werden.

Spurenelemente

Bei den Spurenelementen muss der Anteil der jeweiligen Chelatverbindungen beachtet werden. Hier gibt es große Unterschiede. So sind z. B. 2.500 mg Zinkchelat in der Qualität besser einzustufen als 3.000 mg Zinkoxid. Eine hochwertige Mineralstoffmischung zeichnet sich dadurch aus, dass ca. 40 % der Spurenelemente in organischen Verbindungen (Chelate) eingemischt sind.

Zink	Mangan	Kupfer	Selen	Kobalt
> 4.500 mg	> 3.000 mg	> 800 mg	> 30 mg	> 30 mg

Vitamine

Die Vitamine A und D_3 sind fast in allen Mineralstoffmischungen für Trockensteher ausreichend enthalten. Große Unterschiede treten beim Vitamin-E-Gehalt auf. Die B-Vitamine müssen nicht unbedingt eingemischt werden, da diese vom Wiederkäuer grundsätzlich selbst produziert werden. Sollte es während der Laktation ein vermehrtes Auftreten von Pansenazidosen geben oder die Tiere eine sehr hohe Milchleistung aufweisen, kann der Einsatz von B-Vitaminen jedoch vor allem in der Trockenstehzeit absolut Sinn machen. Diese fördern den Stoffwechsel und unterstützen die Organgesundheit (vor allem der Leber).

Vitamin A	Vitamin B	Vitamin D_3	Vitamin E
> 700.000 I.E.	Nach Bedarf	> 70.000 I.E.	> 4.500 I.E.

Die angegebenen Werte in den zwei Tabellen entsprechen meinen persönlichen Erfahrungen. Diese sollen lediglich als Anhaltspunkt dienen, damit der/die Betriebsführer/-in die eigene Mineralstoffmischung beurteilen kann.

Bedarfsgerechte Mineralstoffversorgung

Um einen groben Überblick zu geben, welche Mineralstoffmischung optimal wäre und in welcher Menge diese eingesetzt werden sollte, habe ich ein paar mögliche Rationen erstellt. Der Anteil der Mengenelemente wird individuell betrachtet, während bei den Spurenelementen und Vitaminen immer von einer hochwertigen Mineralstoffmischung ausgegangen wird. Da in diesen Beispielen nur „Standardwerte" herangezogen werden, möchte ich noch mal ausdrücklich darauf hinweisen, dass die angeführten Rationen nur zur Orientierung dienen. Um die eigene Ration optimal gestalten zu können, muss das Grundfutter auf Mengen- und Spurenelemente untersucht werden. Anschließend sollte das Mineralfutter sowie dessen Einsatzmenge, unter Berücksichtigung individueller Faktoren, auf die Bedarfswerte angepasst werden.

Bsp.: Milchviehration 1

Komponenten	Einsatzmenge in Frischmasse pro Tier und Tag
Grassilage	42 kg
Fertigfutter bzw. Rohstoffe mineralisiert	9 kg

Empfohlene Inhaltsstoffe der Mineralstoffergänzung:

Mengenelemente	Prozentueller Anteil
Kalzium	10–13 %
Phosphor	0–4 %
Magnesium	4–6 %
Natrium	7–11 %

Empfohlene Einsatzmenge: 100 g der Mineralstoffmischung pro Tier und Tag. Es muss kein Salz und kein Futterkalk ergänzt werden!

Bsp.: Milchviehration 2

Komponenten	Einsatzmenge in Frischmasse pro Tier und Tag
Grassilage	42 kg
Fertigfutter, nicht mineralisiert, bzw. Rohstoffe, nicht mineralisiert	9 kg

Empfohlene Inhaltsstoffe der Mineralstoffergänzung:

Mengenelemente	Prozentueller Anteil
Kalzium	18–21 %
Phosphor	0–6 %
Magnesium	5–8 %
Natrium	9–11 %

Empfohlene Einsatzmenge: 120–150 g der Mineralstoffmischung, 100–130 g Futterkalk und ca. 30 g Viehsalz pro Tier und Tag.

Bsp.: Milchviehration 3

Komponenten	Einsatzmenge in Frischmasse pro Tier und Tag
Grassilage	20 kg
Maissilage	20 kg
Fertigfutter bzw. Rohstoffe, mineralisiert	9 kg

Empfohlene Inhaltsstoffe der Mineralstoffergänzung:

Mengenelemente	Prozentueller Anteil
Kalzium	18–21 %
Phosphor	0–4 %
Magnesium	4–6 %
Natrium	9–11 %

Empfohlene Einsatzmenge: 130 g der Mineralstoffmischung pro Tier und Tag. Es muss kein Salz und kein Futterkalk ergänzt werden!

Bsp.: Milchviehration 4

Komponenten	Einsatzmenge in Frischmasse pro Tier und Tag
Grassilage	20 kg
Maissilage	20 kg
Fertigfutter nicht mineralisiert bzw. Rohstoffe nicht mineralisiert	9 kg

Empfohlene Inhaltsstoffe der Mineralstoffergänzung:

Mengenelemente	Prozentueller Anteil
Kalzium	18–21 %
Phosphor	0–4 %
Magnesium	4–6 %
Natrium	9–11 %

Empfohlene Einsatzmenge: 180–220 g der Mineralstoffmischung, 120–140 g Futterkalk und ca. 40 g Viehsalz pro Tier und Tag.

Funktionen der Mengenelemente

Zu den Mengenelementen gehören Kalzium, Phosphor, Kalium, Natrium, Magnesium, Chlor und Schwefel. Die Mengenelemente steuern wichtige Stoffwechselprozesse im Körper. Unter- sowie Überversorgungen haben negative Auswirkungen.

Kalzium (Ca)

Vorkommen und Bedeutung

Kalzium ist der Baustoff für die Knochen und Zähne des Tiers. Zusätzlich ist das Element für die Nervenfunktionen und Muskelkontraktionen zuständig.

Der Kalziumgehalt in den Grassilagen kann extrem stark variieren. Pflanzenbestand, Schnittzeitpunkt und vor allem die Bodenbeschaffenheit spielen eine große Rolle für den Kalziumgehalt im Grundfutter. Dieses Element ist in jeder Mineralstoffmischung für laktierende Kühe in unterschiedlichsten Konzentrationen enthalten. Zusätzlich kann ein Ca-Mangel in der Milchviehration über die Zugabe von Futterkalk ausgeglichen werden.

Mögliche Folgen bei einer Kalziumüberversorgung

- Schlechtere Absorption von Mangan, Zink und Selen
- Hohes Milchfieberrisiko (wenn Ca-Überversorgung in der Trockenstehzeit stattfindet)
- Verminderte Nährstoffdichte in der Ration

Mögliche Folgen bei einer Kalziumunterversorgung

- Milchfieber
  (Die weitreichenden Folgen von klinischem und subklinischem Milchfieber werden im Kapitel „Ursachen und Prävention von Stoffwechselerkrankungen – Milchfieber" erklärt.)
- Rachitis
  Als Rachitis bezeichnet man die Knochenbrüchigkeit. Bei Kälbern führt dies zu einem unterentwickelten und krummen Knochenbau, vor allem bei den Vordergliedmaßen.

Phosphor (P)

Vorkommen und Bedeutung

Neben dem Kalzium spielt Phosphor eine große Rolle beim Knochenaufbau des Tiers. Zusätzlich greift Phosphor direkt in den Energiestoffwechsel des Tiers ein. Phosphor ist das Mengenelement mit den mannigfaltigsten Funktionen im Stoffwechselprozess der Kuh.

Durch die Intensivierung des Grünlands und die Tatsache, dass Raps eine preiswürdige Alternative zu Sojaschrot ist, kommt bereits sehr viel Phosphor in die Ration. Deshalb benötigen manche Betriebe keine zusätzliche Ergänzung von Phosphor über eine Mineralstoffmischung. In Deutschland zwingt die sogenannte Stoff-Strom-Bilanz bereits zu einer Reduktion des Phosphoreinsatzes.

Die folgende Tabelle zeigt ein Untersuchungsergebnis der LKS Lichtenwalde (Deutschland). Der orange Balken symbolisiert eine ausgeglichene Phosphorversorgung. Die Grafik zeigt, dass zwar seit 2007 die erhöhten Phosphorgehalte in den Mischrationen reduziert wurden, jedoch noch immer über 50 % mehr Phosphor in den Rationen enthalten ist, als es notwendig wäre.

g P/kg TS	2007	2017
< 3,6	4,8	10,2
3,6–4,0	19,1	26,5
4,1–4,5	39,8	35,1
>4,5	36,3	28,2

Tabelle 14: Gehalte an Phosphor in Mischrationen für Milchkühe (Datenbank, LKS Lichtenwalde, 2020)

Mögliche Folgen bei einer Phosphorunterversorgung

- Verminderte Futteraufnahme
- Dadurch gesteigertes Ketoserisiko und Milchverlust
- Struppiges Haarkleid
- Fruchtbarkeitsstörungen
- Lecksucht
- Knochenweiche/Knochenbrüchigkeit
- Verminderte Pansenfunktion
- Verminderte Verfügbarkeit von Mangan
- Dadurch mögliche Mangelerscheinungen von Mangan wie z. B. Zungenschlagen oder Fruchtbarkeitsstörungen
- Erhöhtes Milchfieberrisiko

Mögliche Folgen bei einer Phosphorüberversorgung

- Höhere Umweltbelastung
  Phosphorüberschüsse werden direkt über Kot und Harn ausgeschieden.
- Erhöhte Mineralfutterkosten
  Phosphor ist ein teures Mengenelement. Wird der prozentuelle Anteil in der Mineralstoffmischung verringert (auf den tatsächlichen Bedarf angepasst), reduzieren sich auch die Kosten für das Mineralfutter.
- Erhöhtes Milchfieberrisiko
  Neueste Studien zeigen, dass sich zu hohe Phosphorgaben bei den Trockenstehern negativ auf den Kalziumhaushalt auswirken. Somit erhöht zu viel Phosphor in der Trockensteherration das Milchfieberrisiko.

Kalium (K)

Vorkommen und Bedeutung

Kalium ist notwendig, um Enzyme zu aktivieren, und speichert das körpereigene Glykogen (Energie).

Kalium kommt in ausreichender Menge über das Grundfutter in die Rationen. Deshalb wird über das Mineral- sowie Kraftfutter kein zusätzliches Kalium eingesetzt. Klee und Luzerne sowie gut gedüngtes Grünland weisen teils extrem hohe Kaliumwerte auf und machen speziell in der Trockenstehfütterung große Probleme. Viele Betriebe müssen deshalb den betriebseigenen Kaliumhaushalt reduzieren.

Mögliche Folgen bei einer Kaliumüberversorgung

- Erhöhtes Milchfieberrisiko
  Ein Kaliumüberschuss bei Trockenstehern ist einer der Hauptgründe für Milchfieber. Der Kalziumstoffwechsel wird stark beeinträchtigt und zusätzlich die Magnesiumabsorption vermindert.

- Dünner Kot
  Durch den dünnen Kot gehen wichtige Nährstoffe und Mineralien verloren.
- Vermehrtes Auftreten von Euterödemen
  Ein Kaliumüberschuss kann Euterödeme verursachen. Diese können die Eutergesundheit gefährden (auch andere Faktoren wie z. B. eine zu intensive Anfütterung vor dem Kalben oder ein Natriumüberschuss verursachen Euterödeme).
- Fruchtbarkeitsstörungen
  Ein Kaliumüberschuss kann zur Bildung von Ovarialzysten (auch bekannt als „Güllezysten") führen.
- Alkalose
  Durch die hohe Kaliumzufuhr wird der DCAB-Wert erhöht. In Kombination mit weiteren Faktoren (Eiweißüberschuss, hohe NH_3-Gehalte etc.) kann es zu einer Alkalose kommen. Die Folgen davon sind Pansenfermentationsstörungen sowie ein beeinträchtigter Proteinabbau. (Dies wird im Kapitel „Controlling" genauer erklärt.)
- Erhöhte Kaliumausscheidungen
  Das Kalium gelangt anschließend wieder in die Gülle und somit retour in den Grünlandbestand. Deshalb ist es so schwierig, die Kaliumüberschüsse aus den Rationen zu bringen, da sich der Kreislauf fortsetzt.

Natrium (Na)

Vorkommen und Bedeutung

Natrium steuert viele wichtige Funktionen (Nerven, Muskeln etc.) im Körper. Vor allem ist dieses Element für die Regulierung des Wasserhaushalts zuständig.

Natrium gehört zu den Kationen und erhöht dadurch den DCAB-Gehalt in der Ration (hebt den Blut-pH-Wert an). Da dieses wichtige Element kaum im Grundfutter enthalten ist, muss es immer über Mineralfutter und/oder Viehsalz ergänzt werden.

Mögliche Folgen bei einer Natriumunterversorgung

- Harnsaufen, Holznagen, Fressen von Erde
- Reduzierte Wasseraufnahme
- Führt in weiterer Folge zu einer reduzierten Futteraufnahme → Milchverlust, evtl. auch Ketosen
- Blutazidosen
  Natrium ist ein essenzieller Puffer, um den pH-Wert im Organismus zu stabilisieren. Ein Mangel kann zu einer Blutazidose führen. (Die Folgen davon werden im Kapitel „Controlling" erklärt.)

Mögliche Folgen bei einer Natriumüberversorgung

- Dünner Kot
  Durch den dünnen Kot gehen wichtige Nährstoffe und Mineralien verloren. Eine Ursache für den dünnen Kot liegt an der erhöhten Wasseraufnahme durch den Natriumüberschuss.
- Reduzierte Futteraufnahme
  Die Ration verliert an Schmackhaftigkeit, da sie „versalzen" wird.
- Auftreten von Alkalosen
  Durch die hohe Natriumzufuhr wird der DCAB-Wert erhöht. In Kombination mit weiteren Faktoren (Eiweißüberschuss, hohe NH_3-Gehalte etc.) kann es zu einer Alkalose kommen. (Dies wird im Kapitel „Wichtigste Controllingpunkte – pH-Wert – Messen des Harns" genauer erklärt.)

Magnesium (Mg)

Vorkommen und Bedeutung

Magnesium ist für die Nerven und Muskelaktivität verantwortlich. Die Kuh kann das Element im Körper nicht einlagern.

Magnesium kommt zwar mitunter über das Grundfutter in die Ration, muss jedoch unbedingt über eine Mineralstoffmischung ergänzt werden.

Mögliche Folgen bei einer Magnesiumunterversorgung

- Weidetetanie (Festliegen der Kuh)
- Muskelkrämpfe
- Milchfieber
- Nervosität, Unruhe
  In weiterer Folge Reduktion der Futteraufnahme

* Ein sekundärer Magnesiummangel wird häufig von einem Kaliumüberschuss verursacht.

Mögliche Folgen bei einer Magnesiumüberversorgung

- Erhöhte Nierenbelastung
- Dünner Kot
  Durch den dünnen Kot gehen wichtige Nährstoffe und Mineralien verloren.

Chlor (Cl)

Vorkommen und Bedeutung

Chlor ist hauptverantwortlich für die Bildung von Salzsäure im Labmagen. Zusätzlich senkt Chlor den DCAB-Wert ab und reduziert somit den Blut-pH-Wert. Der Chlorbedarf wird übers Grundfutter gedeckt.

Mögliche Folgen bei einer Chlorunterversorgung

Ein direkter Chlormangel wird laut Literatur nicht nachgewiesen. Jedoch können geringe Gehalte aus dem Grundfutter zu einem erhöhten DCAB-Wert führen. Wird ein kritisches Maß überschritten, könnten Alkalosen auftreten.

Mögliche Folgen bei einer Chlorüberversorgung

- Metabolische Azidosen
  Chlor reduziert den DCAB-Gehalt und dadurch auch den pH-Wert im Organismus. Ein Überschuss kann zu metabolischen Azidosen führen. (Die Folgen davon werden im Kapitel „Wichtigste Controllingpunkte – pH-Wert – Messen des Harns“ genauer erklärt.)

Schwefel (S)

Vorkommen und Bedeutung

Schwefel ist Bestandteil von wichtigen Aminosäuren (Methionin, Cystin), Hormonen, Vitaminen und Enzymen. Neben dem Chlor gehört Schwefel ebenfalls zu der Gruppe der Anionen. Deshalb ist Schwefel mitunter für die Absenkung des DCAB-Gehalts zuständig.

Grassilagen weisen sehr unterschiedliche Schwefelgehalte auf. Bei den Kraftfuttermitteln hat vor allem Rapsschrot einen hohen Gehalt an Schwefel.

Mögliche Folgen bei einer Schwefelunterversorgung

- Schlechtere Klauenhornbildung
- Verminderte Fruchtbarkeit
- Milchleistungsrückgang

Mögliche Folgen bei einer Schwefelüberversorgung

- Metabolische Azidosen
  Schwefel reduziert, so wie Chlor, den DCAB-Gehalt und dadurch auch den pH-Wert im Organismus. Ein Überschuss kann zur metabolischen Azidose führen. (Die Folgen davon werden im Kapitel „Wichtigste Controllingpunkte – pH-Wert – Messen des Harns“ genauer erklärt.)
- Kupferabsorption wird gestört

Funktionen der Spurenelemente

Bei den Rindern gehören Zink, Mangan, Kupfer, Eisen, Selen, Kobalt, Molybdän und Jod zu den wichtigsten Spurenelementen. Diese haben essenzielle Funktionen als Bestandteil von Enzymen und sind Katalysatoren (Beschleuniger) für wichtige Stoffwechselprozesse. Spurenelemente haben weitreichende Auswirkungen auf Kuhgesundheit, Fruchtbarkeit sowie Milchleistung und müssen deshalb unbedingt über eine passende Mineralstoffmischung zugeführt werden. Weiterhin muss bei der Berechnung der Einsatzmenge von Spurenelementen unbedingt auf mögliche Gegenspieler, sogenannte Antagonisten, geachtet werden. Wie bei den Mengenelementen gibt es auch bei den

Spurenelementen Wechselwirkungen. Dadurch wird ein Element aufgrund einer Überversorgung eines anderen Elements oder anderer Elemente in dessen Funktion und Verfügbarkeit eingeschränkt. Infolgedessen kommt es zu einem sekundären Mangel.

Der Einsatz von Mineralstoffmischungen mit hohen Anteilen von organisch gebundenen Spurenelementen bietet diesbezüglich mehr Sicherheit. (Genaueres wurde im Kapitel „Bedeutung der Mineralstoffversorgung – Funktionen der Spurenelemente" erläutert.)

Zink (Zn)

Vorkommen und Bedeutung

Zink hat die Aufgabe eines Katalysators (Beschleuniger) für Enzyme und Hormone.

Dieses Element kommt in unterschiedlicher Menge übers Grundfutter in die Gesamtration. Es gibt Gebiete, in denen im Grundfutter sehr niedrige Zinkgehalte nachgewiesen werden. Unabhängig davon muss Zink in jedem Fall durch eine Mineralstoffmischung ergänzt werden.

Mögliche Folgen bei einer Zinkunterversorgung

- Herabgesetzte Abwehrkräfte
- Fruchtbarkeitsstörungen
- Haarausfall/Hautläsionen
- Geringere Klauenhornqualität
- Verringertes Wachstum

Mögliche Folgen bei einer Zinküberversorgung

Eine Zinküberversorgung kommt sselten vor und ist nur möglich, wenn viel zu hohe Mineralstoffmengen gefüttert werden.

- Dünner Kot
  Durch den dünnen Kot gehen wichtige Nährstoffe und Mineralien verloren.
- Verminderte Absorption von Schwefel, Phosphor und Kupfer
  Dadurch können Mangelerscheinungen von den genannten Elementen auftreten.

Mangan (Mn)

Vorkommen und Bedeutung

Mangan beeinflusst viele Stoffwechselprozesse und spielt für die Fruchtbarkeit sowie für die körpereigene Immunabwehr eine wichtige Rolle.

Dieses Element kommt, wie Kupfer und Zink, unterschiedlich stark übers Grundfutter in die Gesamtration. Es gibt Gebiete, in denen im Grundfutter sehr niedrige Mangangehalte nachgewiesen werden. Unabhängig davon muss Mangan in jedem Fall durch eine Mineralstoffmischung ergänzt werden.

Mögliche Folgen bei einer Manganunterversorgung

- Stillbrünstigkeit/unregelmäßige Brunstzyklen
- Zungenschlagen
- Schlechtere Klauenhornbildung
- Fehlbildung des Skeletts bei Kälbern

Mögliche Folgen bei einer Manganüberversorgung

Eine Manganüberversorgung kommt selten vor und ist nur möglich, wenn viel zu hohe Mineralstoffmengen gefüttert werden.

- Schlechtere Eisen- und Phosphorverfügbarkeit

Kupfer (Cu)

Vorkommen und Bedeutung

Kupfer hat einen großen Einfluss auf die Fruchtbarkeit und die Immunabwehr des Tiers.

Dieses Element kommt unterschiedlich stark übers Grundfutter in die Gesamtration. Unabhängig davon muss Kupfer auf jedem Fall durch eine Mineralstoffmischung ergänzt werden.

Mögliche Folgen bei einer Kupferunterversorgung

- Verminderte Fruchtbarkeit
- Reduzierte Futteraufnahme
- Struppiges Haarkleid
- Lecksucht
- Durchfälle

Mögliche Folgen bei einer Kupferüberversorgung
Eine Kupferüberversorgung kommt selten vor und ist nur möglich, wenn viel zu hohe Mineralstoffmengen gefüttert werden.

- Hautschäden
- Reduzierte Futteraufnahme
- Erhöhte Leberbelastung

Eisen (Fe)

Vorkommen und Bedeutung
Eisen unterstützt die Enzyme und Hormone bei deren Funktionen.

Über die Mineralstoffmischungen wird kein zusätzliches Eisen zugeführt, da der tägliche Bedarf der Milchkuh bereits über das Grundfutter gedeckt ist. Nur bei Kälbern ist ein Eisenmangel des Öfteren festzustellen. Kälber mit einem Eisenmangel sind meist lebensschwach und zeigen eine verminderte Infektionsabwehr. Dies kann über eine Eisenspritze oder über orale Eisengaben ausgeglichen werden.

Mögliche Folgen bei einer Eisenüberversorgung
- Verminderte Absorption von Kupfer
  Dadurch können Mangelerscheinungen von Kuper auftreten, wie z. B. eine reduzierte Futteraufnahme oder Hautschäden.
- In der Literatur wird außerdem auf eine mögliche verminderte Absorption von weiteren Spurenelementen wie Mangan und Kobalt hingewiesen.

Selen (Se)

Vorkommen und Bedeutung
Selen führt zusammen mit den Vitaminen A, C und E viele Zellstoffwechselprozesse aus. Diese Prozesse bekämpfen freie Radikale, reduzieren den oxidativen Stress und sind für Heilungsprozesse im Körper verantwortlich. Zusätzlich spielt die Selenversorgung eine wichtige Rolle im Fruchtbarkeitszyklus.

Das Grundfutter beinhaltet kaum Selen und muss daher unbedingt über eine Mineralstoffmischung ergänzt werden.

Mögliche Folgen bei einer Selenunterversorgung
- Weißmuskelkrankheit
- Nachgeburtsverhaltungen
- Erhöhte Zellzahlen
- Struppiges Haarkleid
- Saugschwäche bei Kälbern

Mögliche Folgen bei einer Selenüberversorgung
- Leberschäden
- Klauenschäden
- Reduzierte Futteraufnahme
- Gestörtes Allgemeinbefinden

Selen wirkt ab einer gewissen Überversorgung toxisch. Kälber reagieren sehr empfindlich auf Selenüberschüsse und können sogar daran verenden. Deshalb sollte keine Kuhmineralstoffmischung an Kälber verfüttert werden.

Jod (I)

Vorkommen und Bedeutung
Die Schilddrüse benötigt eine ausreichende Zufuhr, um wichtige Hormone bilden zu können. Diese setzen Stoffwechselfunktionen, Fruchtbarkeitsprozesse sowie die Thermoregulierung in Gang.

Das Grundfutter beinhaltet kaum Jod und muss daher unbedingt über eine Mineralstoffmischung ergänzt werden.

Mögliche Folgen bei einer Jodunterversorgung
- Fruchtbarkeitsstörungen
- Vergrößerte Schilddrüse
  (im Extremfall wird ein Kropf sichtbar)
- Verminderte Spermaqualität bei Stieren
- Lebensschwache Kälber bis hin zu Totgeburten

Mögliche Folgen bei einer Jodüberversorgung
- Wachstumsstörungen
- Leberbelastung

Kobalt (Co)

Vorkommen und Bedeutung
Kobalt unterstützt den Aufbau von Vitamin B12, ist für den Aufbau des Hämoglobins zuständig und erhöht den Glukoseaufbau. Das Vitamin B12 spielt eine wichtige Rolle bei der Aufnahme von Protein und Energie im Dünndarm und beeinflusst somit die Futtereffizienz des Tiers. Das Hämoglobin ist der rote Blutfarbstoff und für den Sauerstofftransport im Körper zuständig. Das Grundfutter beinhaltet nur geringe Mengen an Kobalt und muss daher unbedingt über eine Mineralstoffmischung ergänzt werden.

Mögliche Folgen bei einer Kobaltunterversorgung
- Lecksucht
- Struppiges Haarkleid
- Milchverlust aufgrund der verminderten Futtereffizienz

Mögliche Folgen bei einer Kobaltüberversorgung
Eine Kobaltüberversorgung kommt selten vor und ist nur möglich, wenn viel zu hohe Mineralstoffmengen gefüttert werden.

- Verminderte Futteraufnahme
- Struppiges Haarkleid

Molybdän (Mo)

Vorkommen und Bedeutung
Molybdän ist ein Enzymbestandteil und für den Abbau von Nitrat zuständig. Nitrat fällt als Abbauprodukt im Pansen an, wenn das Futterprotein zu Mikrobenprotein umgewandelt wird. Nitrat ist für den Körper ein Giftstoff, wird über die Leber zu Harnstoff umgewandelt und anschließend über Harn und Milch ausgeschieden. Molybdän kommt nur in sehr geringen Mengen übers Grundfutter in die Ration. In der Literatur werden keine klaren Mangelerscheinungen von Molybdän beschrieben.

Mögliche Folgen bei einer Molybdänüberversorgung
- Verminderte Absorption von Kupfer
  Dadurch können Mangelerscheinungen von Kupfer wie z. B. eine reduzierte Futteraufnahme oder Hautschäden auftreten.
- Durchfall
- Gewichtsverlust

Funktionen der Vitamine

Vitamine sind organische Stoffe, die in kleinsten Mengen außerordentlich wirksam sind. Jedes einzelne Vitamin hat spezielle Wirkungsweisen und Aufgaben. Grundsätzlich haben diese die Funktion, den Hormonhaushalt zu regulieren, diverse Stoffwechselfunktionen zu steuern und eine antioxidative Wirkung zu erzielen.

Die Vitamine werden in fettlösliche und wasserlösliche Vitamine unterteilt. Zu den fettlöslichen Vitaminen gehören Vitamin A, D, E und K. Zu den wasserlöslichen Vitaminen gehören Vitamin B und C. Rinder können aufgrund ihres einzigartigen Vormagensystems die wasserlöslichen Vitamine selbst synthetisieren.

Vitamin A

Vorkommen und Bedeutung
Die Hauptaufgaben des Vitamin A sind der Epithelschutz, der Aufbau eigener Abwehrstoffe sowie die Unterstützung wichtiger Fruchtbarkeitsprozesse. Der Begriff Epithelschutz beschreibt den Aufbau und Schutz von Schleimhäuten, Haut und Klauengesundheit.

Vitamin A wird übers Grundfutter als Betacarotin (Vorstufe von Vitamin A) zugeführt und über die Pansensynthese zu Vitamin A aufgebaut. Zusätzlich muss Vitamin A übers Mineralfutter ergänzt werden.

Mögliche Folgen bei einer Vitamin-A-Unterversorgung

- Verhornung der Schleimhaut
- Höhere Infektionsanfälligkeit
- Fruchtbarkeitsstörungen (verzögerte Eireifung, verzögerte Entwicklung und Absterben von Embryonen)
- Erhöhtes Risiko für Klauenprobleme

Mögliche Folgen bei einer Vitamin-A-Überversorgung

Die Symptomatiken einer Vitamin-A-Überversorgung können einem Vitamin-A-Mangel stark ähneln (Verhornung der Schleimhaut, höhere Infektionsanfälligkeit, Fruchtbarkeitsstörungen, erhöhtes Risiko für Klauenprobleme).

- Schlechtere Verwertung von Vitamin E

Vitamin D_3

Vorkommen und Bedeutung

Vitamin D_3 ist für die Entwicklung des Skeletts mitverantwortlich und steuert die Stoffwechselvorgänge von Kalzium und Phosphor. Dies spielt vor allem am Beginn der Laktation eine große Rolle, weil zu diesem Zeitpunkt schnell hohe Mengen an Kalzium und Phosphor benötigt werden.

Über das Grund- und Kraftfutter wird dem Körper nur sehr wenig Vitamin D_3 zugeführt. Durch das Sonnenlicht (UV-Strahlen) synthetisiert der Körper zusätzlich Vitamin-D_3-Mengen. Jedoch muss obendrein genügend Vitamin D_3 über das Mineralfutter ergänzt werden, um den Gesamtbedarf zu decken.

Mögliche Folgen bei einer Vitamin-D_3-Unterversorgung

- Verminderte Kalzium- und Phosphorabsorption
- Erhöhtes Milchfieberrisiko
- Rachitis (Knochenerkrankung) bei den Kälbern
- Wachstumsstörungen

Mögliche Folgen bei einer Vitamin-D_3-Überversorgung

- Kalzinose
  Extreme Mobilisierung von Kalzium aus den Knochen (Verkalkung von Gefäßen, Herz, Leber und Niere)

Vitamin E

Vorkommen und Bedeutung

Vitamin E reduziert den oxidativen Stress und wirkt sich somit positiv auf die Zellzahl sowie die gesamte Tiergesundheit aus. Zusätzlich beeinflusst Vitamin E wichtige Prozesse rund um die Fruchtbarkeit.

Grünfutter beinhaltet relativ viel Vitamin E, währenddessen Heu und Grassilage durch die Konservierung sehr hohe Verluste an Vitamin E zu verzeichnen haben. Die Wirkung von Vitamin E hängt stark mit dem Selengehalt in der Ration zusammen. Deshalb sollten diese Parameter immer gemeinsam betrachtet werden. Vor allem, wenn etwas zu wenig Mineralfutter gefüttert wird, kommt es häufig zu einem Vitamin-E-Mangel.

Mögliche Folgen bei einer Vitamin-E-Unterversorgung

- Fruchtbarkeitsstörungen
- Nachgeburtsverhaltungen
- Erhöhte Zellzahlen

Mögliche Folgen bei einer Vitamin-E-Überversorgung

Eine Vitamin-E-Überversorgung kommt selten vor und ist nur möglich, wenn viel zu hohe Mineralstoffmengen gefüttert werden.

- Schlechtere Verfügbarkeit von Vitamin A

Bedeutung der Zusatzstoffe

Zusatzstoffe haben in den vergangenen Jahren extrem an Bedeutung gewonnen. Mittlerweile gibt es Dutzende Anbieter, die diverse Zusatzprodukte vermarkten. Ich bin davon überzeugt, dass diese in gewissen Rationen absolut Sinn machen können und einen Mehrwert bringen. Trotzdem wird meines Erachtens die Bedeutung von Zusatzstoffen bei der Milchviehfütterung überschätzt. Wie das Wort Zusatzstoff schon sagt, dienen diese Produkte lediglich als Zusatz in einer Ration. Niemals können solche Produkte wichtige Faktoren wie Grundfutterqualität, Rationsgestaltung, Herdenmanagement, Kuhkomfort etc. ersetzen bzw. ausgleichen. Damit sich die Kosten von Zusatzprodukten rechnen bzw. einen Mehrwert bringen, müssen diese zu den betriebsindividuellen Gegebenheiten passen. Deshalb muss ein gut fundiertes Wissen über die einzelnen Zusätze gegeben sein, um den größtmöglichen Nutzen daraus erzielen zu können.

Folgende Fragen sollten vor dem Einsatz eines Zusatzprodukts stets beantwortet werden können:

- Was ist der Wirkstoff und worin liegt die Wirkung?
- Zu welchen Gegebenheiten macht der Einsatz dieses Produkts Sinn?
- Wie hoch liegt die Mindesteinsatzmenge pro Tier und Tag und wie lange muss dieses Produkt gefüttert werden, um erste Erfolge erkennen zu können?

Anmerkung zum letzten Punkt: Das Eruieren möglicher Verbesserungen ist in vielen Fällen schwer zu beurteilen. Wir sind in der Milchviehfütterung multifaktoriellen Einflussfaktoren ausgesetzt. Dadurch ist es meistens sehr schwierig, in der Praxis genaue Aussagen bezüglich des Mehrwerts zu treffen.

Betacarotin

Was ist der Wirkstoff und worin liegt die Wirkung?

Betacarotin ist eine Vorstufe des Vitamin A. Die Konzentration an Betacarotin in der Ration beeinflusst die Follikelqualität bzw. Follikelgröße (Eibläschen) sowie die Brunstdauer und spielt somit eine entscheidende Rolle bei der Fruchtbarkeit. Zusätzlich wirkt sich Betacarotin positiv auf die Kolostrumqualität aus.

Folgend zeigt eine Tabelle die großen Unterschiede der Betacarotin-Konzentrationen in verschiedenen Futtermitteln. Wichtig ist die Erkenntnis, dass bei Rationen mit einem hohen Anteil an Maissilage oder Heu die Betacarotin-Versorgung unter dem gewünschten Niveau liegt. Auch bei Grassilagen, die länger als sechs Monate im Silostock lagern, kann sich der Betacarotin-Gehalt extrem stark abbauen.

Futtermittel	Betacarotin in mg/kg Trockensubstanz
Junges Gras	500–1.000
Überständiges Gras	200–300
Grassilage	100–150
Gärheu	50–100
Heu	12–35
Maissilage (Restpflanze nicht abgereift)	30–90
Maissilage (Restpflanze ziemlich abgereift)	8–20

Tabelle 15: Carotin-Gehalte in Grundfuttermittel (in Anlehnung an Jilg, 2005)

Wenn hingegen die Tiere hohe Anteile von frischem Gras bzw. frischer Grassilage fressen, ist der Bedarf immer gedeckt und es muss kein Betacarotin ergänzt werden.

Zu welchen Gegebenheiten macht der Einsatz dieses Produkts Sinn?

Die angegebenen Betacarotin-Gehalte aus den Grundfuttermitteln sind nur Richtwerte. Blutproben der Tiere liefern einen wesentlich genaueren Einblick über die Betacarotin-Versorgung. Sollten die beprobten Tiere Gehalte unter 2.000 mcg Betacarotin/l aufweisen, ist der Einsatz von Betacarotin sinnvoll bzw. notwendig. Eine hohe Wahrscheinlichkeit für einen Mangel der Vitamin-A-Vorstufe ergibt sich bei Rationen mit einem Maissilageanteil über 60 % sowie wenn die Grassilagen älter als sechs Monate sind. Zusätzlich wird bei reinen Heumilchbetrieben fast immer ein Betacarotin-Mangel ohne zusätzliche Ergänzung festgestellt.

Wie hoch liegt die Mindesteinsatzmenge pro Tier und Tag und wie lange muss dieses Produkt gefüttert werden, um erste Erfolge erkennen zu können?

Die tägliche Versorgung an Betacarotin sollte bei laktierenden Tieren bei mindestens 800 mg liegen. Trockensteher benötigen mindestens 400 mg Betacarotin pro Tag. Die Mindesteinsatzmenge richtet sich nach dem verwendeten Produkt und dem zu ergänzenden Bedarf. Es gibt Mineralstoffmischungen, die bereits Betacarotin enthalten. Hier müsste man allerdings bei vielen Produkten aufgrund der geringen Einmischrate utopisch hohe Mengen füttern, um die gewünschten Bedarfswerte zu erreichen. Dabei würde es dann zu einer Überversorgung anderer Elemente/Vitamine kommen. Damit dies nicht der Fall ist, muss entweder ein hochwertiges Mineralfutter mit einer ausreichenden Betacarotin-Ausstattung gekauft werden (> 1.500 mg Betacarotin/kg Trockensubstanz), oder das Zusatzprodukt wird als Einzelfuttermittel gekauft. Werden den Milchkühen beispielsweise 8 kg Trockensubstanz Maissilage (ca. 280 mg Betacarotin) und 4 kg Trockensubstanz Heu gefüttert (ca. 80 mg Betacarotin), ergibt das eine tägliche Betacarotin-Zufuhr von 360 mg aus dem Grundfutter. Für eine Bedarfsdeckung werden mindestens 800 mg benötigt. Ein hochwertiges Zusatzprodukt enthält ca. 8.000 mg/kg Betacarotin. In diesem Fall müssten 60 g dieses Produkts gefüttert werden, um den gewünschten Bedarf abzudecken. Betacarotin muss unbedingt drei Wochen vor dem Abkalben bis zur erfolgreichen Besamung gefüttert werden. Eine verbesserte Fruchtbarkeit sollte sich in derselben Laktation bemerkbar machen.

Häufig wird der Fehler gemacht, dass die Trockensteher kein Betacarotin bekommen. Dies sollte aus folgenden Gründen vermieden werden:

- Die Follikel (Eibläschen) reifen über einen Zeitraum von ca. 70 Tagen heran. Das bedeutet, dass die Trockensteherfütterung bereits Einfluss auf die Follikelqualität hat. Häufig haben Trockensteherrationen einen sehr hohen Silomaisanteil, um das Milchfieberrisiko zu reduzieren. Nachdem Maissilage kaum Betacarotin enthält, sollte dieses bereits vor der Abkalbung dazugefüttert werden.
- Die Futteraufnahme geht zwei Wochen vor der Abkalbung stark zurück, daher wird auch weniger Betacarotin aufgenommen.
- Um die Biestmilchqualität positiv beeinflussen zu können, muss das Produkt natürlich auch vor der Kalbung eingesetzt werden. Ansonsten kann es seine Wirkung nicht zeigen.

Die Grafik beschreibt den Energie- und Betacarotin-Spiegel in Zusammenhang mit der Follikelqualität. Die grüne Linie in der Grafik markiert den Grenzwert der Energie- und Betacarotin-Versorgung, der für eine optimale Fruchtbarkeit notwendig ist. Speziell 14 Tage vor der Kalbung bis 42 Tage nach der Kalbung ergibt sich ein erhöhter Betacarotin-Bedarf. Nachdem ein Follikel rund 70 Tage benötigt, um zu reifen, sollte, wie bereits erwähnt, das Betacarotin schon vor der Kalbung gefüttert werden.

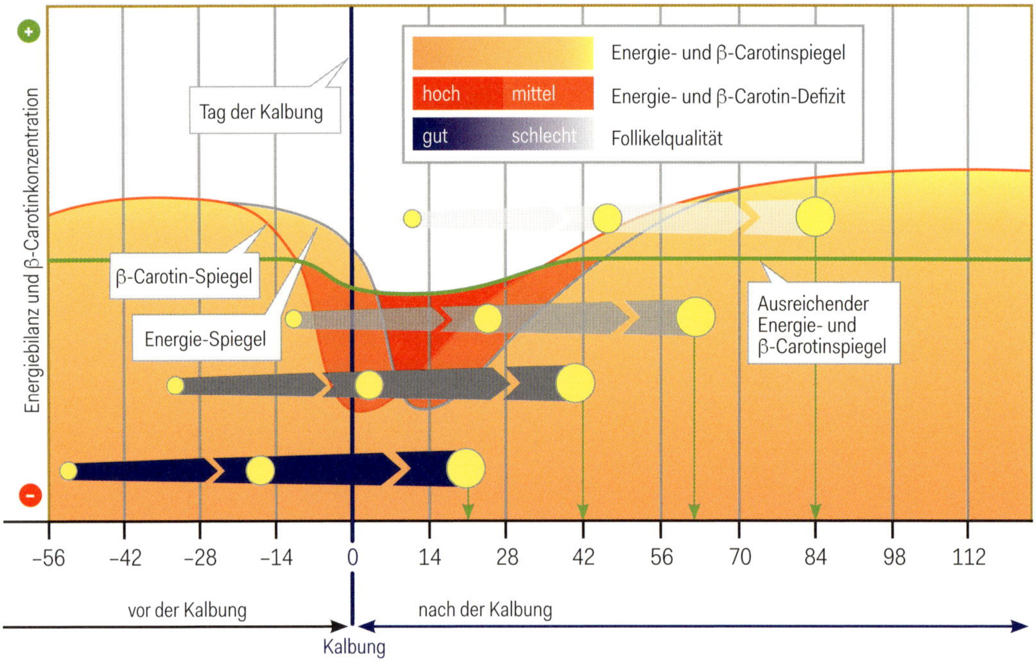

Abbildung 21: Energie- und Betacarotin-Spiegel, „Prof. Dr. Schweigert und Trouw Nutrition Deutschland GmbH, 2008"

Biotin

Was ist der Wirkstoff und worin liegt die Wirkung?

Biotin zählt zu den B-Vitaminen und wird grundsätzlich selbst von der Kuh über das Wiederkauen produziert. Biotin ist an der Klauenhornbildung beteiligt und wirkt zusätzlich leistungssteigernd bzw. leistungsstabilisierend.

Zu welchen Gegebenheiten macht der Einsatz dieses Produkts Sinn?

Biotin sollte über die Mineralstoffmischung zugeführt werden, wenn Probleme bei der Klauenhornbildung bzw. Klauenhärte vorhanden sind und die Tiere entweder eine sehr hohe Milchleistung (> 10.000 l) aufweisen oder eine verminderte Wiederkauaktivität zeigen (z. B. durch Rohfasermangel, zu hohe Kraftfutterteilgaben, zu hohen Kraftfuttermengen etc.). In einer ausgeglichenen Ration zeigt der zusätzliche Einsatz von Biotin meiner Meinung nach meistens keinen messbaren Mehrwert, da das B-Vitamin selbst im Pansen synthetisiert wird.

Wie hoch liegt die Mindesteinsatzmenge pro Tier und Tag und wie lange muss dieses Produkt gefüttert werden, um erste Erfolge erkennen zu können?

Um positive Effekte erkennen zu können, muss eine Mindestmenge von 20 mg Biotin pro Tier und Tag über einen Zeitraum von sechs Monaten verfüttert werden.

Biotin wird in einigen Mineralstoffmischungen zusätzlich ergänzt. Diesbezüglich muss unbedingt die exakte Einmischrate am Sackanhänger abgelesen werden. Häufig wird Biotin zu schwach dosiert, wodurch die Mindestmenge des täglichen Bedarfs nicht erreicht wird. Um 20 mg Biotin pro Tier und Tag zu erreichen, müssen bei einer Dosierung von 100.000 mcg Biotin/kg mindestens 200 g Mineralstoffmischung pro Kuh und Tag gefüttert werden.

Niacin

Was ist der Wirkstoff und worin liegt die Wirkung?

Niacin zählt ebenfalls zu den B-Vitaminen und wird grundsätzlich selbst von der Kuh durch das Wiederkauen produziert. Niacin greift in den Energiestoffwechsel ein. Es wirkt der Ketose und dem Fettlebersyndrom entgegen.

Zu welchen Gegebenheiten macht der Einsatz dieses Produkts Sinn?

Bei hohen Milchleistungen (> 10.000 l) oder einer verminderten Wiederkauaktivität (z. B. durch Rohfasermangel, zu hohe Kraftfutterteilgaben oder zu hohe Kraftfuttermengen etc.) kann der Zusatz von Niacin Sinn machen, um den Energiestoffwechsel zu unterstützen.

Wie hoch liegt die Mindesteinsatzmenge pro Tier und Tag und wie lange muss dieses Produkt gefüttert werden, um erste Erfolge erkennen zu können?

Um positive Effekte erkennen zu können, muss eine Mindestmenge von 4–6 g Niacin über einen Zeitraum von sechs Monaten verfüttert werden.

Beim Niacin muss ebenso unbedingt die Einmischrate am Sackanhänger kontrolliert werden. Um die Mindestmenge zu erreichen, müssen bei einer täglichen Einsatzmenge von 200 g pro Tier und Tag mindestens 3.000 mcg Niacin/kg enthalten sein.

L-Carnitin

Was ist der Wirkstoff und worin liegt die Wirkung?

L-Carnitin zählt ebenfalls zu den B-Vitaminen und wird grundsätzlich selbst von der Kuh durch das Wiederkauen produziert. L-Carnitin stärkt die Leistungsfähigkeit der Leber und unterstützt den Fettstoffwechsel.

Zu welchen Gegebenheiten macht der Einsatz dieses Produkts Sinn?

L-Carnitin wird hauptsächlich in der Trockenstehzeit sowie in der Frühlaktation eingesetzt. Dieses B-Vitamin ist teilweise in Trockenstehermineralien integriert oder wird als Spezialfuttermittel angeboten. Trockensteher sollten diesen Zusatzstoff bekommen, wenn die Tiere während der Laktation vermehrt an subklinischen Ketosen erkranken. Wird über das Blut eine erhöhte Leberbelastung festgestellt, ist der Zusatz dieses Wirkstoffs ebenfalls zu empfehlen.

Wie hoch liegt die Mindesteinsatzmenge pro Tier und Tag und wie lange muss dieses Produkt gefüttert werden, um erste Erfolge erkennen zu können?

Der Mindestbedarf an L-Carnitin liegt bei 3–5 g pro Tier und Tag. Hochwertige Mineralstoffmischungen enthalten meist zwischen 3.500 und 5.000 mg L-Carnitin. Daher beträgt die tägliche Einsatzmenge zumindest 150 g. Grundsätzlich sollten Verbesserungen bereits nach der Trockenstehzeit eingetreten sein (die Voraussetzung dafür ist natürlich eine bedarfsgerechte Einsatzmenge). Jedoch muss in diesem Zusammenhang ganz klar gesagt werden, dass speziell die Leberwerte in der Praxis nicht regelmäßig untersucht werden.

Propylenglykol

Was ist der Wirkstoff und worin liegt die Wirkung?

Das Produkt ist eine Mischung aus 1, 2-Propandiol (gehört zur Gruppe der Alkohole) und Glycerin (ist ein Zuckeralkohol). Dieser Zusatzstoff wird mittlerweile in sehr vielen Betrieben erfolgreich eingesetzt, um die Energiebilanz der Tiere zu erhöhen und somit gleichzeitig das Ketoserisiko zu reduzieren. Aufgrund der hohen Nachfrage gibt es viele Hersteller, die das Propylenglykol zu unterschiedlichsten qualitativen Wertigkeiten anbieten. Entscheidend ist dabei immer das Verhältnis von 1, 2-Propandiol zu Glycerin. Beiden Substanzen wird nachweislich ein leistungsstabilisierender bzw. leistungsfördernder Effekt nachgewiesen. Jedoch zeigt nur Propandiol eine positive Wirkung hinsichtlich der Ketoseprophylaxe. Nachteilig ist jedoch der wesentlich teurere Preis sowie die geringere Schmackhaftigkeit.

Zu welchen Gegebenheiten macht der Einsatz dieses Produkts Sinn?

Propylenglykol sollte immer eingesetzt werden, wenn die Tiere nach dem Abkalben schleichende (subklinische) Ketosen anzeigen. Dies kann entweder durch Interpretation des FEQ anhand der LKV-Daten festgestellt werden (mehr dazu im Kapitel Controlling) oder indem der BHB-Gehalt im Blut mithilfe von eines Ketose-Schnelltestgeräts eruiert wird. In sehr vielen Fällen werden die Grenzwerte überschritten, weshalb Propylenglykol des Öfteren allen Tieren prophylaktisch nach dem Abkalben bis zum 60. Laktationstag gefüttert wird. Außerdem zeigt der Einsatz von Propylenglykol weitere positive gesundheitliche Aspekte, da im Pansen das Acetat zu Propionat umgebaut wird. Das entlastet die „Gärkammer" und fördert die Fermentationsprozesse.

Wie hoch liegt die Mindesteinsatzmenge pro Tier und Tag und wie lange muss dieses Produkt gefüttert werden, um erste Erfolge erkennen zu können?

Die Einsatzempfehlungen der diversen Hersteller differenzieren etwas. Grundsätzlich kann aber folgende Faustregel herangezogen werden:

Ab 14 Tage vor der Kalbung ca. 150 ml Propandiol pro Tier und Tag sowie ca. 250 ml Propandiol pro Tier und Tag nach der Kalbung bis zum 60. Laktationstag oder bis zur bestätigten Trächtigkeit. Besteht das Produkt zu 50 % aus Propandiol, muss die doppelte Menge gefüttert werden, um auf den gewünschten Bedarf zu kommen. Bei Einzeltieren mit besonderen Erschwernissen (Klauenprobleme, geringe Wiederkauaktivität, BCS < 2,5, starker Energiemangel) können auch Propylenglykol-Gaben darüber hinaus sinnvoll sein. Bei richtiger Dosierung reduzieren sich die BHB-Gehalte im Blut bereits nach wenigen Tagen.

Natriumbicarbonat und Pansenpuffer

Was ist der Wirkstoff und worin liegt die Wirkung?

Natriumbicarbonat ist ein Natriumsalz (ähnlich wie Viehsalz) mit einer speziellen Verbindung. Dieses Produkt erhöht den pH-Wert im Organismus und den DCAB-Gehalt in der Ration. Jedoch wird dem Produkt von manchen Quellen eine nur kurz anhaltende puffernde Wirkung nachgesagt. Daher wurden spezielle Pansenpuffer entwickelt. Auch hier ist der Wirkstoff reines Natriumbicarbonat. Der Unterschied liegt darin, dass diese Produkte noch Magnesiumoxid inkludieren, was die beschriebene puffernde Wirkung verbessern soll. Ob der Pansenpuffer tatsächlich einen stärkeren Effekt erreicht, ist nicht eindeutig geklärt.

Zu welchen Gegebenheiten macht der Einsatz dieses Produkts Sinn?

Natriumbicarbonat oder Pansenpuffer sollten eingesetzt werden, wenn ein erhöhtes Risiko einer metabolischen Azidose besteht (mehr dazu wird im Kapitel „Ursachen und Prävention von Stoffwechselerkrankungen" beschrieben) oder die Tiere bereits davon betroffen sind.

Die genaueste Möglichkeit, um dies herauszufinden, ist das Messen des Urin-pH-Werts von mehreren Tieren. Liegt der Durchschnitt unter einem pH-Wert von 7,8, sollte unbedingt Natriumbicarbonat oder ein Pansenpuffer eingesetzt werden. Zusätzlich sollten weitere Maßnahmen (Rohfasergehalt erhöhen, Kraftfutterreduktion etc.) getroffen werden.

Wird der pH-Wert nicht gemessen, dient der DCAB-Wert in der Gesamtration als Indikator.

Liegt dieser unter 200 meq/kg TM, besteht ein erhöhtes Risiko, dass das Tier an einer metabolischen Azidose erkrankt.

Mögliche Ursachen für zu tiefe DCAB-Werte in der Gesamtration können zu hohe Mengen an Rapsschrot oder Maissilage sein. In seltenen Fällen haben auch Grassilagen sehr tiefe DCAB-Gehalte.

Unabhängig von den beiden beschriebenen Szenarien spielt auch der Hitzestress im Sommer eine große Rolle. Durch das „Hecheln" der Tiere wird vermehrt CO_2 abgegeben. Der Körper versucht immer ein ausgeglichenes Verhältnis zwischen Carbonat und Kohlendioxid zu halten. Um die vermehrte Ausscheidung von CO_2 bei Hitzestress zu kompensieren, wird über die Niere auch Carbonat ausgeschieden. Das kann dann zu einer metabolischen Azidose führen. Durch die Ergänzung von Natriumbicarbonat oder einem Pansenpuffer wird der Organismus dabei unterstützt.

Wie hoch liegt die Mindesteinsatzmenge pro Tier und Tag und wie lange muss dieses Produkt gefüttert werden, um erste Erfolge erkennen zu können?

Die Einsatzmenge liegt je nach Fütterungssituation zwischen 80 und 150 g. Sollte in der Ration zusätzlich Viehsalz eingesetzt werden, muss dieses unbedingt reduziert bzw. entfernt werden, da sonst der Natriumgehalt in der Gesamtration überschritten wird. Ein Natriumüberschuss führt mitunter zu einer verminderten Futteraufnahme sowie zu dünnem Kot.

Hefen

Was ist der Wirkstoff und worin liegt die Wirkung?

Der Einsatz von Hefen in der Rinderfütterung hat sich in den vergangenen Jahren stark etabliert. Aufgrund der positiven Effekte gibt es mittlerweile eine Vielzahl an Herstellern. Grundsätzlich werden Hefen in tote Hefen, Lebendhefen und vorfermentierte Hefen untergliedert. Diese haben völlig unterschiedliche Wirkungsweisen und müssen deshalb mit Bedacht ausgewählt werden. Die toten Hefen „arbeiten" nicht im Pansen, sondern dienen dem Wiederkäuer hauptsächlich als Eiweißquelle. Die Bierhefe ist hierfür der bekannteste Vertreter. Darüber hinaus weist die Bierhefe einen hohen Anteil an B-Vitaminen auf und fördert die Darmgesundheit.

Lebendhefe ist die am stärksten verbreitete Gruppe der Hefen. Lebendhefen veratmen den Restsauerstoff im Pansen. Dadurch können die Pansenmikroben effektiver arbeiten. Dies kann zu einem gesteigerten Rohfaserabbau führen, wodurch das Milchfett ansteigt. Zusätzlich wird auch von einer verbesserten Nährstoffaufnahme berichtet, was wiederum die Milchleistung positiv beeinflusst.

Durch ein spezielles Verfahren werden Lebendhefen verändert. Das Produkt daraus sind vorfermentierte Hefen. Diese haben nun nicht mehr die Funktion, den Restsauerstoff im Pansen zu veratmen, sondern erhöhen die Rohfaserverdauung, stärken die Mikrobeneffektivität und unterstützen die Dünndarmgesundheit des Tiers.

Zu welchen Gegebenheiten macht der Einsatz dieses Produkts Sinn?

Tote Hefen können grundsätzlich immer eingesetzt werden. Jedoch muss die Preiswürdigkeit hinterfragt werden.

Lebendhefen machen vor allem dann Sinn, wenn im Pansen stärkere pH-Wert-Schwankungen vorhanden sind. Dies tritt z. B. ein, wenn hohe Kraftfuttergaben (> 9 kg) am Transponder oder händisch gefüttert werden bzw. hohe Kraftfutterteilgaben (> 2,5 kg) erfolgen. Zusätzlich hat sich der Einsatz von Lebendhefen in sehr zuckerreichen Rationen (Weide, Heumilch) bewährt.

Vorfermentierte Hefen zeigen anhand praktischer Erfahrungen die stärkste Wirkung, wenn der Pansen-pH-Wert der Tiere relativ konstant ist. Dies ist z. B. bei aufgewerteten sowie bei totalen Mischrationen der Fall.

Wie hoch liegt die Mindesteinsatzmenge pro Tier und Tag und wie lange muss dieses Produkt gefüttert werden, um erste Erfolge erkennen zu können?

Tote Hefen werden als Einzelfuttermittel verkauft. Die Einsatzmenge liegt hier bei 200 g pro Tier und Tag.

Lebendhefen und vorfermentierte Hefen werden sowohl als Einzelfuttermittel wie auch in Mineralstoffmischungen verkauft. Als Einzelfuttermittel werden meistens Bedarfsmengen von 50–70 g angegeben. Jedoch muss vor allem beim Kauf von Lebendhefen die Deklaration mit dem jeweiligen Stamm der Hefezellen sowie die dazugehörige Menge an KBE (koloniebildende Einheiten) beachtet werden.

Wird die Hefe in eine Mineralstoffmischung eingemischt, beträgt die empfohlene Einsatzmenge meist 200 g pro Tier und Tag, damit die Konzentration des Zusatzprodukts stark genug ist.

Wenn sich ein Betrieb dazu entschließt, Hefen jeglicher Art einzusetzen, müssen diese über die gesamte Laktationsdauer sowie ebenfalls in der Trockenstehzeit gefüttert werden. Nur dann kann ein möglichst großer Effekt erzielt werden. Es dauert ca. sechs bis acht Wochen, bis erste Verbesserungen bemerkt werden können.

Futterfett

Was ist der Wirkstoff und worin liegt die Wirkung?

Fett ist ein wichtiger Energieträger und wirkt in Rationen leistungssteigernd bzw. leistungsstabilisierend. Futtermittel wie Kürbiskuchen oder die Sojabohne weisen sehr hohe Fettgehalte auf. Diese Fettquellen wirken direkt im Pansen und können bei einer zu hohen Einsatzmenge starke Fermentationsstörgen auslösen. Deshalb darf ein Rohfettgehalt von 4 % in der Gesamtration niemals überschritten werden. Zusätzlich muss genügend Energie im Stoffwechsel der Kuh vorhanden sein, um die Fettsäuren in verfügbare Energie umwandeln zu können. Daher ist der Einsatz von fettreichen Produkten bei Kühen mit einem starken Energiedefizit kontraproduktiv.

Pansengeschütztes Futterfett ist dazu eine hochinteressante Alternative. Ca. 90 % der Fettsäuren passieren den Pansen und schonen so die Mikrobenaktivität. Es gibt eine Vielzahl an diversen Produkten. Geschützte Fette werden einerseits zwischen dem Herstellungsprozess sowie der zu verarbeiteten Fettquelle untergliedert. Beim Herstellungsprozess wird grundsätzlich zwischen fraktionierten Fetten und kalziumverseiften Fetten unterschieden.

Fraktionierte Fette haben einen Fettgehalt von ca. 99 % und weisen daher einen etwas höheren Energiegehalt gegenüber den kalziumverseiften Fetten auf. Daraus resultiert natürlich auch ein teurer Einkaufspreis.

Bei kalziumverseiften Fetten ist der hohe Restanteil an Kalzium zu beachten. Der Fettgehalt liegt bei ca. 85 %. Bei azidotischen Bedingungen im Pansen können kalziumverseifte Fette zu Fermentationsstörungen führen. Das kann vor allem im Sommer auftreten, in Verbindung mit strukturschwachen Rationen.

Als Rohstoffquelle hat sich das Palmfett aufgrund des optimalen Fettsäuremusters sehr gut bewiesen. Nachdem in Österreich diese Fettquelle verboten wurde, kommen andere Fettquellen wie Olivenfett oder Kokosfett zum Einsatz. Entscheidend ist dabei immer das Fettsäuremuster. Die Fettsäuren C 16 : 0, C 18 : 0 sowie C 18 : 1 haben unterschiedliche Funktionen.

C 16 : 0 (Palmitinsäure) und C 18 : 0 (Stearinsäure) sind hauptverantwortlich für eine Milchleistungssteigerung. Zusätzlich wirken sich diese Fettsäuren auch positiv auf den prozentuellen Milchfettgehalt aus (ist jedoch aufgrund der Milchleistungssteigerung nicht immer festzustellen). Die C 16 : 0 Fettsäure sollte in einem höheren Anteil eingemischt werden, da die Verdaulichkeit der C 18 : 0 Fettsäure vor allem bei höheren Einsatzmengen sinkt. Nachteilig an diesen Fettsäuren ist der Einfluss auf die Eizellenentwicklung. Daher werden diese Fettsäuren im Optimalfall erst nach der 6. Laktationswoche verfüttert (praktisch schwer durchführbar).

Die Fettsäure C 18 : 1 (Ölsäure) zeigt keinen negativen Effekt auf die Eizellenentwicklung und wirkt einem starken Gewichtsverlust entgegen. Jedoch führt diese Fettsäure aus aktueller Sicht zu keiner messbaren Leistungssteigerung.

Im Zusammenhang mit dem Einsatz von Fetten sind neben den pansengeschützten Fetten auch die konjugierten Fette (CLA) zu nennen. Die Wirkung liegt hier in einer gezielten Absenkung des Milchfettgehalts. Das entlastet speziell in der Frühlaktation den Energiestoffwechsel der Kuh (weil für den Aufbau von Milchfett immer Energie benötigt wird) und erhöht somit die täglich produzierte Milchmenge.

Zu welchen Gegebenheiten macht der Einsatz dieses Produkts Sinn?

Der Einsatz von fettreichen Produkten wie z. B. Sojabohne oder Kürbiskernkuchen sind nur in sehr energiereichen Rationen (hoher Maissilageanteil) sinnvoll.

Der Einsatz von geschützten Fetten muss individuell geklärt werden. Grundsätzlich sind diese Additive aufgrund der sehr hohen Kosten hauptsächlich für milchleistungsstarke (> 10.000 l) Betriebe interessant. Wenn jedoch Grundfutter von minderwertiger Qualität zum Einsatz kommt, können sich diese Produkte auch unter der genannten Milchleistung rechnen. Um die erhofften Resultate erzielen zu können, muss beim Einsatz dieser Produkte immer das Fettsäuremuster beachtet werden.

Die konjugierten Fettsäuren (CLA) haben in Österreich kaum eine Bedeutung. Diese Produkte sind vor allem für jene Betriebe eine interessante Alternative, die von ihrer Molkerei keinen Zuschuss für erhöhte Milchfettgehalte ausbezahlt bekommen.

Wie hoch liegt die Mindesteinsatzmenge pro Tier und Tag und wie lange muss dieses Produkt gefüttert werden, um erste Erfolge erkennen zu können?

Bezüglich der Einsatzmenge muss immer der gesamte Rohfettgehalt in der Ration beachtet werden. Dieser darf beim Einsatz von fettreichen Produkten (Sojabohne, Kürbiskuchen etc.) 4 % und beim Einsatz von pansengeschützten Fetten 6 % nicht überschreiten. Pauschal zusammengefasst liegt die tägliche Obergrenze bei fettreichen Eiweißfuttermitteln bei ca. 2 kg pro Kuh und bei pansengeschützten Fetten bei ca. 0,5 kg pro Kuh. Der Einsatz von fettreichen Produkten zeigt bereits nach zwei bis drei Wochen erste Veränderungen.

Phytogene Zusatzstoffe

Was ist der Wirkstoff und worin liegt die Wirkung?

Phytogene Zusatzstoffe sind Extrakte aus Kräutern und Pflanzen. Bekannte Substanzen daraus sind z. B. Tannine und Polyphenole. Diese Zusatzstoffe wirken sich positiv auf den Verdauungstrakt sowie auf die gesamte Tiergesundheit aus. Bei dem Einsatz von phytogenen Zusätzen können folgende Effekte beobachtet werden:

- Gesteigerte Futteraufnahme
- Verbesserte Proteinverdauung und dadurch ein geringerer Methanausstoß
- Entzündungshemmende Wirkung im Pansen und Darmtrakt
- Reduktion von oxidativem Stress

Zu welchen Gegebenheiten macht der Einsatz dieses Produkts Sinn?

Phytogene Zusatzstoffe haben die Aufgabe, den gesamten Organismus zu unterstützen, und sind vor allem dann interessant, wenn die Verdauung der Tiere aus diversen Gründen stark beansprucht wird. Der Zusatz von diesen Produkten ist natürlich niemals nachteilig, jedoch muss die Wirtschaftlichkeit individuell abgeklärt werden.

Wie hoch liegt die Mindesteinsatzmenge pro Tier und Tag und wie lange muss dieses Produkt gefüttert werden, um erste Erfolge erkennen zu können?

Diese Additive werden meistens in hochwertigen Mineralstoffmischungen ergänzt. Die empfohlene Einsatzmenge dieser Produkte liegt meist bei 150–200 g. Solche Produkte müssen in der Regel zumindest vier bis sechs Wochen eingesetzt werden, um erste Resultate feststellen zu können.

Mykotoxinbinder

Was ist der Wirkstoff und worin liegt die Wirkung?

Mykotoxine sind Stoffwechselprodukte von Schimmelpilzen und können übers Grundfutter oder übers Kraftfutter in die Ration kommen. Wird ein kritisches Maß überschritten, wird der Organismus der Kuh stark belastet. Die Auswirkungen sind vom jeweiligen Mykotoxin abhängig. Häufig treten bei zu hohen Mykotoxingehalten folgende Symptome auf: Milchleistungsrückgang, erhöhte Zellzahlen, Euterentzündungen, Klauenprobleme, Fruchtbarkeitsprobleme, Aborte etc. Mykotoxinbinder weisen eine große Oberfläche auf und binden diese Giftstoffe im Verdauungstrakt des Tiers.

Zu welchen Gegebenheiten macht der Einsatz dieses Produkts Sinn?

Mykotoxinbinder sollten eingesetzt werden, wenn der Verdacht auf erhöhte Mykotoxingehalte besteht oder diese per Analyse nachgewiesen wurden. Das Nachweisen dieser Giftstoffe ist in der Praxis jedoch nicht ganz einfach. Zum einen ist die Probenziehung ein kritischer Faktor, da Mykotoxine sehr punktuell in hohem Maße angesiedelt sein können. Auch wenn daher eine möglichst repräsentative Probe gezogen wird, besteht immer die Gefahr, nicht den tatsächlichen Gehalt an Mykotoxinen zu analysieren. Zum anderen bieten herkömmliche Analysetechniken (Elisa-Verfahren) eine eingeschränkte Aussagekraft. Hier werden zwar die wichtigsten Mykotoxine analysiert, jedoch können Mykotoxine unterschiedlichste Bindungsformen eingehen, die von der herkömmlichen Messtechnik nicht erfasst werden. Aktuell sind neben den Leit-Mykotoxinen ca. 300 verschiedene Untergruppen bekannt.

Die Tabelle zeigt die wichtigsten Mykotoxine für Rinder inklusive den jeweils zugehörigen empfohlenen maximalen Richtwerten in ppb (parts per billion).

Die Orientierungswerte beziehen sich auf einen Trockensubstanzgehalt von 88 % in der Gesamtration pro Tier und Tag.

Mykotoxin	Grenzwert in ppb	Gruppe
DON (Deoxynivalenol)	1.000	Lagerpilz
ZEA (Zearalenon)	250	Feldpilz
Ochratoxin	20	Feldpilz

Tabelle 16: Empfohlene Grenzwerte (in Anlehnung an Hoffmann, 2022)

Wie hoch liegt die Mindesteinsatzmenge pro Tier und Tag und wie lange muss dieses Produkt gefüttert werden, um erste Erfolge erkennen zu können?

Die Einsatzmenge liegt meistens bei ca. 100 g pro Tier und Tag, kann jedoch je nach Anbieter variieren. Das Produkt zeigt bereits nach ca. drei Wochen erste Ergebnisse. Der Zusatzstoff sollte eingesetzt werden, solange eine erhöhte Mykotoxinbelastung vorhanden ist.

© DSM

Bei zu hohen Mykotoxingehalten in der Milchviehration ist der Einsatz von einem Mykotoxinbinder zu empfehlen. Das Bild wurde von der Firma DSM zur Verfügung gestellt.

Wichtigste Controlling-Punkte

In der modernen Milchviehfütterung gibt es sehr viele Möglichkeiten und Wege, um die Ration bestmöglich optimieren zu können. Ich bin ein absoluter Freund von genauen Rationsberechnungen und ausgeklügelten Kraftfuttermischungen, doch nichts ist wichtiger als mit offenen Augen durch den Kuhstall zu gehen! Die Kühe zeigen uns extrem viel und die Rationsgestaltung bzw. -berechnung muss immer Hand in Hand mit den Erkenntnissen aus dem Stall erfolgen. Wer dies versteht und die Theorie mit der Praxis in Einklang bringt, kann gesunde und leistungsstarke Tiere „erfüttern". Folgend werde ich ein paar wichtige „Kontrollpunkte" auflisten, die regelmäßig vor Ort beurteilt werden sollten.

Beurteilung der Futtertischration

Das vorgelegte Futter muss zuerst durch die persönliche Wahrnehmung auf Geruch, Schimmel, Temperatur und Trockenmassegehalt geprüft werden. Da diese Bewertung subjektiv ist, sollte im Idealfall eine zweite Person ebenfalls die Beurteilung durchführen.

Geruch, Schimmel

Das Futter muss auf einen möglichen untypischen Geruch oder eventuelle Schimmelstellen geprüft werden. Riecht das Futter unangenehm, muss der Ursache auf den Grund gegangen werden.

Temperatur

Die Ration muss in die Hand genommen werden, um eine mögliche Nacherwärmung am Futtertisch ausschließen zu können. Kommt es zu Nacherwärmungen, müssen neben den prophylaktischen Maßnahmen am Silostock (Anschnittsflächen mit Propionsäure besprühen, Vorschub erhöhen etc.) auch Maßnahmen am Futtertisch getroffen werden. Sollte eine Mischration gefüttert werden, hat sich der Zusatz von Futtersäuren positiv bewährt. Außerdem reduziert ein kürzeres Fütterungsintervall die Gefahr der Nacherwärmung.

Trockenmassegehalt

Die Futtertischration sollte einen Trockenmassegehalt von ca. 41–43 % aufweisen. Der Gehalt der Trockenmasse kann über zwei Varianten bestimmt werden.

Variante 1

Es werden ca. 100 g der Ration eingewogen und anschließend in einer Mikrowelle getrocknet. Danach wird das trockene Futter abermals gewogen und durch das Ausgangsgewicht dividiert. Wiegt das Futter nach dem Trocknungsvorgang z. B. 45 g, dann zeigt das einen Trockenmassegehalt von 45 % an.

Variante 2

Die Trockenmasse wird geschätzt. Dies erfordert etwas an Übung, ist aber die schnellere und praxistauglichere Variante. Dazu wird die Ration in die Hand genommen und ein Futterballen geformt. Tropft das Wasser zwischen den Fingern durch, ist die Ration zu nass. Anschließend wird der Futterballen aus einem Meter Höhe auf den Boden fallen gelassen. Bleibt der Futterballen halbwegs in seiner Form, ist die Trockenmasse in Ordnung. Zerfällt jedoch der Futterballen, ist die Ration zu trocken.

Zu trockene und zu nasse Trogrationen schränken die Futteraufnahme ein. Vor allem in aufgewerteten oder totalen Mischrationen ist die Trogration aufgrund der Kraftfutterzugabe oftmals zu trocken. Dies kann verbessert werden, indem Wasser in den Mischwagen gegeben wird. Teilweise werden bis zu 12 Liter Wasser pro Kuh und Tag in der Mischration benötigt, um auf einen optimalen Trockenmassegehalt zu kommen. Wenn also für 50 Kühe auf 24 Stunden gemischt wird, sind das 600 Liter Wasser, die ergänzt werden müssen.

Fütterung mit dem Futtermischwagen/ Fütterungsroboter

Sehr viele Betriebe haben sich in den vergangenen Jahren einen Futtermischwagen/Fütterungsroboter angeschafft. Ein großer Vorteil dieser Maschinen liegt darin, dass das Grundfutter in Kombination mit Kraft- und Mineralfutter homogen vermischt werden kann. Qualitativ hochwertige Mischrationen erhöhen die Futteraufnahmen und fördern die Kuh-, Pansengesundheit. Bei aufgewerteten oder totalen Mischrationen muss vor allem auf eine mögliche Kraftfutterselektion geachtet werden. Das Kraftfutter schmeckt den Tieren besser als das Grundfutter. Daher versuchen die Tiere, das Kraftfutter gezielt zu selektieren. Der sogenannte „Tunnelfraß" ist hierfür ein klares Anzeichen. Dabei fressen die Tiere bewusst, trotz einer vollen Futtertischration, ganz nach unten, um das Kraftfutter zu erwischen. Neben dem Tunnelfraß wird im Zuge der Kraftfutterselektion auch noch ein „Futterschieben" beobachtet.

Tritt dies ein, kann es zu schleichenden Pansenazidosen kommen. Obendrein nehmen gewisse Tiere dann viel zu viel Kraftfutter auf, währenddessen andere zu wenig fressen.

Die Grafik zeigt den angesprochenen Tunnelfraß. Dabei wird das Kraftfutter aus der aufgewerteten bzw. totalen Mischration herausgefressen.

Foto © Jonas Schiffer

Punkt 1: Zu kurze Mischdauer

Der Mischwagen muss die gesamte Ration mindestens 15 Minuten lang vermischen, um das Kraftfutter homogen verteilen zu können.

Punkt 2: Zu hoher Anteil an langen Fasern

Lange Fasern in der Mischration verbessern die Selektionsmöglichkeiten für die Kuh und reduzieren zusätzlich die Futteraufnahme. Der wichtigste Einflussfaktor liegt in diesem Punkt bei der Ernte. Die Grassilage sollte eine Schnittlänge von ca. 20–45 mm aufweisen. Dies ist in aller Regel nur mit einem Feldhäcksler möglich. Beim Einsatz eines Ladewagens oder einer Rundballenpresse muss das Siliergut möglichst kurz geschnitten werden.

Ein Mischwagen hat hauptsächlich die Aufgabe zu mischen, kann jedoch trotzdem das Grundfutter schneiden. An dieser Stelle muss erwähnt werden, dass es klare Unterschiede zwischen den Herstellern und den jeweiligen Modellen gibt.

Grundsätzlich sollte zu langes Siliergut ca. 25 Minuten lang bei der erforderten Drehzahl gemischt werden. Natürlich müssen die Messer im Mischwagen auch scharf sein. Dies kann durch Abtasten der Klingen rasch eruiert werden.

Häufig wird das regelmäßige Schleifen der Messer etwas vernachlässigt. Diesbezüglich möchte ich noch anmerken, dass es Sinn macht, beim Schärfen immer nur die Hälfte der Messer zu bearbeiten und dann beim nächsten Durchgang die andere Hälfte heranzunehmen. Das führt dazu, dass zumindest ein Teil der Messer immer scharf ist. Dadurch ist die Schnittlänge sehr konstant.

Durch den Einsatz einer Schüttelbox kann genau eruiert werden, ob die Fasern der Mischration zu kurz oder zu lang sind. Zusätzlich kann die Mischgenauigkeit über die gesamte Futtertischlänge geprüft werden. Die Schüttelbox sollte monatlich zum Einsatz kommen, um die Qualität der Mischration überwachen zu können.

Es werden ca. 500 g vom Futtertisch einer frisch vorgelegten Ration entnommen und in die Schüttelbox gegeben. Bei der Entnahme muss selbstverständlich auf eine möglichst repräsentative Probe geachtet werden. Durch das Schütteln auf einem geraden und glatten Untergrund (die genaue Anleitung dazu wird beim Kauf mitgeliefert) fallen alle kurzen Partikel durch die Siebkästen durch. Nach ausreichendem Schütteln wird das Futter der einzelnen Siebkästen abgewogen und die prozentuelle Verteilung errechnet. Dieser Vorgang sollte an mehreren Stellen am Futtertisch wiederholt werden, um die Verteilgenauigkeit beurteilen zu können.

Danach müssen die betriebseigenen Ergebnisse mit der Solltabelle verglichen werden. Die Zielwerte sind abhängig vom Silomaisanteil sowie vom Kraftfuttereinsatz in der Ration. Im Endeffekt muss es das Ziel sein, möglichst viel Masse in den Siebkasten mit der Partikellänge 8–19 mm (mittleres Sieb) zu bringen. Diese Fraktion ist noch wiederkäuergerecht und ermöglicht sehr hohe Futteraufnahmen. In vielen Mischrationen sind im obersten Sieb (> 19 mm) über 30 % der Gesamtmasse zu finden. Vor allem wenn die Grassilage beim Erntevorgang nicht kurz genug geschnitten wurde, liegt meist zu viel Futter im obersten Siebkasten. Das schränkt die Futteraufnahme der Tiere drastisch ein. Zusätzlich wird das Risiko der Kraftfutterselektion erhöht.

Die Tabelle gibt einen Überblick über eine optimale Faserverteilung.

Sieb	Lochdurchmesser in mm	Partikellänge in mm	TMR in %
Oberes Sieb	19	> 19	2-8
Mittleres Sieb	8	8-19	30-50
Unteres Sieb	4	4-8	10-20
Auffangschale		< 4	30-40

Tabelle 17: Empfohlene Richtwerte der Faserfraktionen (in Anlehnung an Wasserbauer n. d.)

Foto © Jonas Schiffer

Das Bild zeigt eine optimale Verteilung der Faserlängen.

Punkt 3: Zu hoher Trockenmassegehalt

Eine Mischration soll einen Trockenmassegehalt von 40–43 % aufweisen (Ausnahme Kompakt-TMR). Ist die Trogration zu trocken, klebt das Kraftfutter nicht am Grundfutter an und fällt durch die Ration. Durch die Zugabe von Wasser wird das Kraftfutter besser eingemischt. Zusätzlich wird durch den optimierten Trockensubstanzgehalt die Futteraufnahme optimiert. In diesem Zusammenhang möchte ich noch erwähnen, dass der Einsatz von Melasse dazu führt, dass das Kraftfutter sehr gut am Grundfutter anhaftet.

Punkt 4: Zu große Kraftfutterpartikel

Damit das Kraftfutter homogen in die Ration eingemischt werden kann, muss dieses fein vermahlen sein. Zu grob vermahlenes, gequetschtes oder pelletiertes Kraftfutter wird von den Tieren ausselektiert. Bei den Eiweißfuttermitteln muss besonders darauf geachtet werden, dass keine „Verklumpungen" zu finden sind. Werden Kartoffeln oder Rüben verfüttert, müssen diese fein geschnitten werden. Andernfalls werden sie rasch aussortiert.

Das obere Bild zeigt ein mehliges Kraftfutter mit einer sehr guten Mahlqualität. Zusätzlich bringt fein vermahlenes Kraftfutter den Vorteil, dass die enthaltene Stärke aufgrund der großen Oberfläche effizienter vom Wiederkäuer verwertet werden kann.

Das Bild unten rechts zeigt ein mehliges Kraftfutter, das zu grob vermahlen wurde. Vor allem ab einem Leistungsbereich von über 9.000 kg werden die größeren Getreidepartikel nicht mehr effizient verdaut und landen daher über den ausgeschiedenen Kot in der Gülle. Zusätzlich haften die großen Partikel kaum am Grundfutter an.

Foto © Jonas Schiffer

Foto © Jonas Schiffer

Das Bild zeigt ein Eiweißfutter in sehr guter Mahlqualität.

Foto © Jonas Schiffer

Das Bild zeigt ein rapslastiges Eiweißfutter, das extrem stark verklumpt ist.

Foto © Jonas Schiffer

Checkliste für den Futtermischwagen/ Fütterungsroboter

Damit eine hochwertige Mischration den Kühen vorgelegt werden kann, müssen einige Punkte beachtet werden. Im Zuge des Controllings sollte regelmäßig überprüft werden, ob die angeführten Punkte ordnungsgemäß durchgeführt werden.

Mischdauer

Die Mischdauer hängt stark von der Faserlänge des Grundfutters, der Anzahl der Komponenten sowie der Technik des Mischers ab. Der Mischwagen/Fütterungsroboter muss mindestens 10–15 Minuten lang nach dem Befüllen des Kraftfutters eingeschaltet sein, um das Futter ordentlich vermengen zu können. Bei langen Fasern (wie Rundballen- oder Ladewagensilagen oder wenn zu wenig Messer beim Schneiden des Silierguts bei der Ernte verwendet wurden) kann die benötigte Mischzeit auch bis zu 30 Minuten betragen.

Mischreihenfolge

Der Ablauf beim Beladen der einzelnen Komponenten wirkt sich sehr stark auf die Mischqualität aus. Ein „Überladen" des Mischwagens wirkt sich negativ auf die Mischqualität und Verteilgenauigkeit aus. Bei Zweischneckenmischern muss bereits beim Beladen darauf geachtet werden, dass die Futtermittel gleichmäßig verteilt in den Mischwagen gelangen. Beim Befüllen selbst gilt grundsätzlich folgende Regel:

„Lange Komponenten vor kurzen Komponenten und trockene Komponenten vor feuchten Komponenten."

Beispiel einer optimalen Beladereihenfolge

1. Stroh
2. Kraftfutter + Mineralfutter*
3. Heu
4. Grassilageballen
5. Grassilage
6. Maissilage
7. Biertreber

*Das Kraftfutter und Mineralfutter sollte vor allem bei Horizontalmischern als Erstes hineingegeben werden. Werden diese aus logistischen Gründen zum Schluss in den Mischwagen gegeben, muss der Mischwagen noch 10–15 Minuten lang mischen.

Messerqualität und Gegenschneiden

Nur kurz geschnittenes Siliergut kann ordentlich vermischt werden. Um die Fasern bedarfsgerecht schneiden zu können, müssen die Messer im

Mischwagen regelmäßig geschärft werden. Das Aktivieren der Gegenschneide verbessert zusätzlich die Wirkung des Schneidens.

Optimierte Schneckendrehzahl

Bei den diversen Arbeitsgängen (Befüllen, Schneiden, Mischen, Entleeren) werden unterschiedliche Drehzahlen benötigt. Nur wenn die Schneckendrehzahl dem jeweiligen System sowie dem Arbeitsvorgang angepasst wird, kann eine optimale Mischration erreicht werden und gleichzeitig spritsparend gearbeitet werden.

Korrekte Befüllmengen der einzelnen Komponenten

Wenn ein Mischwagen/Fütterungsroboter im Betrieb zur Verfügung steht, sollten alle seine Vorteile ausgenutzt werden. Dazu gehört das genaue und vor allem konstante Mischen der Milchviehration.

Eine Änderung der Tieranzahl findet laufend statt (Trockenstellen, Abkalbungen, Abgänge etc.). Die Grundfutter- und Kraftfuttermengen müssen deshalb ständig angepasst werden.

Foto © Siloking

Abbildung 22: Futtermischwagen beim Befüllen
(Zur Verfügung gestellt von der Firma Siloking)

Kommt es aus arbeitstechnischen Gründen vor, dass mehr Grundfutter in den Mischwagen gelangt, muss auch die Kraftfuttermenge angepasst werden (die Tiere fressen dann statt 24 Stunden z. B. 28 Stunden). Sonst bekommen die Tiere aufgrund des Verdünnungseffekts zu wenig Kraftfutter und fallen mit der Milch ab.

Wird dieselbe Mischration auch für das Jungvieh verwendet, muss das natürlich bei den einzelnen Komponenten mengenmäßig berücksichtigt werden.

Fütterungszeiten einhalten

Kühe sind Gewohnheitstiere, deshalb sollte täglich zur selben Uhrzeit (tolerierbare Varianz liegt bei einer Stunde) gemischt werden. Unregelmäßige Mischzeiten sorgen bei den Tieren für Stress.

Trockenmassegehalt beachten

Trockenmassegehalte über 43 % in der Mischration müssen unbedingt durch Wasserzusatz optimiert werden. Zu hohe Trockenmassegehalte erhöhen die Selektion vom Kraftfutter und reduzieren die Futteraufnahme.

Beurteilung der Verhaltensweisen

Vereinfacht dargestellt muss eine Kuh nur fressen (und saufen), liegen und wiederkauen, um Milch zu produzieren.

Stehen viele Kühe einfach nur herum, ist das ein Zeichen, dass beim Management etwas nicht stimmt.

Liegen

Eine Kuh sollte 11–12 Stunden am Tag liegen. Im Liegen wird die Milch produziert! Zusätzlich können die Klauen abtrocknen und sich entspannen. Die Liegeboxen müssen hygienisch und trocken sein, um die Keimbelastung niedrig zu halten. Ca. drei Stunden nach dem Einfüttern sollten ca. 75 % der Tiere liegen. Die Anzahl der Liegeboxen muss mindestens gleich hoch sein wie die Anzahl der Kühe. Zusätzlich spielt der Liegeboxenkomfort eine große Rolle. „Zu harte" Liegeboxen werden von den Kühen nicht gern angenommen. Die Liegeboxenhärte kann selbst mithilfe des „Kniefalltests" beurteilt werden. Dazu stellt man sich direkt in die Liegebox und lässt sich auf die Knie fallen. Schmerzt dies etwas, ist die Liegebox zu hart.

Ein weiterer, ganz wichtiger Faktor ist die Dimension der Liegebox. Denn die Kühe sind im Laufe der vergangenen Jahre wesentlich größer geworden. Die Liegebox sollte eine Dimension von über 300 × 130 cm aufweisen. Zusätzlich muss stirnseitig genug Platz für den Kopfschwung vorhanden sein. Gemessen ab der Bugschwelle sollten 100 cm nach vorn und 80 cm nach oben frei sein.

Wiederkauen

Das Wiederkauverhalten gibt einen großen Aufschluss über die Rohfaserversorgung sowie mögliche Pansenazidosen. Die Wiederkauschläge sollten nur bei liegenden Tieren gezählt werden. (Über 50 % der liegenden Tiere sollten wiederkauen.) Dazu wird ab dem Zeitpunkt, zu dem der Futterballen ins Maul der Kuh befördert wird, jeder einzelne Bissen bis zum Abschlucken gezählt. Dieser Vorgang wird dreimal pro Kuh wiederholt, um eine bessere Aussagekraft erzielen zu können. In Summe sollten die Wiederkauschläge von zumindest zwei Frischmelkern und zwei Altmelkern gezählt werden.

Im Idealfall zählt man im Schnitt zwischen 50 und 60 Wiederkauschläge pro Kuh. Wiederkauschläge unter 50 deuten auf einen Rohfasermangel und/oder einen zu tiefen Pansen-pH-Wert hin. Wiederkauschläge über 60 zeigen einen Rohfaserüberschuss an. Das ist grundsätzlich kein gesundheitliches Problem für die Kuh, jedoch reduziert ein Rohfaserüberschuss die Milchleistung.

Im Zuge der Modernisierung und Digitalisierung haben viele Landwirte Techniken installieren lassen, die mitunter ständig die Wiederkauschläge in Minuten pro Tag der Einzeltiere bzw. der gesamten Herde erfassen. Die großen Vorteile an diesem System liegen daran, dass auffällige Einzeltiere sofort erkannt werden können und zusätzlich die Anflutung der Wiederkauschläge einen repräsentativen Überblick über die Gesamtsituation gibt. Der Orientierungswert liegt bei 500–550 Wiederkauschläge pro Minute. Wiederkauminuten unter 500 deuten auf Pansenazidosen hin, währenddessen Wiederkauminuten über 600 einen Rohfaserüberschuss anzeigen.

Fressen

Ein zentrales Thema in der Rinderfütterung kommt der Menge an gefressenem Futter zu. Je mehr gefressen wird, desto mehr Milch kann produziert werden und desto gesünder ist der Stoffwechsel. Ob eine Kuh grundsätzlich genug frisst, ist an der Hungergrube zu erkennen. Wenn die Kuh von hinten betrachtet wird, liegt diese auf der linken Flanke. Ist die Hungergrube eingefallen, frisst die Kuh eindeutig zu wenig. Ebenso wichtig ist das Bestimmen der durchschnittlichen täglichen Futteraufnahme der Tiere. Mithilfe eines Futtermischwagens (oder Fütterungsroboters) kann dies rasch überprüft werden. Die Gesamtmenge wird einfach durch die Anzahl der Tiere dividiert. Der Futterrest sowie mögliches Jungviehfutter usw. muss natürlich abgezogen werden. Obendrein muss das Fütterungsintervall berücksichtigt werden. Sollte z. B. für 36 Stunden gemischt werden, muss die Frischmasse pro Kuh und Tag auf 24 Stunden korrigiert werden. Die Frischmasse kann anschließend anhand der Grundfutteruntersuchungen oder noch genauer anhand der TS-Bestimmung in kg Trockenmasse umgerechnet werden. Wird am Transponder Kraftfutter gefüttert, muss dieses noch addiert werden. Der Zielwert richtet sich nach der Milchleistung und der Körpergröße der Tiere. Grundsätzlich sollte die durchschnittliche Trockenmasseaufnahme über 22 kg liegen. (Hochleistungsbetriebe berichten von Trockenmasseaufnahmen von bis zu 27 kg.) Ist das nicht der Fall, muss unbedingt etwaigen Möglichkeiten, die zu einer mangelnden Futteraufnahme führen könnten, auf den Grund gegangen werden. Bezüglich der Futtermenge möchte ich noch anmerken, dass täglich ca. 2–5 % der Gesamtfuttermenge als Futterrest entfernt werden sollten.

Folgende Faktoren können die Futteraufnahme negativ beeinflussen:

- Zu hohe Trockenmassegehalte (> 45 % in der Futtertischration)
- Zu niedrige Trockenmassegehalte (< 38 % in der Futtertischration)
- Hoher Rohaschegehalt (> 10 % in der Futtertischration)
- Fehlgärungen/Nacherwärmungen
- Schimmel
- Gesundheitliche Probleme (Stoffwechselerkrankungen, Klauenprobleme etc.)
- Zu wenig Fressplätze
- Futter wird nicht oft genug zu den Fressplätzen gekehrt.
- Futter liegt über 36 Stunden am Futtertisch.
- Futtertisch wird vor dem Einfüttern nicht sauber ausgeputzt.
- Zu hoher Anteil an langen Fasern
- Stress/Hitzestress
- Zu geringer Zuckergehalt (< 3 % in der Futtertischration)

Beurteilung des Kots

Durch die Beurteilung des Kots kann man extrem viel für die Rationsgestaltung ableiten. Der Kot gibt einen guten Aufschluss über die Verdauung und sollte deshalb zumindest einmal im Monat genauer unter die Lupe genommen werden.

Er sollte eine cremige Konsistenz aufweisen, also weder zu dick noch zu dünn sein. Bei zu dünnem Kot muss unterschieden werden, ob es sich dabei um eine Erkrankung oder um andere mögliche Ursachen handelt. Weist der Kot einen stechenden, unangenehmen Geruch auf, ist die Kuh mit hoher Wahrscheinlichkeit an einem Virus erkrankt. In diesem Zusammenhang spricht man dann von Durchfall.

Die Tabelle zeigt eine Bewertungsskala für den Kot. Die Note 3 entspricht dem Optimum.

Note	Beschreibung
1	**Dünn bis zähflüssig** Kot wird in bogenförmigem Strahl abgesetzt, bildet keine Ringe, es entstehen Kotpfützen, Kot zerfließt, hat keine Konturen.
2	**Dünnbreiige Konsistenz** Keine oder nur geringe Fladen-Ring-Mulden-Bildung
3	**Haferbreiartig** Keine oder nur geringe Fladen-Ring-Mulden-Bildung
4	**Kot ist eingedickt bis trocken** Bleibt an Klauen und Stiefeln nicht kleben, keine Ringbildung
5	**Kot ist trocken bis fest** Glänzend, scheibenförmig und dunkel, Kotstapel und -ballen

Tabelle 18: Beurteilung Kotkonsistenz (in Anlehnung an Landwirtschaftskammer Oberösterreich, 2020)

Mögliche Ursachen für zu dünnen Kot

- Rohfasermangel (Azidose)
- Zucker-, Stärkeüberschuss (Azidose)
- Rohproteinüberschuss
- Mineralstoffüberschüsse (Kalium, Natrium, Magnesium)
- Schadstoffbelastung übers Grundfutter (Mykotoxine, Schimmel, Rohasche etc.) oder übers Wasser

Mögliche Ursachen für zu dicken Kot

- Rohfaserüberschuss
- Rohproteinmangel
- Wassermangel
- Stärkemangel

Das Kotsieben gibt tiefe Einblicke in die Verdauung

Neben der Beurteilung der Kotkonsistenz ermöglicht das Kotsieben genauere Einblicke in die Fütterung bzw. Verdauung. Dazu genügt ein einfaches Küchensieb/Nudelsieb. Beim Kotsieben soll immer frischer Kot verwendet werden. Dazu am besten ein liegendes Tier auftreiben, abwarten, bis es Kot lässt, und anschließend mit dem Sieb auffangen. Am aussagekräftigsten ist der Kot von Tieren, die sich zwischen dem 20. und 100. Laktationstag befinden. Denn in diesem Zeitraum ist der Verdauungsapparat der Kuh am stärksten gefordert. Anschließend wird der Kot vorsichtig unter fließendem Wasser durchgespült. Die Verdauungsrückstände, die im Küchensieb hängen bleiben, können nun interpretiert werden. Dieser Vorgang sollte bei drei bis vier Kühen gemacht werden, um aussagekräftige Rückschlüsse ziehen zu können.

Bei der Interpretation von den Verdauungsrückständen achtet man vor allem auf folgende Punkte:

Stärkekörner

Ein Stärkekorn ist der innere Teil vom Getreide, also der sogenannte Mehlkörper. Stärkekörner haben extrem viel Energie und sollten eigentlich von der Kuh absorbiert werden, anstatt in der Gülle zu landen. Deshalb dürfen nur ein paar wenige Stärkekörner im Kot zu finden sein. Sehr häufig liegt die Ursache darin, dass das Kraftfutter zu grob vermahlen wurde. Vor allem im höheren Milchleistungsbereich (> 9.000 l) ist die Passagerate (die Zeit, in der das Futter den Verdauungstrakt passiert) hoch. Aus diesem Grund muss das Kraftfutter eine möglichst große Oberfläche aufweisen, damit dieses im Verdauungstrakt bestmöglich verwertet werden kann. Dazu muss das Kraftfutter sehr fein vermahlen sein. Zusätzlich führt zu dünner Kot oder eine schlecht synchronisierte Milchviehration zu einer verminderten Nährstoffabsorbtion. Ist dies der Fall, sind im Kot ebenfalls viele Stärkekörner ersichtlich.

Foto © Jonas Schiffer

Das Bild zeigt einen Kot, in dem zu viele unverdaute Stärkekörner (gelbe Punkte) enthalten sind. In diesem Fall wurde das mehlige Kraftfutter etwas zu grob vermahlen. Es gibt jedoch des Öfteren Fälle, wo noch viel höhere Anteile an unverdauten Stärkekörnern zu erkennen sind.

Reste vom Silomais (Pflanze sowie Silomaiskörner)

Die Maissilage sollte vollständig verdaut werden. Rückstände von Silomaiskörnern im Kot sind ein typisches Anzeichen für eine zu geringe Kornzerkleinerung. Deshalb sollte beim Siliervorgang ständig die Häckselqualität überwacht werden.

Jedes Korn muss ausreichend zerkleinert sein. (Ein leichtes Anbrechen des Maiskorns ist vor allem im Hochleistungsbereich (> 10.000 l) zu wenig).

Foto © Jonas Schiffer

Das Bild zeigt das Resultat einer viel zu geringen Kornzerkleinerung. Dadurch geht sehr viel Energie verloren.

Wenn von der Silomaispflanze noch einige ganze Fasern zu sehen sind, deutet das auf eine schlechte Restpflanzenverdaulichkeit hin. Dies wird durch die Genetik der Pflanze (Maissorte), den Trockensubstanzgehalt (< 37% TS) sowie die Häckselhöhe (> 25 cm) beeinflusst. Bei zu dünnem Kot oder einer schlecht synchronisierten Milchviehration tritt generell eine schlechtere Verdauung auf. Das muss bei der Interpretation stets berücksichtigt werden.

Rohfaserverdauung

Die Rohfaserverdauung gibt einen guten Aufschluss über den pH-Wert im Pansen. Je tiefer der pH-Wert im Pansen ist, desto mehr unverdaute Pflanzenreste sind zu erkennen. Somit deuten unverdaute Faserreste im Kot auf eine Pansenazidose hin. Mögliche Ursachen dazu sind z.B. ein zu hoher Anteil an schneller Energie, Rohfasermangel, zu hohe Kraftfuttergaben/Kraftfutterteilgaben. (Mehr dazu wird im Kapitel „Ursachen und Prävention von Stoffwechselerkrankungen – Pansenübersäuerung" erklärt.)

Ein Mangel an schnell verfügbarer Energie bzw. ein Rohfaserüberschuss führt hingegen zu einer sehr kurzen Faserlänge. Eine sehr hohe Verdauung hat zwar keinen negativen Einfluss auf die Tiergesundheit, jedoch wird die mögliche Milchleistung nicht voll ausgeschöpft. Um möglichst effizient Milch zu produzieren, sollte der Großteil der Fasern kurz verdaut sein, jedoch ein paar unverdaute Faserreste sollten erkennbar sein.

Dünndarm-/Dickdarmazidosen

Wenn es zu Dünndarm-/Dickdarmazidosen kommt, sind im Kot Schleimhautablösungen zu finden. Dies kann je nach Grad der Dünndarm-/Dickdarmazidose stark auffällig sein, oder es ist nur ein leichter „Film" zu erkennen. Dünndarm-/Dickdarmazidosen werden durch starke Pansenazidosen, abrupte Futterumstellungen, hohe Schadstoffbelastungen etc. hervorgerufen. (Mehr dazu wird im Kapitel „Das Verdauungssystem der Milchkuh – Bedeutung und Funktion des Dünndarms" erklärt.)

Foto © Jonas Schiffer

Im Bild sind zu viele unverdaute Fasern zu erkennen. Das ist ein klares Anzeichen für eine Pansenazidose.

Foto © Jonas Schiffer

Dieses Bild zeigt eine sehr hohe Faserverdauung an.

Foto © Jonas Schiffer

Dieses Bild zeigt eine optimale Faserverdauung an. Die Faser ist großteils fein verdaut, jedoch sind auch kürzere unverdaute Pflanzenreste zu sehen. Die „schwarzen Punkte" sind Rapsschalen. Diese sind immer unverdaut und deshalb im Kot zu sehen.

Foto © Jonas Schiffer

Auf diesem Bild sind Schleimhautablösungen (dunkle Stellen) zu erkennen. Das zeigt eine Dünndarm-/Dickdarm-Azidose an.

Ketose messen

Die Ketose ist für viele Betriebe das Stoffwechselproblem Nummer eins. Am häufigsten tritt dabei die schleichende (subklinische) Ketose auf. Eine verminderte Fruchtbarkeit, eine reduzierte Leberleistung, Klauenprobleme sowie ein Milchleistungsrückgang sind die Folgen dieser Stoffwechselkrankheit. (Mehr dazu wird im Kapitel „Ursachen und Prävention von Stoffwechselerkrankungen – Ketose" beschrieben.) Die Herausforderung besteht darin, die subklinischen Ketosen frühzeitig zu erkennen. Nur so können große ökonomische Einbußen vermieden werden. Grundsätzlich kann mithilfe des LKV-Berichts, durch die Interpretation des Fett-Eiweiß-Quotienten in der Milch, ein Rückschluss auf eine subklinische Ketose getroffen werden. Ein Fett-Eiweiß-Quotient (FEQ) über 1,5 deutet grundsätzlich auf eine Ketose hin. Jedoch kann dieser Parameter sehr trügerisch sein und teils starke subklinische Ketosen nicht anzeigen. Der Grund hierfür ist, dass die Inhaltsstoffe der Milch multifaktoriell bedingt sind. Wenn z. B. eine Kuh an einer subklinischen Ketose erkrankt ist und sie aufgrund der Ketose weniger Grundfutter frisst, aber das Kraftfutter am Transponder abholt, rutscht diese Kuh in eine Azidose, wodurch der Milchfettgehalt sinkt.

In weiterer Folge sind die Inhaltsstoffe bei Einzeltieren auch genetischen Gegebenheiten unterlegen und sagen somit nicht immer etwas über die Fütterungssituation aus. Summa summarum besteht also in der Interpretation des FEQ eine große Fehlerquelle, was die Erkennung von subklinischen Ketosen betrifft. Deshalb ist das Ketosemessen im Blut die präziseste Technik, um die tatsächliche Energieversorgung zu eruieren. Dabei wird entweder vom Ohr, der Schamlippe oder dem Schwanz des Tiers Blut entnommen und auf den Teststreifen gegeben. Innerhalb weniger Sekunden zeigt das Gerät nun die Konzentration im BHB-Gehalt an. Das BHB (Beta-Hydroxybutyrat) ist ein Abbauprodukt des Fettstoffwechsels und spiegelt die Konzentration der Ketonkörper wider. Je höher der BHB-Gehalt im Blut ist, desto höher ist die Ketosebelastung. Wenn Ketose gemessen wird, muss dies regelmäßig und bei mehreren Kühen gemacht werden. Grundsätzlich werden Kühe ab der Abkalbung bis zum 60. Laktationstag gemessen. Wird Propylenglykol gefüttert, sollten

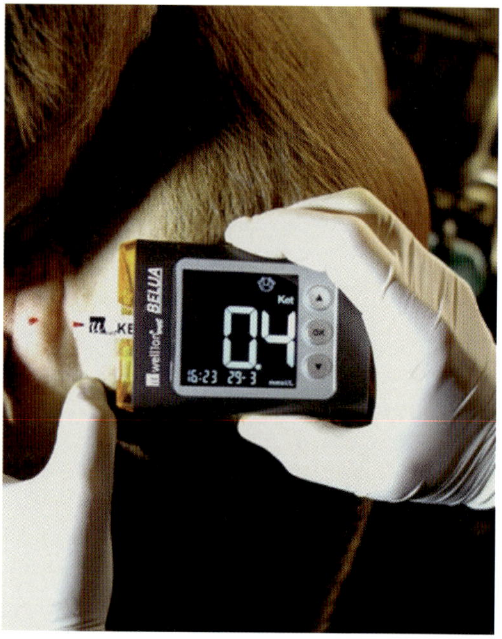

Foto © MED TRUST

Abbildung 23: Ketose messen
(Zur Verfügung gestellt von der Firma MED TRUST)

mindestens drei Stunden vergangen sein, bevor die Kuh getestet wird. Ansonsten kann es zu einer Verfälschung des Resultats kommen.

Ein weiterer großer Vorteil des Ketosemessens gegenüber dem FEQ ist, dass auch die Energieversorgung der Trockensteher überprüft werden kann. Speziell zwei Wochen vor der Kalbung rutschen die Kühe oftmals in eine subklinische Ketose. Wird der BHB-Wert kontrolliert, können frühzeitig etwaige Maßnahmen getroffen werden, um den Stoffwechsel des Tiers zu stabilisieren.

Das WellionVet BELUA ist ein handliches kleines Ketonkörpermessgerät des österreichischen Medizinproduktherstellers MED TRUST, das die BHB-Konzentration im kapillaren oder venösen Vollblut von Kühen innerhalb von nur acht Sekunden bestimmt. In diesem Beispiel wird direkt bei der Schamlippe das Blut genommen.

ph-Wert – Messen des Harns

Der pH-Wert im Urin gibt Aufschluss über die metabolische Stoffwechsellage des Tiers. Dieser spiegelt somit das Säure-Basen-Verhältnis im Organismus des Tiers wider. Grundsätzlich gibt das Berechnen des DCAB-(Kationen-Anionen-Bilanz-) Gehalts bereits einen sehr guten Überblick über das Säure-Basen-Verhältnis in der Ration. Jedoch werden in dieser Berechnung weitere wichtige Faktoren nicht berücksichtigt. Durch das Wiederkauen wird nämlich Speichel produziert, der den pH-Wert im Organismus puffert. In Abhängigkeit der Rationsgestaltung wird dementsprechend viel oder wenig Speichel produziert. In weiterer Folge sind im Rationsprogramm bei den einzelnen Rohstoffen die DCAB-Gehalte hinterlegt, allerdings wissen wir, dass vor allem beim Raps große Unterschiede in der Kationen-Anionen-Bilanz analysiert werden. Zusätzlich darf im Sommer der Hitzestress nicht außer Acht gelassen werden. All diese Variablen führen dazu, dass neben dem Berechnen des DCAB-Gehalts der Urin-pH-Wert gemessen werden sollte.

Um ein aussagekräftiges Ergebnis zu bekommen, sollten vier bis fünf Tiere beprobt werden. In weiterer Folge muss zwischen Kühen in Milch und Trockenstehern unterschieden werden. Der Harn kann entweder mit der Hilfe des Tierarztes durch das Legen eines Harnkatheters gewonnen werden oder die Tiere werden bei den Fressgittern eingesperrt und man wartet, bis die ersten Kühe Urin ablassen. Anschließend wird die frische Harnprobe mithilfe von Teststreifen oder einem digitalen pH-Meter untersucht. Sollten metabolische Azidosen oder Alkalosen festgestellt werden, muss dementsprechend reagiert werden. (Mehr zu diesem Thema wird im Kapitel „Ursachen und Prävention von Stoffwechselerkrankungen – Metabolische Azidose und Alkalose“ erläutert.) Meiner Meinung nach hat das Messen des Urin-pH-Werts im Zuge des Controllings einen großen Stellenwert. Im Idealfall werden die Urin-pH-Werte einmal im Monat analysiert.

Beurteilung der Körperkondition

Starke Gewichtsverluste sowie Gewichtszunahmen sind immer eine enorme Belastung für den Stoffwechsel des Tiers. Eine einheitliche Herde zu erlangen, ist die Königsklasse der Fütterung sowie des Managements. Wenn die Herde eine hohe Uniformität aufweist, kann grundsätzlich davon ausgegangen werden, dass die Fütterung sowie das Management von hohem Niveau sind. Deshalb sollte die Körperkondition der Kühe einmal im Monat beurteilt werden. Dazu kann entweder der BCS (Body Condition Score) ermittelt oder die Rückenfettdicke gemessen werden. Unabhängig von dem System ist es wichtig, die bewerteten Ergebnisse zu protokollieren. Vor allem der Konditionsverlauf vom Trockenstellen bis zu den ersten 60 Tagen in Milch ist dabei entscheidend.

BCS

Der Body Condition Score (BCS) dient als Bewertungsgrundlage zur Ermittlung der Körperkondition. Die Kühe werden durch Ertasten der Fettauflagen an Hüftbeinhöcker, Sitzbeinhöcker und den Dornfortsätzen auf einer Skala von 1 (sehr mager) bis 5 (extrem fett) beurteilt. Dieses Bewertungsmodell erfor-

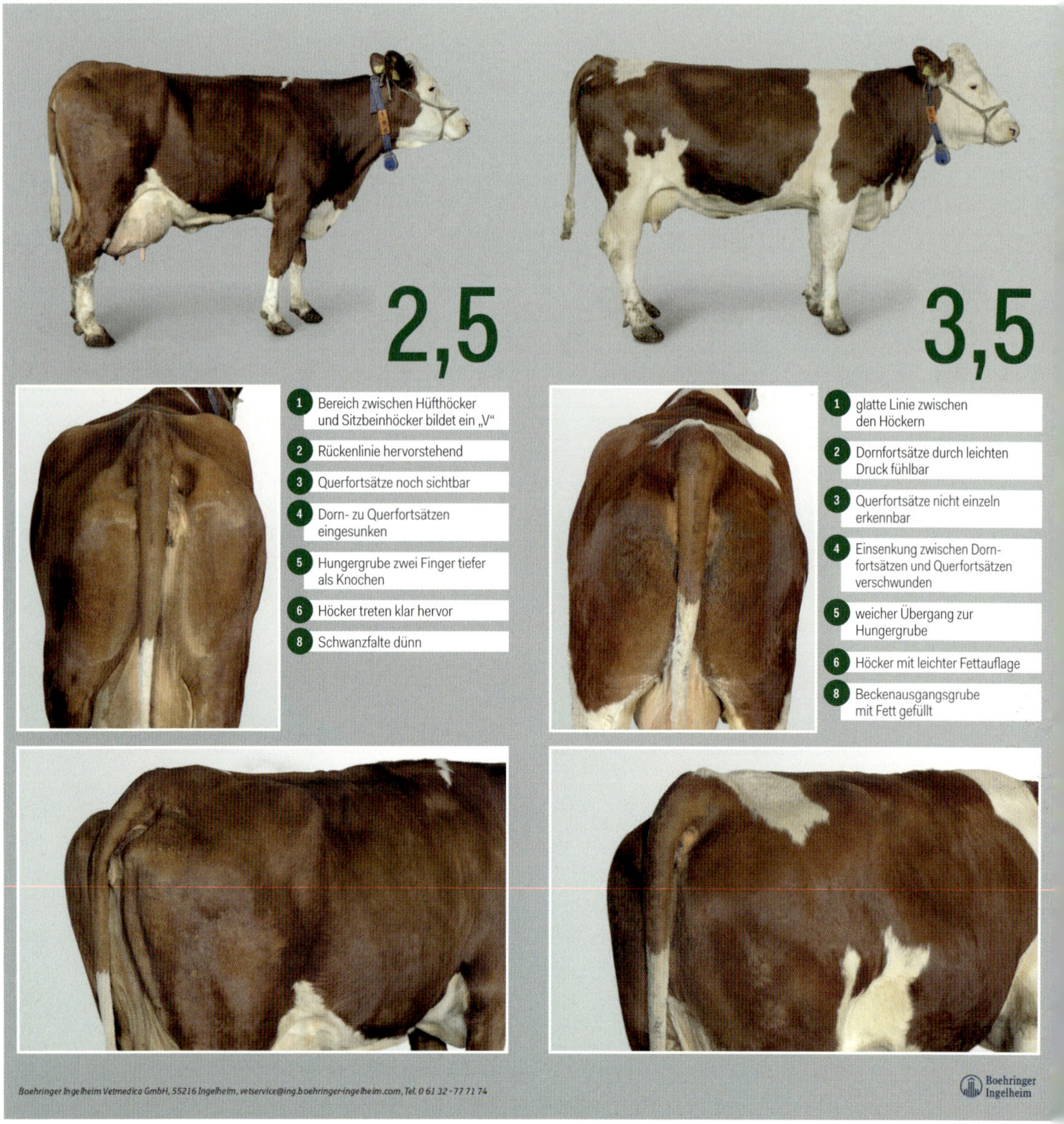

Abbildung 24: Skala zur Beurteilung des BCS (Zur Verfügung gestellt von Boehringer Ingelheim)

dert etwas an Übung, um Kühe richtig einordnen zu können. Der große Vorteil an diesem Tool liegt daran, dass es eines sehr geringen Zeitaufwands bedarf, um einen Überblick über den Zustand der Herde zu erhalten.

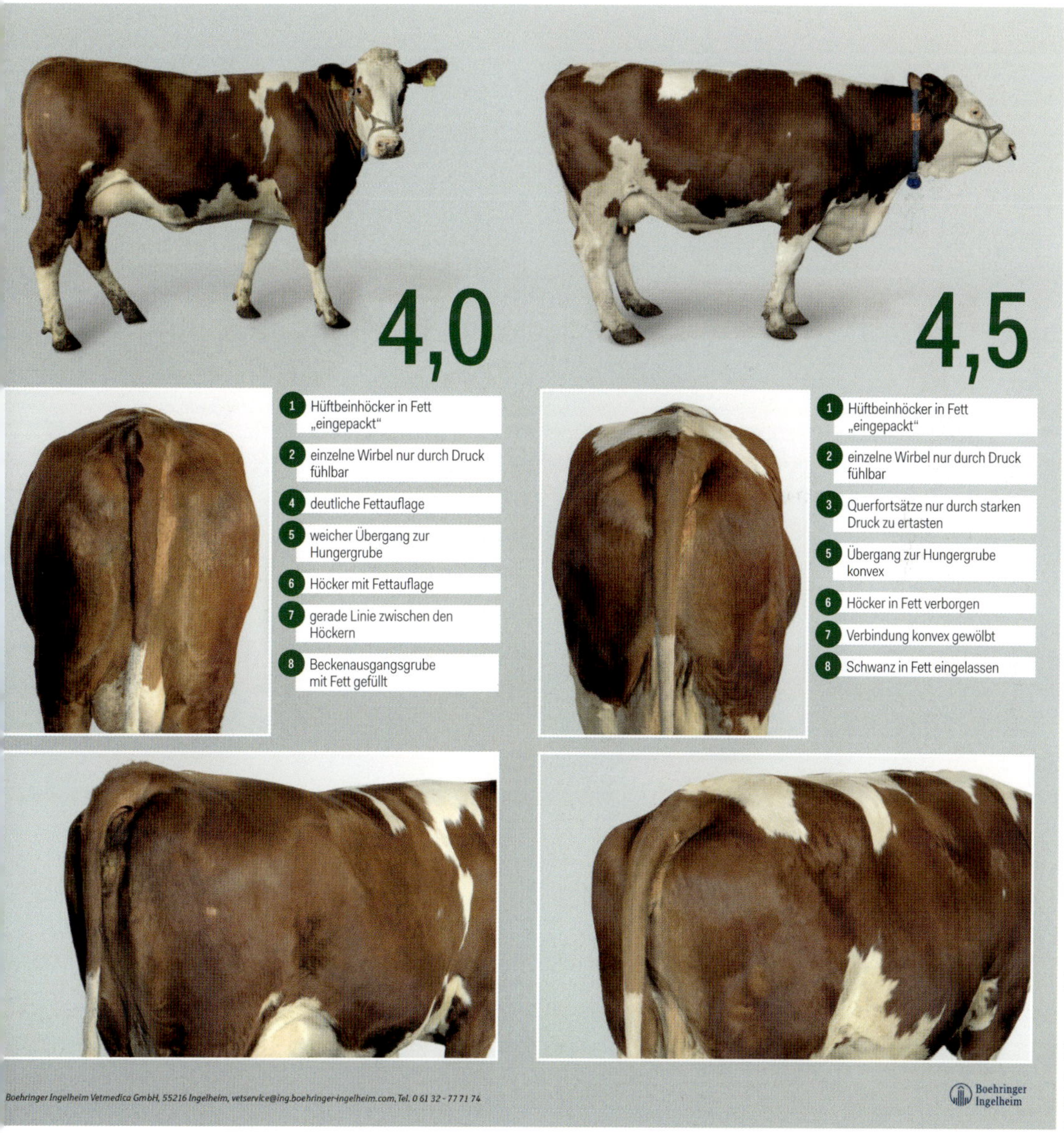

Grafik © Boehringer Ingelheim

Rückenfettdicke messen

Natürlich ist das Bewerten des BCS durch Ertasten der Körperkondition gewissen Variablen unterlegen. Zum einen wird man manchmal betriebsblind und etwas nachlässig, zum anderen ist vor allem bei Herden mit gemischten Rassen die Bewertung des BCS nicht ganz so einfach. Vor allem Braunvieh und Holstein haben oftmals eine höhere Fettabdeckung als erwartet.

Die genaueste Variante ist das Messen der Rückenfettdicke mithilfe eines Ultraschallgeräts. Dabei wird millimetergenau die Rückenfettdicke gemessen. Manche Tierärzte bieten diese Serviceleistung im Zuge ihrer Bestandsbetreuung an.

Die Bilder zeigen, wie ein Ultraschallbild zur Bestimmung der Rückenfettdicke aufgenommen wird und wie dieses anschließend am Monitor zu sehen ist.

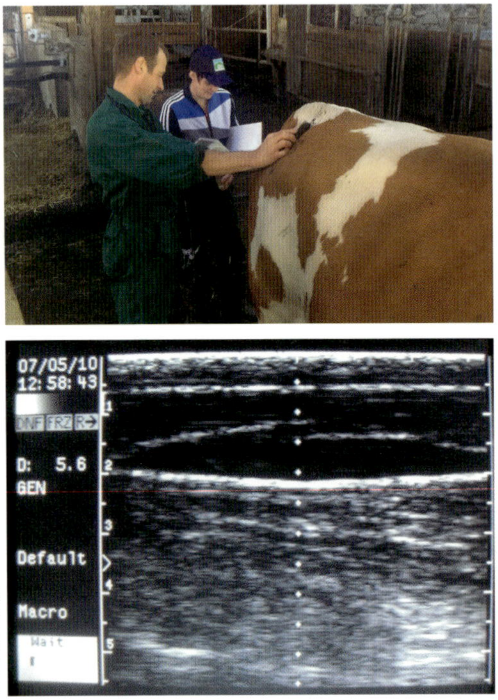

Foto © Dr. Peinhopf

Foto © Dr. Peinhopf

Abbildung 25: Bestimmen der Rückenfettdicke
(Zur Verfügung gestellt von Dr. Peinhopf)

Die Abbildung zeigt einen optimalen Körperkonditionsverlauf. Aufgrund des Energiedefizits sind die Tiere zu Beginn der Laktation etwas schmal, jedoch nicht mager. Bis zum Trockenstellen wird die Körperkondition kontinuierlich aufgebaut und über die Trockenstehzeit gehalten.

Laktationstag	BCS	RFD (mm)
01–40	2,5–3,5	15–25
41–100	2,5–3,0	15–20
101–200	3,0–3,5	20–25
> 200	3,0–3,5	20–25
Trockensteher	3,0–3,5	20–25

Beurteilung des äußeren Erscheinungsbilds der Tiere

Das Wichtigste ist, dass man mit offenen Augen durch den Stall geht und die Tiere in ihrem Verhalten und deren Erscheinungsbild beobachtet. Ich achte dabei immer besonders auf folgende Punkte:

Haarkleid

Ist das Fell struppig bzw. glänzt es nicht wirklich, läuft das Immunsystem oder der Stoffwechsel nicht rund.

Folgende Ursachen sind hauptsächlich dafür verantwortlich:

- Mineralstoffmangel
- Grundfutterumstellung
- Rohproteinüberschuss
- Krankheiten/Infekte
- Stoffwechselprobleme

Wirft das Fell unter den Augen oder am restlichen Körper Falten, ist ein Wassermangel zu vermuten. Dies kann noch besser beurteilt werden, indem einfach am Hals der Kuh die Haut etwas hochgezogen wird. Die entstehende Falte sollte nach wenigen Sekunden nicht mehr zu erkennen sein. (Näheres dazu wird im Kapitel „Bedeutung der Wasserversorgung“ angeführt.) In weiterer Folge können am Fellkleid noch weitere Veränderungen festgestellt werden, wie z. B. Haarlinge, Schuppen etc.

Mund-, Nasenausflüsse

Sind beim Mund oder der Nase Ausflüsse jeglicher Art zu bemerken, handelt es sich um einen Infekt. Das Immunsystem des Tiers wird stärker beansprucht und ist in dieser Phase sehr sensibel. Es muss unbedingt die Ursache hinterfragt werden bzw. das Tier mit der Hilfe des Tierarztes behandelt werden.

Atmung

Vor allem im Hochsommer ist Hitzestress durch eine „Pumpatmung“ sowie ein „Hecheln“ bzw. Schwitzen festzustellen. Sind mehrere Tiere davon betroffen, bedarf es oftmals des Einbaus von weiteren Kühlmaßnahmen. Aber auch im Winter kann bei einzelnen Kühen eine schnellere Atmung festgestellt werden. Dies zeigt eine Belastung des Stoffwechsels, Schmerzen sowie Stress an.

Gelenke

Sind die Gelenke mehrerer Tiere wund, offen oder angeschwollen, muss der Komfort der Liegeflächen hinterfragt werden. Auch das Einstreuen von zu viel Kalk in den Liegeboxen kann zu offenen Wunden führen.

Ohrenspiel

Eine gesunde Kuh zeigt grundsätzlich ein ausgeprägtes Ohrenspiel. (In ganz seltenen Fällen gibt es Tiere, die trotz bester Gesundheit kein Ohrenspiel zeigen.) Erkrankte bzw. nervöse Kühe lassen die Ohren hängen bzw. ziehen diese nach hinten.

Beurteilung der Klauengesundheit

„Die Klauen tragen die Milch.“ Diese Aussage trifft den Nagel auf den Kopf. Klauen- und Gliedmaßenprobleme gehören nach den Fruchtbarkeits-Reproduktionsstörungen sowie den Eutererkrankungen zu den häufigsten Abgangsursachen von Milchkühen. Im Kontrolljahr 2019 gingen in Österreich 7,5 % der

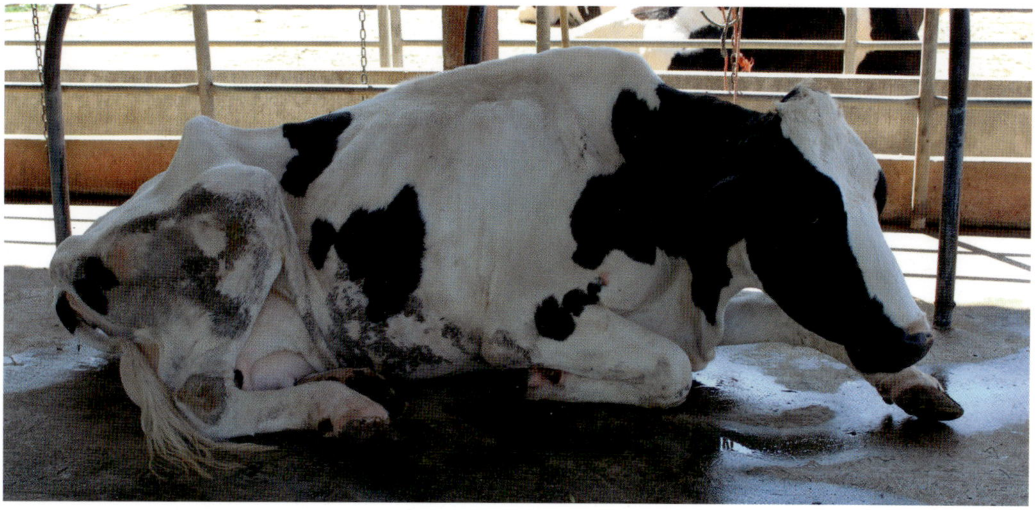

Foto © Mrs.Rungnapa akthaisong/Shutterstock.com

An dieser Kuh ist unschwer zu erkennen, dass sie gesundheitliche Probleme hat.

Kühe wegen Klauen- und Gliedmaßenerkrankungen ab (ZuchtData, 2020).

Die direkten und indirekten Kosten von Lahmheiten werden auf bis zu 450 € pro lahme Kuh und Jahr geschätzt.

In weiterer Folge zeigen Studien, dass jede fünfte Kuh einmal im Jahr an stärkeren Klauenproblemen leidet. Klauenprobleme verursachen Schmerzen, reduzieren die Futteraufnahme und haben somit große Einflüsse auf die Kuhgesundheit sowie auf die Wirtschaftlichkeit. Eine verminderte Fruchtbarkeit, ein Milchleistungsrückgang sowie ein häufigeres Auftreten von Ketosen sind nur ein paar zu nennende Auswirkungen von Klauenproblemen. Die Klauengesundheit ist ein überaus wichtiges, aber sehr komplexes Thema. Da es in diesem Buch um die Fütterung geht, werde ich nur oberflächlich auf die wichtigsten Punkte eingehen.

Folgende Faktoren beeinflussen die Klauengesundheit

Grundsätzlich ist die Klauengesundheit immer multifaktoriell bedingt. Das bedeutet, dass zwei oder mehrere Faktoren die Klauengesundheit beeinflussen. Somit müssen beim Auftreten von diversen Klauenerkrankungen immer alle möglichen Punkte in Betracht bezogen werden, um die Ursachen ermitteln zu können. Grundsätzlich können diese Faktoren in vier große Gruppen zusammengefasst werden:

Genetik

Der Limax (Zwischenklauenwulst) ist oftmals erblich bedingt. Betroffene Tiere sollten selektiert werden. Außerdem spielt die Gelenkstellung eine große Rolle. Eine zu starke Belastung der Innenklaue, aufgrund der schlechten Gelenkstellung, führt tendenziell zu mehr Problemen. Des Weiteren belasten schwere Tiere (großer Rahmen bzw. BCS > 4) die Klauen aufgrund des höheren Drucks stärker.

Klauenpflege

Die Klauenpflege sollte bei allen Kühen zweimal jährlich durchgeführt werden. Außerdem muss der Klauenpfleger gut geschult sein, um eventuelle Klauenprobleme richtig behandeln zu können bzw. die funktionelle Klauenpflege ordnungsgemäß durchführen zu können. Wird die Klauenpflege vom/von der Betriebsführer/-in selbst durchgeführt, ist die Teilnahme an einem regelmäßigen Auffrischungskurs absolut zu empfehlen.

Haltung

Schmale Laufgänge sowie Liegeboxen mit geringem Komfort wirken sich negativ auf die Klauengesundheit aus.

Zusätzlich sind Stufen, Löcher, Unebenheiten, Sackgassen etc. zu vermeiden.

In weiterer Folge muss darauf geachtet werden, dass die Laufgänge stets trocken sowie rutschsicher sind und den Klauen passenden Abrieb garantieren.

Fütterung

Die Fütterung hat einen großen Einfluss auf die Klauengesundheit. Vor allem, wenn durch Fütterungsfehler Endotoxine entstehen, leidet die Klauengesundheit. Diese Giftstoffe wandern übers Blut in die Lederhaut der Klaue und schädigen dort die Blutgefäße. Die Lederhaut hat die Aufgabe, die Klaue mit Nährstoffen zu versorgen. Dadurch kommt es zu einem Mangel an Nährstoffen und Klauenprobleme sind die Folge.

Diese Ursachen sind meistens für Klauenerkrankungen verantwortlich:

- Stoffwechselerkrankungen
- Stress/Hitzestress
- Abrupte Futterumstellungen
- Fehlgärungen, erhöhte Rohaschegehalte, erhöhte Mykotoxingehalte
- Mineralstoffmängel

Beurteilung der Klauengesundheit

Nur wenn die Klauengesundheit im eigenen Betrieb regelmäßig beurteilt wird, können Symptome richtig behandelt und etwaige Schlussfolgerungen daraus gezogen werden.

Zuerst muss der Lahmheitsscore der Tiere erfasst werden. Dazu werden die Tiere beim Gehen beobachtet. Besonders auf die Rückenkrümmung, die Kopfhaltung sowie das gleichmäßige Auftreten wird höchstes Augenmerk gelegt. Der Grad der Lahmheit wird wiederum auf einer Skala von 1 (keine Symptomatik) bis 5 (schwer lahm) beurteilt.

In der Abbildung auf Seite 116 befindet sich dazu eine Anleitung. Die lahmen Kühe müssen dann auf die spezifische Klauenerkrankung (Mortellaro, Sohlengeschwür, Doppelwand-Defekt, Weiße-Linie-Defekt, Limax, Klauenrehe, Ballenhornfäule etc.) untersucht und behandelt werden.

Interpretieren von Blutanalysen

Blutanalysen sind ein weiteres wichtiges Puzzleteil, um die Fütterung genauer durchleuchten zu können. Diese können die tatsächliche Versorgung von gewissen Vitaminen und Mineralstoffen sichtbar machen, die uns sonst verborgen blieben. Zusätzlich kann durch die Auswertung einzelner Parameter ein genaueres Urteil über den Gesundheitszustand getroffen werden.

Blutanalysen müssen vom Tierarzt/von der Tierärztin genommen werden. Um eine möglichst hohe Aussagekraft erzielen zu können, sollte das Blut von „gesunden" Tieren untersucht werden.

Bis zu einer Betriebsgröße von 100 Kühen sollten ca. zehn Individuen beprobt werden. Bei größeren Herden sollten zehn Tiere pro Gruppe als Poolprobe untersucht werden. Dennoch muss bei Blutproben immer der Faktor beachtet werden, dass das Analyseergebnis nur eine Momentaufnahme widerspiegelt. Dieses Kapitel soll nur einen kleinen Einblick über die diversen Parameter geben. Detaillierte Zusammenhänge sowie Interpretationen zu den einzelnen Ergebnissen sollten mit dem Berater bzw. mit dem zuständigen Tierarzt/der Tierärztin erarbeitet werden.

Vitamine und Mineralstoffe

Die Mengenelemente Kalzium, Phosphor und Magnesium sind sehr repräsentativ. Bei Kalium und Natrium sind Überversorgungen durch das Blutbild nicht feststellbar. Diese Elemente sollten daher über Speichelproben analysiert werden. Die Vitamine A, D_3 und E können analysiert werden und haben eine sehr hohe Aussagekraft. Das Betacarotin ist eine Vitamin-A-Vorstufe und erzielt ebenfalls eine hohe Aussagekraft. (Näheres zum Thema Vitamine und Mineralstoffe wurden bereits im Kapitel „Bedeutung der Mineralstoffversorgung" geschildert.)

Die Elemente Kupfer, Zink und Mangan können analysiert werden, jedoch sind diese Parameter mit Vorsicht zu genießen. Durch spezifische Ursachen können die analysierten Werte verfälscht sein. Als Alternative dazu empfiehlt sich, eine Probe über das Deckhaar untersuchen zu lassen. Bei dieser Variante ist die Aussagekraft auf die genannten Elemente (Kupfer, Zink, Mangan) höher, jedoch ergibt sich der Nachteil, dass die Ergebnisse auf die Versorgung eines längeren Zeitraums beruhen. Aktuelle Mängel können daher nicht festgestellt werden. Zusätzlich ist die Deckhaarprobe nur dann aussagekräftig, wenn die Oberfläche der Haare absolut „rein" ist. Des Weiteren müssen die Tiere über 30 Monate alt sein und die Probe darf nicht während des Haarwechsels (meist März bis April) stattfinden.

Die Aussagekraft des Selens im Blut ist wiederum sehr hoch. Beim Eisen kann eine Überversorgung nicht festgestellt werden. Dadurch, dass eine Unterversorgung keine Rolle spielt, wird dieses Element auch nicht analysiert. Die Elemente Jod und Kobalt werden nicht analysiert. Die Jodversorgung kann jedoch über eine Analyse des Harns untersucht werden.

GANGNOTE*	BEHANDLUNG	STEHEN	GEHEN
1 Klinische Beschreibung: **Normal** Visuelle Beschreibung: Rücken im Stehen und Gehen gerade. Macht lange, sichere Schritte.	**Keine** **Maßnahme:** Beobachten, um bei Verschlechterung eingreifen zu können.		
2 Klinische Beschreibung: **Leicht lahm** Visuelle Beschreibung: Gerader Rücken im Stehen, aber gekrümmter Rücken im Gehen. Leicht abnormaler Gang.			
3 Klinische Beschreibung: **Mittelmäßig lahm** Visuelle Beschreibung: Gekrümmter Rücken im Gehen und Stehen. Macht mit einem oder mehreren Beinen kürzere Schritte. Am gegenüber dem lahmen Bein liegenden Bein können die Afterklauen leicht abgesunken sein.	**Jetzt behandeln** **Maßnahme:** Diese Kühe sollten im Klauenpflegestand einen Klauenschnitt erhalten und so schnell wie möglich behandelt werden, mit anschließender Beobachtung.		
4 Clinical Description: **Lahm** Gekrümmter Rücken im Gehen und Stehen. Belastet ein oder mehrere Beine nur noch teilweise. Am gegenüber dem lahmen Bein liegenden Bein sind die Afterklauen abgesunken.	**Behandeln und beobachten** **Maßnahme:** Behandeln Sie diese Kühe so schnell wie möglich. Nach der Behandlung engmaschige Kontrolle, ob erneute Behandlung erforderlich ist.		
5 Klinische Beschreibung: **Schwer lahm** Visuelle Beschreibung: Stark gekrümmter Rücken. Setzt sich nur widerwillig in Bewegung. Das Lahmheit verursachende Bein wird nahezu vollständig entlastet.			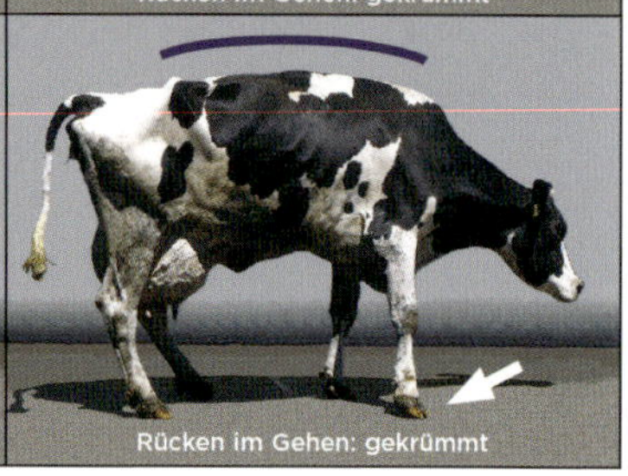

Grafik © zinpro.com/dairy

Abbildung 26: Bewertung der Lahmheiten bei Kühen (Nach Sprecher, D. J.; Hostetler, D. E.; Kaneene, J. B. 1997, Theriogenology 47:1178-1187 und Mitarbeit von Cook, N. B., Universität von Wisconsin.)

Dadurch, dass einige Spurenelemente in ihrer Aussagekraft begrenzt sind bzw. nicht analysiert werden, sollte daher zusätzlich immer eine Rationsberechnung gemacht werden.

Erhebung über den Gesundheitszustand

Der Gesundheitszustand der Tiere kann durch diverse Parameter erhoben werden. Um die Aussagekraft des Gesundheitszustands erhöhen zu können, sollten gewisse Parameter in Kombination miteinander betrachtet werden.

Die Proteinzufuhr kann, wie auch bei den Milchinhaltsstoffen, über den Harnstoffgehalt abgeleitet werden. Energiemängel bzw. Ketosen können über folgende Parameter festgestellt werden: Bilirubin, Beta-Hydroxybutyrat, NEFA (freie Fettsäuren) und Cholesterin.

Leberschäden bzw. Leberfunktionsstörungen können anhand folgender Parameter überwacht werden: Bilirubin (tritt aber auch bei anderen Ursachen auf, wie z. B. Energiemängel oder Schwergeburten), Albumin, ASAT (Aspartataminotransferase), GLDH (Glutamatdehydrogenase), GGT (Gamma-Glutamyltransferase) und Gallensäure (diese ist jedoch hauptsächlich nur bei starken Vergiftungen erhöht).

Der Säure-Basen-Haushalt sollte nicht über den pH-Wert im Blut abgeleitet werden, da der Körper immer versucht, diesen Wert möglichst konstant zu halten. Wesentlich genauer wäre eine Blutgasanalyse. Diese muss jedoch vor Ort durchgeführt werden. Daher hat sich das Bestimmen des NSBA-(Netto-Säure-Basen-Ausscheidung-)Werts über den Harn als geeignetste Variante dazu durchgesetzt.

Nierenschäden kommen beim Rind selten vor. Zur Kontrolle der Nierentätigkeit eignet sich die Bestimmung des Kreatiningehalts. Die Nierengesundheit hängt ganz stark von der Wasserversorgung ab. Ob die Tiere genug Wasser aufnehmen, kann über den Parameter Hämatokrit eruiert werden. Eine weitere Möglichkeit zur Beurteilung der Wasseraufnahme wäre die Untersuchung des spezifischen Gewichts des Harns.

Foto © Mag. Patrick Volgger

Abbildung 27: Blutabnahme
(Zur Verfügung gestellt von Mag. Patrick Volgger)

Etwaige Muskelschäden können über den CK-(Kreatininkrease-)Wert erfasst werden.

Die Seiten 118 bis 120 zeigen ein Untersuchungsergebnis der Firma Laboklin. Auffällige Werte werden vom Labor rot markiert.

LABOKLIN
LABOR FÜR KLINISCHE DIAGNOSTIK GMBH & CO. KG

Laboklin GmbH & Co. KG , Paul-Hahn-Straße 3 / BT-D , 4020 Linz

LABOKLIN GmbH & Co.KG
Außendienst
Paul-Hahn-Straße 3/BT-D/1. Stock
4020 Linz
Österreich

Untersuchungsbefund Nr.:	**2205-A-86578**
Probeneingang:	04.05.2022
Datum Befund:	04.05.2022
Untersuchungsbeginn:	04.05.2022
Untersuchungsende:	04.05.2022

Tierart:	Rind
Rasse:	FV
Geschlecht:	weiblich
Name:	---
Geburtsdatum / Alter:	---
Probenmaterial:	EB/Serum/NaF/Ausstriche
Patientenbesitzer:	Musterbefund
EDV-Nummer / Befund-ID:	---

Klinische Chemie

Parameter	Mth.	Ist-Wert	Normwert	niedrig normal hoch
Calcium	PHO	**2.50 mmol/l**	2.3-2.8	
Phosph.-anorg	PHO	**2.40 mmol/l**	1.1-2.4	
Natrium	POT	**128.00 mmol/l**	135-145	
Magnesium	PHO	**1.50 mmol/l**	0.8-1.3	
AST	PHO	**68.00 U/l**	< 80	
ß-HBS	PHO	**0.80 mmol/l**	0.2-1.0	
NEFA	PHO	**0.70 mmol/l**	0.4-0.8	

ß-Carotin

Parameter	Mth.	Ist-Wert	Normwert	niedrig normal hoch
ß-Carotin	HLC	**2400.00 µg/l**	> 2500	

Zweigstelle Linz · Paul-Hahn-Straße 3 / BT - D / 1. Stock · A 4020 Linz · Tel.: 0732/7172-420 · Fax: 0732/717322 · e-Mail: labor.linz@laboklin.at
Salzburger Sparkasse Kto.: 122762 / BLZ 20404 ATU 56477529 FN215112g LG Linz Zentrale: Steubenstraße 4 · D 97688 Bad Kissingen
Geschäftsführender Gesellschafter: LABOKLIN Verwaltungs GmbH RG Schweinfurt HRB 3631

Seite 1 von 4

Abbildung 28: Analysebefund (Zur Verfügung gestellt von der Firma Laboklin)

Befund-Nr.: 2205-A-86578

LABOKLIN

LABOR FÜR KLINISCHE DIAGNOSTIK GMBH & CO. KG

Klinische Chemie

Parameter	Mth.	Ist-Wert	Normwert	niedrig	normal	hoch
AP	PHO	**202.00 U/l**	< 300			
G-GT	PHO	**15.00 U/l**	< 20			
GLDH	PHO	**4.00 U/l**	< 8			
Bilirubin ges	PHO	**4.60 µmol/l**	< 5.0			
Cholesterin	PHO	**3.01 mmol/l**	2.07-3.88			
Triglyceride	PHO	**0.15 mmol/l**	0.17-0.51			
Glucose	PHO	**2.60 mmol/l**	1.94-3.05			
AST	PHO	**68.00 U/l**	< 80			
LDH	PHO	**1800.00 U/l**	< 1500			
CK	PHO	**269.00 U/l**	< 250			
Gesamteiweiß	PHO	**66.00 g/l**	60-80			
Chlorid	POT	**102.00 mmol/l**	90 - 110			
Albumin	PHO	**25.00 g/l**	30-40			
Globuline		**22.00 g/l**	< 48			
Harnstoff	PHO	**6.00 mmol/l**	<8			
Kreatinin	PHO	**110.00 µmol/l**	88-177			
Phosph.-anorg	PHO	**2.40 mmol/l**	1.1-2.4			
Calcium	PHO	**2.50 mmol/l**	2.3-2.8			
Magnesium	PHO	**1.50 mmol/l**	0.8-1.3			
Kalium	POT	**4.10 mmol/l**	3.5-4.5			
Natrium	POT	**128.00 mmol/l**	135-145			
Eisen	PHO	**30.00 µmol/l**	20-40			
Zink	PHO	**22.00 µmol/l**	8-24			
Kupfer	PHO	**20.00 µmol/l**	8-24			
Selen	AAS	**33.00 µg/l**	40-85			

Bitte beachten Sie:
Die ermittelte Glucose Konzentration ist nur aussagekräftig, wenn als Probe Natrium Fluorid oder in der Praxis abzentrifugiertes Serum eingesetzt wurde.

Mineralstoff Profil II

Parameter	Mth.	Ist-Wert	Normwert	niedrig	normal	hoch
Phosph.-anorg	PHO	**2.40 mmol/l**	1.1-2.4			
Calcium	PHO	**2.50 mmol/l**	2.3-2.8			
Magnesium	PHO	**1.50 mmol/l**	0.8-1.3			
Kalium	POT	**4.10 mmol/l**	3.5-4.5			
Natrium	POT	**128.00 mmol/l**	135-145			
Chlorid	POT	**102.00 mmol/l**	90 - 110			
Eisen	PHO	**30.00 µmol/l**	20-40			
Zink	PHO	**22.00 µmol/l**	8-24			
Kupfer	PHO	**20.00 µmol/l**	8-24			
Selen	AAS	**33.00 µg/l**	40-85			
Mangan	ICP	**15.00 µg/l**	3.5-20			

Zweigstelle Linz · Paul-Hahn-Straße 3 / BT - D / 1. Stock · A 4020 Linz · Tel.: 0732/7172-420 · Fax: 0732/717322 · e-Mail: labor.linz@laboklin.at
Salzburger Sparkasse Kto.: 122762 / BLZ 20404 ATU 56477529 FN215112g LG Linz Zentrale: Steubenstraße 4 · D 97688 Bad Kissingen
Geschäftsführender Gesellschafter: LABOKLIN Verwaltungs GmbH RG Schweinfurt HRB 3631

Seite 2 von 4

Befund-Nr.: 2205-A-86578

LABOKLIN
LABOR FÜR KLINISCHE DIAGNOSTIK GMBH & CO. KG

Blutbild (Durchflusszytometrie/mikroskopisch)

Parameter	Ist-Wert	Normwert	niedrig	normal	hoch
Erythrozyten	**8.90 T/l**	5.0 - 10.0			
Hämatokrit	**0.31 l/l**	0.28-0.38			
Hämoglobin	**110.00 g/l**	90-140			
Leukozyten	**6.70 G/l**	4.0-10.0			
Segmentkernige	**55.00 %**	25-45			
Lymphozyten	**45.00 %**	45-65			
Monozyten	**3.00 %**	2-6			
Eosinophile	**2.00 %**	1-10			
Basophile	**0.00 %**	0-2			
Stabkernige	**0.00 %**	0-3			
Hypochromasie	**neg.**	neg.			
Anisozytose	**neg.**	neg.			
Thrombozyten	**225.00 G/l**	300-800			

Differentialblutbild (absolute Zahlen)

Parameter	Ist-Wert	Normwert	niedrig	normal	hoch
Segmentkernige	**3.70 G/l**	1.0-3.5			
Lymphozyten	**3.00 G/l**	2.5-5.5			
Monozyten	**0.20 G/l**	0.0-0.33			
Eosinophile	**0.10 G/l**	0.3-1.5			
Basophile	**0.00 G/l**	0.0-0.1			
Stabkernige	**0.00 G/l**	0.0-0.2			

Vitamin A-Bestimmung

Parameter	Mth.	Ist-Wert	Normwert	niedrig	normal	hoch
Vitamin A	HLC	**220.00 µg/l**	130-380			

Vitamin B1 (Thiaminpyrophosphat)

Parameter	Mth.	Ist-Wert	Normwert	niedrig	normal	hoch
Vitamin B1	HLC	**36.00 µg/l**	28-62			

Vitamin B2 (FAD)

Parameter	Mth.	Ist-Wert	Normwert	niedrig	normal	hoch
Vitamin B2	HLC	**110.00 µg/l**	90-950			

Vitamin B6 (Pyridoxal)

Parameter	Mth.	Ist-Wert	Normwert	niedrig	normal	hoch
Vitamin B6	HLC	**6.00 µg/l**	> 2.0			

Zweigstelle Linz · Paul-Hahn-Straße 3 / BT - D / 1. Stock · A 4020 Linz · Tel.: 0732/7172-420 · Fax: 0732/717322 · e-Mail: labor.linz@laboklin.at
Salzburger Sparkasse Kto.: 122762 / BLZ 20404 ATU 56477529 FN215112g LG Linz Zentrale: Steubenstraße 4 · D 97688 Bad Kissingen
Geschäftsführender Gesellschafter: LABOKLIN Verwaltungs GmbH RG Schweinfurt HRB 3631

Seite 3 von 4

Rationsgestaltung in Abhängigkeit des Fütterungssystems

Wie in meiner Einleitung beschrieben gibt es keine Formel, wie eine Milchviehration aufgebaut sein muss. Dennoch gibt es für die unterschiedlichen Fütterungssysteme gewisse Faktoren, auf die besonders geachtet werden muss.

Händische Futterzuteilung

Die Anbindehaltung ist ein auslaufendes Modell und eher in kleineren Betriebsstrukturen anzutreffen. Dennoch gibt es noch viele Betriebe, die mit diesem System arbeiten. Folgende Punkte müssen in der Anbindehaltung unbedingt beachtet werden:

Kraftfutterteilgaben

Dies ist sehr häufig ein großer Knackpunkt in diesem Fütterungssystem. Kraftfutterteilgaben über 2 kg pro Tier und Tag reduzieren drastisch den pH-Wert im Pansen und führen zu subklinischen Pansenazidosen. Im Extremfall kommt es auch zu akuten Azidosen. Werden z. B. pro Kuh 8 kg Kraftfutter täglich gefüttert, müsste mindestens 4-mal, besser 6-mal täglich das Kraftfutter händisch vorgelegt werden. Dies ist ein enormer Zeitaufwand für den Landwirt/die Landwirtin. Eine gute Lösung dazu bieten Kraftfutterautomaten, die auf Schienen den Futtertisch entlangfahren und das Kraftfutter mehrmals täglich zuweisen.

Bild 29 auf der Folgeseite zeigt einen Kraftfutterautomaten, der auf Schienen den Futtertisch entlangfährt. Das Kraftfutter wird individuell über mehrere Gaben pro Tag gefüttert.

Bedarfsgerechte Fütterung

Sehr häufig fressen ranghöhere Tiere gern das Futter der Nachbarin mit. Abtrennungen am Futtertisch sorgen hier für mehr Ordnung. Zusätzlich sollten die Tiere nach Laktationsabschnitt zusammengestellt werden (Frischmelker, Altmelker). Trockensteher sollten unbedingt einen eigenen Bereich haben, wo diese separat gefüttert werden können.

Pansensynchronisation

Die Pansensynchronisation beschreibt einerseits die ausgeglichene Zufuhr an schneller/langsamer Energie zu schnellem/langsamem Eiweiß, aber auch die nahezu gleichzeitige Verfütterung von Energie- und Proteinquellen (Grundfutter und Kraftfutter). Wenn z. B. 2 kg Getreideschrot und 2 kg eines Eiweißkonzentrats gefüttert werden, sollten die Kraftfutterteilgaben immer aus beiden Komponenten bestehen. (Mehr dazu wird im Kapitel „Synchronisation der Milchviehration“ beschrieben.)

Transponder ohne Mischwagen/Fütterungsroboter

Transponderstationen haben den riesengroßen Vorteil, dass die Kraftfuttermengen individuell zugeteilt werden können.

Genau eingestellte Kraftfuttertabellen ermöglichen eine sehr kraftfuttereffiziente Fütterung. Bei diesem Fütterungssystem muss vor allem darauf geachtet werden, dass das Kraftfutter möglichst

Abbildung 29: Fahrender Kraftfutterautomat für den Anbindestall (Zur Verfügung gestellt von Firma Wasserbauer)

schonend gefüttert wird und die berechneten Mengen vollständig aufgefressen werden.

Jede Kraftfuttergabe führt zu einem Absinken des Pansen-pH-Werts. Vor allem wenn keine Mischration vorhanden ist, muss besonders stark darauf geachtet werden. Bei Kraftfuttermengen über 9 kg pro Tier und Tag steigt das Risiko einer Pansenazidose erheblich an. In so einem Fall muss im Kraftfutter unbedingt ein hoher Körnermaisanteil enthalten sein, da die beständige Stärke des Körnermaises den Pansen passiert und so die Kuh vor Pansenazidosen schützt. Des Weiteren sollte die maximale Kraftfuttermenge pro Besuch auf 1,5 kg eingestellt werden. Das Anfüttern kann am Transponder mittels Fütterungskurve hinterlegt werden. Erst 28 Tage nach dem Abkalben sollten die Tiere die maximale Kraftfuttermenge erhalten. Wenn der Transponder mit einer Milchmengenmessung gekoppelt ist, kann eine Milchleistungskurve erstellt werden. Die maximale tägliche Änderung der Kraftfuttermenge muss auf 300 g pro Tag beschränkt werden. Sollte der Transponder nicht mit einer Milchmengenmessung gekoppelt sein, muss die Kraftfutterzuteilung monatlich nach den LKV-Kontrollen angepasst werden. Die Kraftfutterzuteilung sollte sich nach der berechneten Kraftfutterzuteilungstabelle und der Körperkondition des Tiers richten. Z. B. sollten fette Tiere nach dem 200. Laktationstag weniger bzw. kein Kraftfutter bekommen, um das Ketoserisiko zu minimieren und gleichzeitig Kosten zu sparen. Häufig wird gegen Ende der Laktation zu viel Kraftfutter gefüttert. Eine hohe Kraftfuttergabe am Ende der Laktation erhöht nicht die Milchleistung, sondern lässt die Tiere verfetten.

Hohe Futterreste sind in diesem System immer wieder anzutreffen und werden häufig in dessen Bedeutung unterschätzt. Durch die verminderte Kraftfuttermenge geht einerseits Milchleistung verloren, andererseits wird auch die Energieversorgung des Tiers reduziert. Das kann in weiterer Folge zu Fruchtbarkeitsproblemen und Ketosen führen. Ein guter Indikator dafür ist der Futterrest pro Kuh und Tag. Grundsätzlich sollte es kaum Futterreste geben (< 0,3 kg pro Kuh und Tag). Durch das Ablesen der Transponderdaten kann der individuelle Futterrest ermittelt werden. Futterreste über 1 kg müssen kritisch hinterfragt werden. Dafür sind hauptsächlich folgende Punkte verantwortlich:

- Klauenprobleme
- Brunst
- Überbelegung
- Kuh verweigert den Transponder (vor allem bei Jungkühen)
- Stoffwechselprobleme
- Schlechter gesundheitlicher Zustand
- Kühe werden von ranghöheren Tieren aus dem Transponder getrieben
- Zu geringe Schmackhaftigkeit (tritt evtl. bei der Beimischung von Propylenglykol auf)
- Schlechte Troghygiene

Das sollte jeder Kraftfutterautomat haben

Jeder Kraftfutterautomat sollte Türen haben, die sich beim Betreten einer Kuh automatisch schließen. Andernfalls werden dominante Tiere ständig versuchen, ihre Kolleginnen aus der Transponderstation zu vertreiben, um das anfallende Kraftfutter „stehlen" zu können. Das bringt Unruhe und macht ein gezieltes Füttern unmöglich. Wird das gesamte Kraftfutter über den Transponder gefüttert, werden unbedingt zwei Futtersorten benötigt. Mit nur einer Kraftfuttersorte muss man in der Rationsgestaltung immer einen Kompromiss machen, da Frischmelker andere fütterungstechnische Bedürfnisse als Altmelker haben. Zusätzlich ergibt sich der Nachteil, dass bei einem Grundfutterwechsel das Kraftfutter nicht sofort adaptiert werden kann.

Ein Mineralstoffdosierer macht grundsätzlich absolut Sinn, jedoch rutscht das Mineralfutter aufgrund von Kondensation im Behälter nicht immer gut nach. Das Füttern von pelletiertem Mineralfutter schafft dem zwar Abhilfe, jedoch ist meist die Qualität von diesen Mineralstoffmischungen minderwertig.

Der Einbau eines Flüssigdosierers macht dann Sinn, wenn der Landwirt/die Landwirtin das Propylenglykol nicht händisch eingeben möchte. Wird das Propylenglykol am Transponder gefüttert, muss die Akzeptanz der Tiere beobachtet werden. Manchmal führt die Beimischung von Propylenglykol zu einer verminderten Kraftfutteraufnahme.

Transponder mit Mischwagen/ Fütterungsroboter

Man spricht von einer AGR (aufgewertete Grundfutterration), wenn Kraftfutter in den Mischwagen/Fütterungsroboter gegeben wird und gleichzeitig händisch oder am Transponder Kraftfutter ergänzt wird. Grundsätzlich sollte immer ein gewisser prozentueller Anteil des Kraftfutters in den Mischwagen/Fütterungsroboter kommen. Voraussetzung ist dabei natürlich, dass die Trockensteher nicht in derselben Herde mitlaufen. Wäre dies der Fall, liegt die absolute Obergrenze bei 1,5 kg Kraftfutter pro Tier und Tag, die in den Mischwagen/Fütterungsroboter eingemischt werden sollten.

Die Vorteile einer AGR liegen darin, dass der Pansen-pH-Wert durch die gleichzeitige Aufnahme von Grund- und Kraftfutter stabilisiert wird. Zusätzlich bringt die Schmackhaftigkeit des Kraftfutters häufig eine gesteigerte Trockenmasseaufnahme mit sich. Das verbessert die Kuhgesundheit und kann zu einem Anstieg der Milchleistung und des Milchfettgehalts führen.

Die richtige Auswahl des Kraftfutters

Auf die Frage, welches Kraftfutter in den Mischwagen/Fütterungsroboter kommen soll, kann aufgrund der variablen Grundfutterverhältnisse keine allgemeingültige Antwort gegeben werden. Grundsätzlich muss es aber immer das Ziel sein, die Grundration eiweißlastig zu gestalten. Deshalb rate ich dringend dazu, sich ein System mit zwei Kraftfuttersorten für den Mischwagen/Fütterungsroboter anzuschaffen. Vor allem bei einem Grundfutterwechsel ist man sonst zu unflexibel in der Rationsgestaltung.

Ob ein idealer Ausgleich des Grundfutters gelungen ist, wird aus dem LKV-Bericht ersichtlich. Die Tabelle „Fütterung und Stoffwechsel" zeigt unter anderem den Harnstoffverlauf der Leistungsgruppen. Wenn der Harnstoffgehalt kontinuierlich im

Lauf der Laktation ansteigt, wurde der Rohproteingehalt in der Mischration richtig eingestellt. In den allermeisten Fällen genügt eine mittlere Energiedichte beim Kraftfutter, das in den Mischwagen/Fütterungsroboter kommt. Das reduziert die Kosten und verringert das Risiko, dass die Altmelker verfetten. Das Kraftfutter selbst muss unbedingt fein vermahlen sein. Gequetschtes oder pelletiertes Futter ist nicht optimal. Wie viel Kraftfutter in den Mischwagen/Fütterungsroboter gegeben wird, hängt von der Milchleistung sowie der Persistenz der Tiere ab. Grundsätzlich gilt: Je mehr vom Kraftfutteranteil in den Mischwagen/Fütterungsroboter gegeben wird, desto pansenverträglicher wird die Ration. Gleichzeitig steigen aber auch die Anforderungen an die Kühe und den Tierhalter. Denn die Tiere sollten auf keinen Fall verfetten. Das bedarf wiederum einer sehr guten Genetik der Tiere (durch gezielte Selektion wird die Herde einheitlich, das braucht allerdings Zeit) sowie eines extrem guten Fruchtbarkeitsmanagements. Selbst bei bester Genetik verfettet eine Kuh mit über 400 Laktationstagen, wenn diese beispielsweise 9 kg Kraftfutter über die Mischration frisst. Die Kraftfuttermenge muss also betriebsindividuell festgelegt werden. Als Leistungsfutter für den Transponder sollte ein hochwertiges Kraftfutter mit mehr als 7,2 MJ NEL eingesetzt werden, um die Frischmelker bestmöglich zu versorgen. Der Rohproteingehalt dieses Futtermittels sollte 18 % XP nicht übersteigen. Ich habe bei Hochleistungsrationen extrem gute Erfahrungen gemacht, wenn der Mischwagen/Fütterungsroboter stark aufgewertet wird und nur noch 3 kg Kraftfutter am Transponder gefüttert werden.

Mischwagen/Fütterungsroboter ohne Transponder

Bei diesem System wird die gesamte Kraftfuttermenge in den Mischwagen/Fütterungsroboter gegeben. Somit frisst jede Kuh das Gleiche. Natürlich ergeben sich trotzdem Unterschiede in der Nährstoffaufnahme, da Frischmelker bis zu 28 kg Trockenmasse pro Tag fressen, währenddessen Altmelker nur ca. 21 kg Trockenmasse pro Tag zu sich nehmen. Die Kunst bei diesem System ist, zwei grundsätzlich kontroverse Faktoren miteinander zu vereinen. Einerseits muss die Ration eine hohe Energiedichte aufweisen, damit die Frischmelker optimal versorgt und wieder rasch trächtig werden, andererseits dürfen die Altmelker auf keinen Fall verfetten. Eine Unterteilung in zwei Leistungsgruppen (Frischmelker/Altmelker) erleichtert diese Anforderung. Dann werden z. B. 10 kg Kraftfutter pro Tier und Tag in Gruppe 1 (Frischmelker) gefüttert, und in Gruppe 2 (Altmelker) wird das Kraftfutter auf 6 kg pro Tier und Tag reduziert. (Hierbei handelt es sich um keine grundsätzliche Empfehlung, sondern nur um ein mögliches Beispiel.) Die Unterteilung in zwei Gruppen ist sinnvoll, jedoch in der Regel erst ab Herdengrößen über 100 Kühe praktisch durchführbar. Da wir in Österreich etwas andere Herdenstrukturen haben, ist dieses System auch kaum anzutreffen. Werden die Tiere in einer Gruppe gehalten, kommen hohe Anforderungen an die Genetik der Kühe sowie den Tierhalter/die Tierhalterin zu.

Foto © Lely

Abbildung 30: Das Bild zeigt einen Fütterungsroboter beim Einfüttern. (Zur Verfügung gestellt von der Firma Lely)

Die Tiere müssen extrem einheitlich sein und eine hohe Persistenz aufweisen. Vor allem beim Füttern einer TMR sollte der Harnstoffgehalt in der Milch nicht unter 20 mmol/l absinken. (Die Ausnahme bilden Rationen, in denen mit geschützten Aminosäuren gearbeitet wird.) Ein zu niedriger Milchharnstoffgehalt bei den Altmelkern erhöht nämlich die Gefahr der Verfettung und führt relativ rasch zum Absinken der Milchleistung. Um die Proteingehalte schnell ausgleichen zu können, sollten deshalb mindestens zwei Kraftfuttersorten zur Auswahl stehen. Harnstoffgehalte über 30 haben negative Folgen auf die Tiergesundheit.

In weiterer Folge muss das Fruchtbarkeitsmanagement im Betrieb sehr gut funktionieren, denn wie bereits beschrieben sinkt selbst bei bester Genetik die Milchmenge ab dem 300. Laktationstag stark ab (Ausnahmen bestätigen die Regel). Deshalb ist die erfolgreiche Umsetzung einer totalen Mischration die Königsklasse der Fütterung. Einige Betriebe haben in den vergangenen Jahren den Schritt zur TMR gewagt und viele sind davon wirklich begeistert. Folgende Vorteile sprechen für den Einsatz einer TMR:

Stabiler Pansen-pH-Wert

Mit jedem Bissen der Kuh wird gleichzeitig Kraftfutter und Grundfutter aufgenommen. Das stabilisiert den pH-Wert extrem und wirkt sich somit positiv auf die Tiergesundheit (vor allem Klauengesundheit) aus. Dadurch kann es zu einem Anstieg der Milchleistung sowie des Milchfettgehalts kommen.

Mehr Ruhe im Stall

Aufgrund dessen, dass die Tiere nicht mehr zum Transponder gehen, herrscht viel mehr Ruhe. Das reduziert den Stress der Tiere und es kommt zu längeren Liegezeiten (sofern die Liegeboxenqualität in Ordnung ist). Das wiederum fördert die Tiergesundheit und die Milchproduktion.

Steigerung der Persistenz

Die grundsätzlich hohen Kraftfuttermengen gegen Ende der Laktation können bei einer gut eingestellten Ration in Kombination mit einer hohen genetischen Persistenz zu einer extrem flachen Laktationskurve führen.

Steigerung der Futteraufnahme

Der hohe Kraftfutteranteil wirkt sich positiv auf die Schmackhaftigkeit und somit auf die Futteraufnahme aus.

Natürlich müssen viele weitere Faktoren bezüglich Futteraufnahme berücksichtigt werden. (Näheres dazu wird im Abschnitt „Wichtigste Controllingpunkte" erklärt.)

Fütterung mit dem Melkroboter

Melkroboter nehmen immer mehr an Bedeutung zu und sind für viele Betriebe nicht mehr wegzudenken. Grundsätzlich hat ein Melkroboter die Aufgabe, die Tiere zu melken, dennoch spielt die Kraftfuttergabe bzw. das gesamte Fütterungsmanagement am Roboter eine essenzielle Rolle. Grundsätzlich muss zwischen einem gelenkten und einem freien Kuhverkehr unterschieden werden.

Ein freier Kuhverkehr bedeutet, dass die Tiere fressen, saufen und gemolken werden können, wann immer sie wollen. Dieses System bietet den Tieren einen extrem hohen Tierkomfort, weil sie sich stressfrei im gesamten Stall bewegen können. Bei Altmelkern oder Problemkühen kann es jedoch sein, dass diese vom Landwirt/von der Landwirtin in den Roboter getrieben werden müssen.

Beim gelenkten Kuhverkehr befinden sich im Stall Selektionstore, durch die die Kühe zwar in die eine Richtung ungehindert gehen können, aber von dort aus nur über einen bestimmten Weg zurückkommen. In der Regel gelangen die Tiere ohne Einschränkung nach dem Melken in den Liegeboxenbereich. Wenn die Kühe anschließend wieder fressen wollen, müssen sie über ein Tor hindurch zum Futtertisch gehen. Die Kuh kommt in diesem Fall nur über den Weg zum Roboter erneut zum Liegeboxenbereich zurück. Der Vorteil an diesem System sind die häufigen Roboterbesuche, die sehr geringe Kraftfuttergaben (< 2 kg pro Tier und Tag) ermöglichen. Der Nachteil liegt darin, dass die Kühe in ihrer Bewegungsfreiheit eingeschränkt sind.

So oft sollten die Kühe gemolken werden:

Unabhängig von dem jeweiligen System ist es natürlich immer das Ziel, möglichst wenige Tiere in den Roboter führen zu müssen und gleichzeitig eine optimale Versorgung der Milchkühe sicherzustellen. Die gewünschten durchschnittlichen Melkungen sind abhängig von der produzierten Milchmenge. Als Richtwert gelten hierfür 10 l pro Melkung. Wenn ein Betrieb beispielsweise einen Tagesdurchschnitt von 30 l Milch pro Kuh hat, sollten die Kühe im Schnitt drei Melkungen pro Tag erreichen. Liegt der Wert darunter, müssen mögliche Ursachen analysiert werden. Die häufigsten Problemfelder sind:

Kühe mit Klauenproblemen - Lahmheiten
Lahme Tiere liegen vermehrt und gehen weniger oft fressen bzw. zum Melken. Betroffene Tiere müssen unverzüglich behandelt werden. Sind mehrere Tiere lahm, müssen mögliche Faktoren kritisch hinterfragt werden. (Mehr dazu wird im Kapitel „Wichtigste Controllingpunkte - Beurteilung der Klauengesundheit" erklärt.)

Kraftfutter mit geringer Schmackhaftigkeit
Ein Roboterfutter sollte einen hohen Getreideanteil aufweisen. Körnermais sollte zu einem Anteil von mindestens 25 % im Futter eingemischt sein. Der Energiegehalt ist ein guter Indikator dafür. Das Futter sollte einen Energiegehalt von 7,1 MJ NEL überschreiten. Industrielle Nebenprodukte wie Getreideschlempe, Weizenkleie etc. sowie Futterharnstoff verringern die Schmackhaftigkeit.

Propylenglykol mit geringer Schmackhaftigkeit
Propylenglykol kann über den Melkroboter dosiert werden. Es sollte unbedingt eine für Propylenglykol hohe Schmackhaftigkeit aufweisen. Die Akzeptanz der Tiere wird über die Zugabe von Glycerin sowie gewissen Aromastoffen gesteigert.

Stark aufgewertete Grundration
Je stärker die Mischwagenration mit Kraftfutter aufgewertet wird, desto uninteressanter ist das Kraftfutter am Roboter für die Kühe. Dadurch können die Melkbesuche pro Tag sinken. Vor allem hohe Körnermaismengen am Futtertisch (> 1.000 Gramm beständige Stärke) führen zu einem starken Sättigungsgefühl bei den Tieren und reduzieren somit die Roboterbesuche.

Altmelker mit geringer Milchleistung
Teilweise fallen Altmelker auf unter 15 l Milch pro Tag ab. Diese Tiere haben einen sehr geringen Euterdruck und deshalb auch keinen Drang, gemolken zu werden.

Gesundheitliche Probleme
Stoffwechselprobleme, Infekte, Klauenprobleme und eventuelle Belastungen des Tiers reduzieren natürlich ebenfalls die Roboterbesuche. Betroffene Tiere müssen unverzüglich behandelt werden.

Platzierung des Melkroboters
Dieser Punkt kann zwar im Nachhinein nur schwer verändert werden, dennoch muss ganz klar gesagt werden, dass die logistische Platzierung des Melkroboters einen großen Einfluss auf die durchschnittlichen Melkintervalle hat.

Überbelegung am Roboter
Die Kuhanzahl pro Melkroboter muss ebenfalls berücksichtigt werden. Mit steigender Kuhanzahl sinken tendenziell die durchschnittlichen Melkungen.

Foto © Lely

Abbildung 31: Das Bild zeigt ein automatisches Melksystem. (Zur Verfügung gestellt von der Firma Lely)

Melkroboter ohne Mischwagen/ Fütterungsroboter

Dieses System bietet meist den Vorteil, dass die Tiere sehr gern zum Melken gehen. Da die Grundration nicht mit Kraftfutter ausgeglichen werden kann, sollten am Roboter unbedingt zwei verschiedene Futtersorten installiert werden. Zusätzlich muss beachtet werden, dass pro Besuch maximal 1,5 kg Kraftfutter gefüttert werden sollten. Kraftfuttermengen darüber hinaus führen tendenziell zu Azidosen. Wenn über 5 kg Kraftfutter gefüttert werden, sollte zusätzlich eine Transponderstation installiert werden. Hierbei hat es sich bewährt, einen Transponder zu kaufen, der mit dem Melkroboter synchronisiert ist.

Melkroboter mit Mischwagen/ Fütterungsroboter

Die Grundration sollte über den Mischwagen/Fütterungsroboter eiweißlastig ausgeglichen werden. Ob zusätzlich noch ein Transponder benötigt wird, hängt von der gewünschten Kraftfuttermenge sowie der Herde ab. Wenn z. B. 10 kg Kraftfutter gefüttert werden sollen, müssen zumindest 5 kg Kraftfutter pro Tier und Tag in den Mischwagen kommen. Sollten sich die Trockensteher in derselben Herde befinden oder die Fruchtbarkeit bzw. die Persistenz schlecht sein, sind 5 kg Kraftfutter im Mischwagen zu viel. In diesem Fall sollte weniger Kraftfutter in den Mischwagen gegeben werden und die zusätzlich benötigte Kraftfuttermenge über einen Transponder gefüttert werden. Sollte die Mischwagenration mit zwei Futtersorten ausgeglichen werden können, genügt meistens eine Futtersorte am Melkroboter.

Rationsgestaltung in Abhängigkeit vom Grundfutterverhältnis

Wie bereits in der Einleitung beschrieben, gibt es kein universelles Konzept, wie eine Ration auszusehen hat. Dennoch lassen sich für etwaige Grundfutterverhältnisse wichtige Punkte zusammenfassen, die zu beachten sind. Die nachfolgenden Beispiele sollen lediglich grundlegende Punkte aufzeigen. Die tatsächliche Rationsgestaltung muss individuell angepasst werden. (Auf die Mineralstoffversorgung wird nicht eingegangen, da dies bereits im Kapitel „Bedeutung der Mineralstoffversorgung" erläutert wurde.)

100 % Grassilage

Wenn das zur Verfügung stehende Grundfutter ausschließlich aus Grassilage besteht, muss großes Augenmerk auf eine ausreichende Energieversorgung gelegt werden. Das Ziel muss sein, möglichst viel Energie über die Grassilagen in die Ration zu bringen. Der Anbau von intensivierungsfähigen Gräsern sowie eine intensive Schnittnutzung (angepasste Düngung und Grünlandbewirtschaftung beachten) haben sich diesbezüglich positiv bewährt. Leguminosen wie Klee oder Luzerne sollten bis maximal 30 % in der Gesamtration vorhanden sein. Niemals sollte Klee oder Luzerne der Hauptbestandteil in einer solchen Ration sein. Diese Leguminosen weisen eine meist stark positive RNB (Ruminale Stickstoffbilanz) sowie einen hohen Ligninanteil auf und sollten deshalb mit Maissilage kombiniert werden. Zusätzlich können die erhöhten Gehalte an Phytoöstrogenen zu Fruchtbarkeitsstörungen führen.

Auch wenn das Gras intensiv genutzt wird, muss in aller Regel kein Heu oder Stroh ergänzt werden. (Die Ausnahme tritt bei sehr kraftfutterbetonten Rationen > 12 kg Kraftfutter auf.) Bei der Auswahl des Kraftfutters muss vor allem auf einen hohen Körnermaisanteil geachtet werden. Häufig treten in solchen Rationen Mängel an beständiger Stärke auf. Je nach Leistungsniveau sollte eine Kuh 2,5–5,5 kg Körnermais pro Tag fressen, um den gewünschten Gehalt an beständiger Stärke zu erreichen. In einem ausgeglichenen Standardkraftfutter sind meist nur 20–30 % Körnermais enthalten. Werden von diesem Futtermittel 9 kg pro Tier und Tag eingesetzt, entspricht das bei einem Körnermaisanteil von 25 % nur 2,2 kg Körnermais. In diesem Fall müsste Körnermais noch zusätzlich ergänzt werden, oder es wird eine Sondermischung erstellt, um auf die gewünschten Mengen an beständiger Stärke zu kommen. (Die Bedeutung von Körnermais wird im Kapitel „Übersicht der Kraftfuttermittel und Rohstoffe" näher erklärt.)

100 % Heu bzw. Grünfutter

Sogenannte Heumilchbetriebe füttern ihren Tieren ausschließlich Heu/Grünfutter. Gut konserviertes Heu sowie Grünfutter weisen hohe Zuckergehalte auf. Zucker ist ein schnell verdauliches Kohlenhydrat und führt zum Absinken des pH-Werts. Deshalb haben viele Heumilchbetriebe mit zu tiefen Milchfettgehalten zu kämpfen. Grundsätzlich kann gesagt werden, dass mit einem Anstieg der Heuqualität auch der Zuckergehalt ansteigt. In diesem

Fall muss der Pansen so schonend wie nur möglich gefüttert werden. Kraftfutterteilgaben dürfen 1,5 kg nicht überschreiten. Zusätzlich macht beim Auftreten von subklinischen Pansenazidosen der Einsatz von Pansenpuffern oder Natriumbicarbonat Sinn. Auch der Einsatz von Lebendhefen, die ins Kraftfutter oder Mineralfutter eingemischt sind, kann sich positiv auf die azidotischen Bedingungen auswirken. Des Weiteren muss die schnelle Energie des Zuckers durch eine langsame Energiequelle ausgeglichen werden. Als Ersatz zum Silomais können Maiscobs gefüttert werden. Maiscobs sind getrocknete Maissilage, die zu Pellets gepresst wurden. Der Einsatz von 2–3 kg Maiscobs pro Tier und Tag hat sich positiv bewährt. Allerdings ist dieses Grundfuttermittel sehr teuer. Somit spielt auch hier der Körnermaisanteil eine essenzielle Rolle. Je nach Leistungsniveau sollte eine Kuh 2,5–5,5 kg Körnermais pro Tag fressen, um den gewünschten Gehalt an beständiger Stärke zu erreichen. In einem ausgeglichenen Standardkraftfutter sind meist nur 20–30 % Körnermais enthalten. Werden von diesem Futtermittel 9 kg pro Tier und Tag eingesetzt, entspricht das bei einem Körnermaisanteil von 25 % nur 2,2 kg Körnermais. In diesem Fall müsste Körnermais noch zusätzlich ergänzt werden, um auf die gewünschten Mengen an beständiger Stärke zu kommen, oder es wird eine Sondermischung erstellt. (Die Bedeutung von Körnermais wird im Kapitel „Übersicht der Kraftfuttermittel und Rohstoffe“ näher erklärt.)

Foto © Jonas Schiffer

Die Abbildung zeigt Kühe beim Fressen von hochqualitativem Heu.

Neben den fütterungstechnischen Grundlagen ist auch das Heumilchregulativ zu beachten. Dabei treten vor allem bei den Zusatzprodukten, wie Propylenglykol, Hefen und geschützten Fetten, Einsatzbeschränkungen zu konventionellen Silagebetrieben auf.

Durch moderne Heubelüftungen ist es möglich, sehr gute Heuqualitäten zu erzeugen. Die Zuckerüberschüsse müssen durch Maiscobs oder Körnermais ausgeglichen werden.

50 % Grassilage, 50 % Maissilage

Dies ist eine gängige Fütterungsvariante. Die Grassilage liefert dabei wertvolles Rohprotein sowie Rohfaser, und die Maissilage wertet die Energiedichte in der Ration auf. Der Einsatz von Futterharnstoff macht in solchen Rationen absolut Sinn, da dieser durch die Maissilage gut verdaut werden kann und gleichzeitig eine kostengünstige Eiweißquelle darstellt. Dabei muss unbedingt auf die empfohlenen Einsatzmengen von Futterharnstoff (siehe Kapitel „Übersicht der Kraftfuttermittel und Rohstoffe“) geachtet werden. Meistens muss kein Stroh oder Heu ergänzt werden. Dies ist nur notwendig, wenn die Grassilage extrem wenig Rohfaser aufweist oder sehr hohe Kraftfuttermengen (> 12 kg) gefüttert werden. Der benötigte Anteil an Körnermais hängt extrem stark vom Stärkegehalt der Maissilage ab.

30 % Grassilage, 70 % Maissilage

Der Vorteil von diesem Grundfutterverhältnis liegt in der hohen Energiedichte. In diesem Fall ergänzen Leguminosen, wie z. B. Klee oder Luzerne, perfekt den hohen Silomaisanteil. Bei den Eiweißergänzern sollte unbedingt auf hochwertige Konzentrate (Rapsschrot, Sojaschrot, Futterharnstoff etc.) gesetzt werden. Mittelproteine wie z. B. Maiskleberfutter, Getreideschlempe etc. bringen zu wenig Rohprotein in die Ration und fordern daher zu große Einsatzmengen. Meistens muss Heu oder Stroh ergänzt werden. Die benötigte Körnermaisergänzung hält sich bei einer durchschnittlichen Qualität der Maissilage absolut in Grenzen, da bereits sehr hohe Anteile an beständiger Stärke übers Grundfutter in die Ration kommen (selbstverständlich muss der Stärkeabbau von Silomais berücksichtigt werden). Eine Ergänzung an Betacarotin ist für eine optimale Follikelentwicklung notwendig, da durch den hohen Maissilageanteil zu geringe Mengen der Vitamin-A-Vorstufe übers Grundfutter zugeführt werden. Zusätzlich müssen eventuell Natriumbicarbonat bzw. Pansenpuffer eingesetzt werden, um den DCAB-Gehalt zu stabilisieren. Melasse oder Futterzucker wird fast immer benötigt, um den gewünschten Zuckergehalt zu erreichen. (Vorausgesetzt, es ist ein Mischwagen/Fütterungsroboter vorhanden.)

100 % Maissilage

In seltenen Fällen wird den Kühen ausschließlich Maissilage gefüttert. Es muss ausreichend Stroh oder Heu ergänzt werden, um genug Struktur in die Ration zu bekommen. Beim Kraftfutter werden hohe Einsatzmengen von konzentrierten Eiweißquellen (Rapsschrot, Sojaschrot, Futterharnstoff etc.) benötigt, um den Energieüberschuss ausgleichen zu können. Der Einsatz von Natriumbicarbonat oder Pansenpuffern ist dringend zu empfehlen. Betacarotin ist auch in diesem Fall unbedingt zu ergänzen.

Foto © Jonas Schiffer

Low-Input-Fütterung

Low-Input bedeutet, die Aufwandskosten für die Milchproduktion möglichst gering zu halten. Dieses System ist ideal für biologische sowie extensive konventionelle Betriebe. Fütterungstechnisch gewinnt in diesem System die Grundfutterqualität nochmals an Bedeutung. Je besser die Grundfutterqualität, desto höher ist schlussendlich der Erlös aus der Milch. Der Kraftfuttereinsatz sollte sich auf maximal 4 kg pro Kuh und Tag begrenzen. Aufgrund der geringen Einsatzmenge sollte das Kraftfutter hochwertig sein, um eine möglichst effektive Wirkung zu erzeugen. In Low-Input-Systemen kommt es häufig vor, dass minderwertige Kraftfuttermischungen verwendet werden. Das ist meiner Meinung nach jedoch der falsche Weg. Das Ziel muss es sein, die Tiere gesund zu füttern und eine extrem gute Fruchtbarkeit zu erreichen. Dazu muss die Energieversorgung möglichst hoch gehalten werden. Dies ist in aller Regel nicht möglich durch den Einsatz von energieschwachen Kraftfuttermitteln. Zusätzlich sollte ergänzt werden, dass Tiere mit einer genetisch bedingten hohen Milchleistung nicht für dieses System geeignet sind.

Der Harnstoffgehalt kann in diesem System etwas tiefer zwischen 17 und 22 mmol/l liegen. Wichtig ist auch der Einsatz einer bedarfsgerechten Mineralstoffmischung. (Mehr dazu wird im Kapitel „Bedeutung der Mineralstoffversorgung" erklärt.)

Vor allem für Low-Input-Betriebe ist die Weidehaltung sehr gut geeignet. Ganz gleich, welches Weidesystem verwendet wird, müssen folgende grundlegende Punkte beachtet werden:

Die Basis der Weidehaltung ist immer ein intakter Grünlandbestand. Daher müssen in regelmäßigen Abständen die Flächen gepflegt/bearbeitet werden (Mulchen, Nachsäen, Düngen, Unkrautbekämpfung etc.). In der Rinderfütterung muss, wie des Öfteren bereits erwähnt, auf eine konstante „Ration" und möglichst hohe Futteraufnahmen geachtet werden. Daher sollten die Weideflächen nie total abgegrast werden. Wenn die Tiere auf eine neue Koppel kommen, sollten die Futterwechsel möglichst schonend erfolgen. Das System der Kurzrasenweide zeigt hier besondere Vorteile. Zusätzlich hat sich das ständige Beifüttern von Heu oder Silagen bewährt. Sollten die Tiere z. B. aufgrund von schlechtem Wetter im Stall bleiben, kommt es nicht zu einer totalen Futterumstellung. Die Triebwege sollten trocken und eben sein, damit die Klauen der Tiere nicht zu sehr strapaziert werden. Zusätzlich führen lange Triebwege (> 1 km) aufgrund des erhöhten Energiebedarfs zu hohen Milchverlusten. Speziell im Sommer ist auf ausreichende Schatten- und Wasserstellen zu achten. Im Frühjahr sowie im Herbst weisen die Weiden oftmals hohe Gehalte an Kalium, Rohprotein und Zucker auf. Um Pansenazidosen, Harnstoffüberschüsse etc. zu vermeiden, muss in diesem Fall unbedingt Grundfutter ergänzt werden. Trockenstehende Kühe sollten aufgrund des gesteigerten Milchfieberrisikos gar nicht auf einer solchen Weidefläche grasen. In diesem Zusammenhang ist auch noch die Weidetetanie zu erwähnen. Diese Stoffwechselerkrankung resultiert aus einem Kaliumüberschuss. Das Kalium blockiert die Magnesiumabsorption. Dadurch wird die Muskelkontraktion schwer beeinflusst und das Tier liegt fest. Wichtig ist, dass im Falle eines Festliegens dem betroffenen Tier bei der Behandlung Magnesium zugeführt wird.

Foto © Clara Bastian/Shutterstock.com

Das Bild zeigt Kühe auf einer Kurzrasenweide.

Fütterung der Trockensteher

Meiner Meinung nach wird in der Praxis nichts so sehr unterschätzt wie die Bedeutung der Trockensteherfütterung. Eine laktierende Kuh wird zu Recht immer wieder mit einem Leistungssportler verglichen. Im Wettkampf (in diesem Fall die Laktation) fällt die Entscheidung über Sieg oder Niederlage, doch ohne die richtige Vorbereitung ist ein Sieg aussichtslos. Diese Wettkampfvorbereitung ist mit der Trockenstehzeit unserer Kühe zu vergleichen. Ein gutes Trockensteherkonzept trennt sprichwörtlich die Spreu vom Weizen. Milchleistung, Stoffwechselgesundheit sowie die Fruchtbarkeit werden stark von der Vorbereitungsfütterung beeinflusst.

Ziele der Trockensteherfütterung

- Milchfieberprophylaxe
- Hohe Futteraufnahmen
- Angepasste Nährstoffversorgung
- Anreicherung an Spurenelementen und Vitaminen

Milchfieberprophylaxe

Die unterschiedlichsten Hilfsmittel (z. B. Ca-Boli, Vitamin-D_3-Spritze usw.) zur Milchfieberprophylaxe werden im Kapitel „Ursachen und Prävention von Stoffwechselerkrankungen – Milchfieber“ beschrieben. Diese Produkte haben einen großen Nutzen und sind in manchen Rationen unerlässlich. Jedoch wird beim Verwenden dieser Hilfsmittel immer nur das Symptom bekämpft. Um einen nachhaltigen Erfolg erzielen zu können, muss die Ursache bekämpft werden. Darauf hat die Rationsgestaltung der Trockensteherfütterung einen großen Einfluss. Schlussendlich ist Milchfieber über ein gutes Fütterungsmanagement sehr gut im Zaum zu halten. Das A und O ist die Reduzierung des Kalzium- und Kaliumgehalts in der Trockensteherration. Der Einsatz von extensiv bewirtschaftetem Grünland hat sich hier sehr gut bewährt. Jedoch muss in diesem Fall meist Kraftfutter ergänzt werden, um die optimalen Energie- und Rohproteinwerte zu erreichen.

Maissilage ist das Grundfuttermittel mit den niedrigsten Gehalten an Kalium und Kalzium. Deshalb empfiehlt es sich, einen Maissilageanteil von mindestens 30 % in der Trockensteherration zu haben.

Die folgende Tabelle zeigt den Kalzium- und Kaliumgehalt für die angeführten Grundfuttermittel. Wie schnell zu erkennen ist, gibt es beim Grundfutter sehr große Schwankungen, weshalb zur Berechnung einer Trockensteherration immer Grundfutteranalysen inklusive Mineralstoffuntersuchungen zu empfehlen sind. Gut gedüngtes Dauergrünland sowie Feldfutter weisen zu hohe Kaliumwerte auf und haben deshalb nichts in einer Trockensteherration verloren.

Maissilage	Heu	Stroh Gerste	Stroh Weizen
1–2,5	4–10	2,5–3	2,5–3
8–12	18–34	17–20	8–9

Bedeutung des DCAB-Werts

Der DCAB-Wert gibt die Kationen-(Kalium und Natrium)Anionen-(Chlor und Schwefel)Bilanz wieder. Das heißt, dass dieser Wert das Säure-Basen-Verhältnis beschreibt. (Mehr dazu wird im Kapitel „Interpretation von Grundfutterunteranalysen“ erklärt.)

Futtermittel	DCAB-Gehalt
Grassilage (Dauergrünland)	100–400
Luzerne-, Kleegras	350–600
Maissilage	100–200
Sojaschrot	200–350
Rapsschrot	-200 bis -50
Melasse	1.000–1.200
Saure Salze	-6.500

Tabelle 19: DCAB-Gehalte der Futtermittel (in Anlehnung an Sano n. d.)

Eine Reduktion des DCAB-Werts bedeutet, dass das Säuren-Basen-Verhältnis zugunsten der Säuren verschoben wird. Ein niedriger DCAB-Wert (< 130 meq/kg) führt in weiterer Folge zum Absinken des Blut-pH-Werts. Fällt der Blut-pH-Wert ab, wird das gefütterte Kalzium im Körper der Kuh nicht vollständig aufgenommen. Somit beugt ein niedriger DCAB-Wert, vor allem bei kalzium- und kaliumreichen Trockensteherrationen, Milchfieber vor.

Das Kationen-Anionen-Verhältnis lässt sich sehr gut über diverse Grund- und Kraftfuttermittel steuern.

Die Tabelle gibt einen groben Überblick über die unterschiedlichen DCAB-Gehalte. Wie klar zu erkennen ist, gibt es innerhalb der verschiedenen Futtermittel große Schwankungsbreiten. Deshalb sollte der DCAB-Gehalt des Grundfutters unbedingt analysiert werden. Ein hoher Silomaisanteil in Kombination mit Rapsschrot führt tendenziell zu einem niedrigen DCAB-Wert und bietet daher einen natürlichen Milchfieberschutz.

Saure Salze in Trockensteherrationen

Nicht jeder Betrieb hat die Möglichkeit, den DCAB-Wert durch die betriebseigenen Futtermittel auf ein optimales Niveau zu bringen. In diesem Fall kann das Verfüttern von sauren Salzen (Magnesiumsulfat oder auch Bittersalz genannt) eine gute Option sein. Saure Salze reduzieren bereits bei geringen Einsatzmengen von 50–100 g stark den DCAB-Wert der Ration und bieten so einen Milchfieberschutz. Nachdem saure Salze den Blut-pH-Wert rasch absinken lassen, sollte beim Einsatz dieser Produkte der Harn-pH-Wert wöchentlich kontrolliert werden, um ein zu starkes Absinken zu verhindern (wird in der Praxis selten gemacht). Sinkt der Harn-pH-Wert zu stark ab, wirkt sich das nämlich negativ auf die Futteraufnahme nach der Abkalbung aus. Das kann wiederum das Ketoserisiko stark erhöhen und reduziert die Milchleistung. Ich persönlich bevorzuge den Einsatz von sauren Salzen, wenn diese bereits in eine Mineralstoffmischung eingemischt wurden. Umgangssprachlich spricht man dann von angesäuerten Mineralstoffen. Durch den Einsatz dieser Produkte wird der Blut-pH-Wert nur leicht angesäuert. Ein regelmäßiges Kontrollieren des Harn-pH-Werts ist dann nicht zwingend notwendig.

Hohe Futteraufnahmen

Ab einer Trockenmasseaufnahme von 13 kg pro Tier und Tag spricht man bei Trockenstehern von einer hohen Futteraufnahme. Es gibt einige Studien, die belegen, dass die tägliche Futteraufnahme in der Trockenstehzeit einen erheblichen Einfluss auf die Stoffwechselgesundheit sowie die Einsatzleistung der Tiere hat. Folgende Faktoren wirken sich positiv auf die Futteraufnahme aus:

- Ausreichend Licht am Futtertisch
- Fressplatz-Kuh-Verhältnis mindestens 1 : 1
- Häufige Rangneuordnungen durch geblocktes Trockenstellen vermeiden
- Stress vermeiden
- Ausreichende Wasserversorgung
- Verwendung eines Mischwagens (wenn vorhanden)
- Nur kurz geschnittene Futterkomponenten (vor allem beim Stroh wichtig)
- Bedarfsgerechte Energieversorgung
- Schmackhaftes Futter (geringer Rohaschegehalt, kein Schimmel, keine Nacherwärmung etc.)
- Zugabe von Futtersäuren, falls es zu einer Nacherwärmung kommt (speziell im Sommer)

- Mindestens jeden zweiten Tag frische Futtervorlage und mindestens dreimal täglich Futter nachschieben
- 5 % vom Futterrest ausputzen

Angepasste Nährstoffversorgung

Wie bei den Laktierenden ist auch bei den Trockenstehern auf eine bedarfsgerechte Nährstoffversorgung vor allem von der Energie, dem Rohprotein und der Rohfaser zu achten. Überschüsse sowie Mängel von gewissen Nährstoffen haben weitreichende negative Folgen.

Die Kühe sollen in der Trockenstehzeit weder an Körpermasse verlieren noch verfetten! Selbst wenn die Tiere zu fett trockengestellt werden, dürfen diese in der Vorbereitungsfütterung nicht an Körpermasse abbauen. Durch ein zu starkes Reduzieren der Energiedichte nehmen die Tiere ab und die Futteraufnahme sinkt. Als Folge haben wir stoffwechselinstabile Frischmelker mit Einsatzleistungen unter deren Potenzial. Leichte Fettreserven sind dringend notwendig, um in der Folgelaktation wichtige Energie aus dem Fettgewebe mobilisieren zu können. Trotzdem darf es in der Trockenstehzeit, wie bereits gesagt, nicht zum Verfetten kommen.

Der Vergleich des BCS (Body Condition Score) der Tiere, die sich kurz vor dem Trockenstellen befinden, mit jenen, die sich kurz vor der geplanten Abkalbung befinden, gibt einen guten Aufschluss über die Energieversorgung in der Trockenstehzeit. Sollten die Trockensteher zu mager oder zu fett sein, muss die Energiedichte verändert werden.

Die Energiedichte in der Ration, angegeben in MJ NEL, wird über die Zugabe von Heu oder Stroh gesenkt, währenddessen der Einsatz von Kraftfutter oder Maissilage die Energiedichte hebt.

Ein Eiweißmangel (< 12 % XP) in der Trockensteherration führt zum Absterben von den proteinabbauenden Pansenbakterien. In der darauffolgenden Laktation kann das gefütterte Eiweiß anfangs nicht optimal verwertet werden, da sich die eiweißzersetzenden Bakterien erst wiederaufbauen müssen. Zusätzlich führt ein Proteinmangel in der Trockensteherration zu signifikant niedrigeren Einsatzleistungen.

Deshalb sollte bei Maissilage-betonten Trockensteherrationen Rapsschrot als Proteinergänzung eingesetzt werden. Ein Eiweißüberschuss (> 15 % XP) belastet die Leber und kostet unnötig Geld.

Der Rohfasergehalt fördert das Wiederkauen und somit die Pansen- und Tiergesundheit. Um den Rohfaserbedarf zu decken, muss vorzugsweise gehäckseltes (Weizen-)Stroh oder Heu ergänzt werden.

Anreicherung an Spurenelementen und Vitaminen

Vor allem in der Trockenstehzeit sollte eine hochwertige Mineralstoffmischung in ausreichender Menge verfüttert werden. Das Ziel ist es, die Reserven im Körper der Kuh vor der Abkalbung aufzufüllen, um den Grundstein für eine erfolgreiche Laktation legen zu können.

Eine hohe Versorgung an Spurenelementen sowie Vitaminen sind ausschlaggebend für die Kuhgesundheit und die Fruchtbarkeit. Die Mineralstoffauswahl richtet sich ganz nach der betriebsindividuellen Trockensteherration. Dabei ist wichtig, dass alle Bedarfswerte gedeckt sind. Meistens sind dafür Einsatzmengen von 130–200 g notwendig.

(Näheres dazu wird im Kapitel „Bedeutung der Mineralstoffversorgung – Bedarfswerte für Trockensteher" beschrieben.)

Trockenstehersysteme

Die Rationsgestaltung hängt neben den verfügbaren Grundfuttermitteln davon ab, ob der Betrieb alle Tiere in einer Gruppe hält oder einen eigenen Bereich für die Trockensteher hat. Ist dies der Fall, muss wiederum zwischen einer einphasigen und einer zweiphasigen Trockensteherfütterung unterschieden werden.

Trockensteher und laktierende Kühe in einer Gruppe

Dieses System entspricht nicht mehr dem Standard und führt tendenziell zu Problemen. Der Grund dafür liegt darin, dass Trockensteher gegenüber den Laktierenden ganz andere Ansprüche haben. Vor allem bei Milchleistungen ab 8.000 Liter besteht eine hohe Gefahr, dass es zum Auftreten von Milchfieber kommt. Fütterungstechnisch liegen die Hauptprobleme meist in einem Kalium- und/oder Kalziumüberschuss sowie einer zu hohen Energieversorgung in der Frühtrockenstehzeit. Neben den fütterungstechnischen Grundlagen darf der Faktor Stress nicht vergessen werden. Es handelt sich hierbei schließlich um hochträchtige Tiere. Vor allem, wenn die Ställe bereits überbelegt sind, werden die Auswirkungen von Stress deutlich.

Wenn es keine andere Möglichkeit gibt, als die Trockensteher mit den Laktierenden mitlaufen zu lassen, dann muss der Mineralstoff für die Kühe in Milch über einen Transponder oder den Melkroboter gefüttert werden. Sollte kein Mineralstoffdosierer vorhanden sein oder dieser immer wieder verstopfen, kann auch ein vollmineralisiertes Kraftfutter über die bereits genannten Geräte gefüttert werden. Die Trockensteher müssen ein eigenes Trockenstehermineral am Transponder oder per Hand bekommen. Ein Silomaisanteil von rund 50 % führt zu einer passablen Verdrängung von Kalium und Kalzium. Ist ein Mischwagen oder ein Fütterungsroboter im Einsatz, dürfen maximal 2 kg Kraftfutter eingesetzt werden (dieses sollte selbstverständlich unmineralisiert sein). Sonst würden die Trockensteher zu fett werden. Auch wenn all diese Punkte berücksichtigt wurden, ist ein zusätzlicher Milchfieberschutz durch die Eingabe von Calcium Boli sowie durch weitere Maßnahmen wie Kalziumbinder etc. zu empfehlen.

Einphasiges Fütterungssystem

Die Tiere bekommen über die gesamte Trockenstehzeit bis zum Abkalben dieselbe Ration. Dieses Fütterungsmodell ist vor allem in Österreich aufgrund der kleinen Betriebsstrukturen weit verbreitet. Natürlich muss hierbei bezüglich der Nährstoffgestaltung ein Kompromiss gemacht werden. Speziell der Energiebedarf verändert sich während der Trockenstehzeit sehr stark. Zu Beginn benötigen die Tiere wenig Energie, ein Überschuss würde zum Verfetten führen. Zwei bis drei Wochen vor dem Abkalben steigt die benötigte Energiekonzentration der Kuh jedoch rapide an, da das ungeborene Kalb stark wächst und sich gleichzeitig die Futteraufnahme der hochträchtigen Kuh reduziert. Um den erhöhten Energiebedarf vor der Abkalbung zu kompensieren, sollten die Tiere bei einem einphasigen Fütterungssystem zwei bis drei Wochen vor dem errechneten Kalbetermin mit 2–3 kg eines unmineralisierten Kraftfutters angefüttert werden.

Diese Tabelle zeigt die empfohlenen Nährstoffangaben bei einer einphasigen Trockensteherfütterung. (Die empfohlenen Angaben für Mengen- und Spurenelemente und Vitamine sind im Kapitel „Bedeutung der Mineralstoffversorgung – Bedarfswerte für Trockensteher“ angeführt.)

Nährstoffe	Bedarfswert
Energiedichte in MJ NEL*	5,8–6,1 MJ NEL
Rohprotein, % der Gesamtration	12,5 %–14,5 %
Rohfaser, g der Gesamtration	> 2.800 g

* Die benötigte Energiedichte hängt stark von der Kondition der Altmelker ab und ist somit individuell zu ermitteln.

Zweiphasiges Fütterungssystem

Die Trockensteher werden in zwei Gruppen unterteilt und unterschiedlich versorgt.

Die Frühtrockensteher sollten nährstoffarm gefüttert werden. Die Ration muss rohfaserreich aufgebaut sein, um die Pansengesundheit der Tiere zu erhalten und ein Verfetten zu vermeiden. Vitamine und Spurenelemente müssen dennoch über eine Mineralstoffmischung in ausreichender Menge ergänzt werden.

Zwei bis drei Wochen vor dem Kalben werden die Tiere in die zweite Trockenstehergruppe gegeben. In dieser Ration sollte die Nährstoffkonzentration wesentlich höher sein. Zusätzlich muss der Kalziumgehalt nochmals bewusst reduziert werden, um die Kuh zur Kalziummobilisation anzuregen und somit Milchfieber vorzubeugen. (Wird der Anteil an sauren Salzen bewusst erhöht, muss eventuell auch der Kalziumgehalt erhöht werden.)

In manchen Betrieben kommen die Trockensteher bereits zwei bis drei Wochen vor dem Abkalben zu der laktierenden Gruppe hinzu, wo diese dieselbe Ration fressen. Diese Handhabung ist ebenfalls als zweiphasiges Trockenstehersystem zu bewerten, jedoch besteht in diesem Fall ein erhöhtes Milchfieberrisiko.

Diese Tabelle zeigt die empfohlenen Nährstoffangaben bei einer zweiphasigen Trockensteherfütterung:

Frühtrockensteher
(vier bis sechs Wochen nach dem Trockenstellen)*

Nährstoffe	Bedarfswert
Energiedichte in MJ NEL	5,5–5,8 MJ NEL
Rohprotein, % der Gesamtration	11–12 %
Rohfaser, g der Gesamtration	> 3.200 g

* Sollten Kühe länger als acht Wochen trockengestellt sein, verlängert sich dieser Zeitraum selbstverständlich.

Spättrockensteher
(zwei bis drei Wochen vor der errechneten Abkalbung)

Nährstoffe	Bedarfswert
Energiedichte in MJ NEL	6,4–6,7 MJ NEL
Rohprotein, % der Gesamtration	13–15 %
Rohfaser, g der Gesamtration	>2.300 Gramm

Weidehaltung

Die Weidehaltung ist die natürlichste Form der Rinderhaltung und bringt durchaus positive Effekte mit sich. In keinem Stall sind die Faktoren Licht, Luft und Bewegung so gleich stark vorhanden wie auf der Weide. Die zusätzliche Bewegung sorgt für schlanke und fitte Tiere, was den Kalbeverlauf positiv beeinflusst. Dennoch bringt die Weidehaltung einige negative Aspekte mit sich.

Die Weide verändert sich ständig. Infolgedessen können die für Trockensteher benötigten Nährstoffe niemals konstant angepasst werden. Des Weiteren beinhaltet die Weide meist viel zu viel Kalium und Kalzium. Wie bereits erwähnt führen diese Parameter tendenziell zu einem erhöhten Auftreten von Milchfieber. Zusätzlich bringt Weidegras, das sich noch im Aufwuchs befindet, einen Rohproteinüberschuss sowie einen Rohfasermangel mit sich. Trockensteher sollten deshalb speziell im Frühjahr und im Herbst nicht auf die Weide getrieben werden.

Die tägliche Futteraufnahme ist ein wichtiger Parameter, um die Trockensteherfütterung zu überwachen. Bei der Weidehaltung ist die Ermittlung bzw. Kontrolle der tatsächlichen Futteraufnahme nahezu unmöglich.

Zusätzlich erweist sich die Mineralstoffversorgung bei der Weidehaltung als schwierig. Meistens werden den Tieren Trockensteher-Leckmassen angeboten. Diese sind jedoch fütterungstechnisch aufgrund des teilweise hohen Melasseanteils (der hohe DCAB-Gehalt erhöht das Milchfieberrisiko) und der geringen Ausstattung an Vitaminen und Spurenelementen nicht zu empfehlen. Obendrein schwanken die tatsächlichen Aufnahmen innerhalb der Tiere stark. Während manche Tiere sehr oft an der Leckmasse schlecken, nehmen gewisse Tiere kaum etwas zu sich. Manche Landwirte/Landwirtinnen geben ein herkömmliches Trockenstehermineral in eine Wanne zur freien Aufnahme. Das hebt in aller Regel die Qualität des angebotenen Mineralstoffs, jedoch kann auch hier die genaue Mineralstoffmenge pro Kuh und Tag nicht kontrolliert werden.

Grundsätzlich spreche ich mich dafür aus, die Tiere über die gesamte Trockenstehzeit im Stall zu halten.

Sollten die Tiere aufgrund diverser Gründe (Weidehaltungspflicht, Platz usw.) ausgetrieben werden, sollten diese nur in den ersten vier Wochen der Trockenstehzeit auf die Weide getrieben werden. Danach müssen die Tiere mittels Stallfütterung auf die Geburt vorbereitet werden. Die beste Lösung wäre eine Stallfütterung, kombiniert mit einem ständigen Zugang zu freiem Auslauf.

Beispiele für Trockensteherrationen

Folgend werden mögliche Beispiele mit den jeweiligen Vor- und Nachteilen für eine einphasige Trockensteherfütterung dargestellt. Zweiphasige Trockenstehersysteme werden, wie bereits erwähnt, in Österreich kaum praktiziert. Grundsätzlich kann aber jedes System der einphasigen Trockensteherfütterung in ein zweiphasiges System umgelegt werden. Der Unterschied liegt hauptsächlich darin, dass bei den Frühtrockenstehern das Stroh erhöht und der Kraftfutteranteil reduziert wird, um den Energiegehalt abzusenken. Hingegen werden bei den Spättrockenstehern die Kraftfuttermengen erhöht und der Strohanteil etwas reduziert. Eine genaue Rationsberechnung sollte selbstverständlich durchgeführt werden.

Bei der extensiven Grassilage sowie bei der Maissilage wurden durchschnittliche Inhaltswerte angenommen. Betriebsindividuell ergeben sich natürlich Differenzen in der Rationsgestaltung. Sollte im Betrieb kein Mischwagen/Fütterungsroboter vorhanden sein, kann das Stroh durch extensives Heu ersetzt werden, da die Akzeptanz von Heu gegenüber Stroh deutlich höher ist. Beim Einsatz von Heu kommt es zu Abweichungen der angeführten Rationsbeispiele, da dieses Grundfuttermittel gegenüber Stroh Unterschiede in der Nährstoffkonzentration aufweist (weniger Rohfaser, dafür höherer Energie- und Proteingehalt). Wenn Stroh eingesetzt wird, muss dieses unbedingt fein gehäckselt sein, ansonsten wird dieses von den Kühen selektiert.

Komponente	Einsatzmenge in Frischmasse pro Kuh und Tag
(Gersten-)Stroh, fein gehäckselt	8 kg
Rapsextraktionsschrot	1,0 kg
Sojaschrot	1 kg
Körnermais	1 kg
Gerste	1 kg
Trockenstehermineral	0,2 kg
Betacarotin	Einsatzmenge je nach Produkt

- \+ Extrem geringe Gehalte an Kalium und Kalzium (Milchfieberprophylaxe)
- \+ Sehr konstante Fütterung
- \+ DCAB-Wert ist herabgesetzt.

- – Futteraufnahme ist aufgrund des hohen Strohanteils reduziert.
- – Das Stroh muss eine sehr hohe Qualität aufweisen.
- – Hohe Kraftfuttermengen
- – Der Zusatz von Betacarotin ist für eine optimale Follikelqualität notwendig.

Komponente	Einsatzmenge in Frischmasse pro Kuh und Tag
Maissilage	21 kg
(Weizen-)Stroh, fein gehäckselt	3,5–4,5 kg
Rapsextraktionsschrot	3,0 kg
Trockenstehermineral	0,2 kg
Betacarotin	Einsatzmenge je nach Produkt

- \+ Sehr geringe Gehalte an Kalium und Kalzium (Milchfieberprophylaxe)
- \+ Sehr konstante Fütterung
- \+ DCAB-Wert ist herabgesetzt.

- – Futteraufnahme kann aufgrund des hohen Strohanteils reduziert sein.

- Maissilage darf im Sommer auf keinen Fall warm werden.
- Der Zusatz von Betacarotin ist für eine optimale Follikelqualität notwendig.

Komponente	Einsatzmenge in Frischmasse pro Kuh und Tag
Maissilage	17 kg
Grassilage extensiv	7 kg
Strohweizen (gehäckselt)	2,5–3,0 kg
Rapsextraktionsschrot	2,7 kg
Trockenstehermineral	0,2 kg
Eventuell Betacarotin	Einsatzmenge je nach Produkt

+ Tendenziell hohe Futteraufnahmen
+ Niedriger DCAB-Gehalt (Milchfieberprophylaxe)

- Der Zusatz von Betacarotin ist für eine optimale Follikelqualität sinnvoll.

Komponente	Einsatzmenge in Frischmasse pro Kuh und Tag
Maissilage	14 kg
Grassilage extensiv	14 kg
(Weizen-)Stroh, fein gehäckselt	2–2,5 kg
Rapsextraktionsschrot*	2,5 kg
Trockenstehermineral	0,16 kg

* Eventuell wird bei einer solchen Ration der Grenzwert für Phosphor überschritten. Eine Phosphorüberversorgung erhöht das Milchfieberrisiko. Daher sollte gegebenenfalls statt Rapsschrot Sojaschrot zum Proteinausgleich herangezogen werden. In weiterer Folge sollte das Mineralfutter keinen zusätzlichen Phosphor beinhalten.

+ Meist hohe Akzeptanz der Tiere
+ Milchfieberprophylaxe grundsätzlich noch gegeben

- Die Bedarfswerte für Kalzium werden bereits überschritten.
- DCAB-Gehalt eventuell bereits etwas zu hoch.
- Bei jedem Schnittwechsel muss die Ration neu berechnet werden.

Komponente	Einsatzmenge in Frischmasse pro Kuh und Tag
Maissilage	9 kg
Grassilage extensiv*	22 kg
(Weizen-)Stroh, fein gehäckselt	1–1,5 kg
Rapsextraktionsschrot	1,5 kg
Trockenstehermineral	0,16 kg

* Eventuell wird bei einer solchen Ration der Grenzwert für Phosphor überschritten. Eine Phosphorüberversorgung erhöht das Milchfieberrisiko. Daher sollte gegebenenfalls statt Rapsschrot Sojaschrot zum Proteinausgleich herangezogen werden. In weiterer Folge sollte das Mineralfutter keinen zusätzlichen Phosphor beinhalten.

+ Kostentechnisch günstige Ration

- Meistens bereits erhöhter Kalium- und Kalziumgehalt
- Erhöhter DCAB-Gehalt
- Zusätzliche Milchfieberprophylaxe wird unbedingt empfohlen (CaBolus, Vitamin-D_3-Injektion usw.)
- Bei jedem Schnittwechsel muss die Ration neu berechnet werden.

Komponente	Einsatzmenge in Frischmasse pro Kuh und Tag
Grassilage extensiv	33 kg
Körnermais	1 kg
Rapsextraktionsschrot*	1 kg
Trockenstehermineral	0,13 kg

* Eventuell wird bei einer solchen Ration der Grenzwert für Phosphor überschritten. Eine Phosphorüberversorgung erhöht das Milchfieberrisiko. Daher sollte gegebenenfalls statt Rapsschrot Sojaschrot zum Proteinausgleich herangezogen werden. In weiterer Folge sollte das Mineralfutter keinen zusätzlichen Phosphor beinhalten.

+ Einfache Ration
+ Kostengünstige Ration

- Erhöhter Kalzium- und Kaliumgehalt
- Ein leicht erhöhter Kaliumgehalt der Grassilage erhöht das Milchfieberrisiko um ein Vielfaches.
- Meist verminderte Futteraufnahme
- Zusätzliche Milchfieberprophylaxe ist unerlässlich (CaBolus, Vitamin-D_3-Injektion usw.).
- Eventuell Einsatz von sauren Salzen
- Bei jedem Schnittwechsel muss die Ration neu berechnet werden.

Milchkuhration plus Stroh

Betriebe, die nicht separat für ihre Trockensteher mischen möchten, haben die Möglichkeit, die Milchviehration durch die Zugabe von Stroh zu verdünnen. Beim Mischen der Ration für die laktierenden Tiere wird einfach eine Restmenge im Mischwagen/Fütterungsroboter behalten und je nach Bedarf mit Stroh, Rapsschrot und dem passenden Mineralstoff ergänzt.

Komponente	Einsatzmenge in Frischmasse pro Tier und Tag
Milchviehration	20 kg
Strohweizen (gehäckselt)	3 kg
Rapsextraktionsschrot*	1 kg
Trockenstehermineral	0,1 kg

* Eventuell wird bei einer solchen Ration der Grenzwert für Phosphor überschritten. Eine Phosphorüberversorgung erhöht das Milchfieberrisiko. Daher sollte gegebenenfalls statt Rapsschrot Sojaschrot zum Proteinausgleich herangezogen werden. In weiterer Folge sollte das Mineralfutter keinen zusätzlichen Phosphor beinhalten.

+ Einfache Anwendung
+ Trockensteher fressen dieselben Komponenten wie die laktierenden Tiere.
+ Meist hohe Futteraufnahmen

- Erhöhte Kalzium- und eventuell Kaliumwerte
- Zusätzliche Milchfieberprophylaxe ist unerlässlich (CaBolus, Vitamin-D_3-Injektion usw.)
- Eventuell Einsatz von sauren Salzen

Zusammenfassend kann gesagt werden, dass viele Wege nach Rom führen und jeder Betrieb für sich selbst ein passendes System zurechtlegen muss. Fakt ist, dass ein Silomaisanteil ab 50 %, kombiniert mit niedrigen Kaliumgehalten aus dem Grundfutter, definitiv eine sehr gute Milchfieberprophylaxe bietet.

Ursachen und Prävention von Stoffwechselerkrankungen

Kranke Tiere verursachen hohe Kosten und nehmen zusätzlich viel Zeit in Anspruch. Vor allem am Beginn der Laktation rückt die Bedeutung der Stoffwechselerkrankungen in den Vordergrund. Zu den wichtigsten Stoffwechselerkrankungen zählen: Ketose, Azidose und Milchfieber. Meiner Meinung nach zählen aber auch die metabolische Azidose sowie Alkalose zu den bedeutendsten Stoffwechselproblemen und werden daher ebenfalls erwähnt.

Foto © Romolo Tavani/Shutterstock.com

In weiterer Folge ist zwischen klinischen und subklinischen Erkrankungen zu unterscheiden. Bei einer klinischen Erkrankung zeigt das betroffene Tier ein schweres Krankheitsbild mit klarer Symptomatik und muss so schnell wie möglich vom Tierarzt behandelt werden. Subklinische Stoffwechselerkrankungen sind von außen nicht sofort erkennbar. Diese Erkrankungen treten wesentlich häufiger auf und verursachen große wirtschaftliche Schäden. Durch ein gutes Fütterungsmanagement sowie ein regelmäßiges Controlling der Tiere kann das Auftreten von Stoffwechselerkrankungen stark reduziert werden.

Das Bild vom Eisberg im Wasser symbolisiert klinische und subklinische Krankheitsbilder. Der Eisberg über der Wasseroberfläche wird von außen sofort erkannt (klinische Symptomatiken). Der untere Teil wird auf den ersten Blick nicht bzw. schwer wahrgenommen (subklinische Symptomatiken). Zu beachten ist, dass der Großteil des Eisbergs unter Wasser ist.

Um bei einer möglichen Erkrankung richtig reagieren zu können, müssen folgende Punkte beantwortet werden können:

- Was geschieht im Organismus der Kuh?
- Was sind mögliche Ursachen?
- Wie erkenne ich die Erkrankung?
- Wie kann ich fütterungstechnisch vorbeugen?
- Welche Auswirkungen hat die Erkrankung auf das Tier?
- Mit welchen Hilfsmitteln kann das Tier prophylaktisch unterstützt werden?
- Was ist bei einer akuten Erkrankung zu tun?

Ketose (Acetonämie)

Die Ketose wird aufgrund des häufigen Auftretens auch als „Berufskrankheit" Nummer eins bei Milchkühen bezeichnet. Das Erkranken an einer Acetonämie wird durch einen Energiemangel hervorgerufen. Die Kuh versucht die negative Energiebilanz mittels Einschmelzens von Körperfett und Muskelmasse auszugleichen. Dieser Stoffwechselprozess wird über die Leber vollzogen. Das Umwandlungsprodukt davon ist das Acetoacetat. Das Acetoacetat wird anschließend in Ketonkörper umgewandelt, die in weiterer Folge dem Wiederkäuer als Energiequelle bereitgestellt werden. Die Ketonkörper bestehen hauptsächlich aus den Stoffwechselprodukten Beta-Hydroxybutyrat (BHB) und Aceton. Grundsätzlich ist das Einschmelzen von Körperfett und Muskelmasse zu Beginn der Laktation ein natürlicher Stoffwechselprozess. Ganz nach dem Sprichwort: „Die Dosis macht das Gift", spielt hier die Ketonkörperkonzentration eine entscheidende Rolle. Eine Kuh wird zu Beginn der Laktation immer Körperfett einschmelzen und daher eine gewisse Ansammlung von Ketonkörpern im Blut aufweisen. Steigt die Konzentration der Ketonkörper aufgrund eines zu starken Energiemangels jedoch an, kann das schwere Auswirkungen auf den Organismus der Kuh haben. Zusätzlich sollte ergänzt werden, dass Buttersäure im Pansen zu BHB abgebaut wird. Daher erhöhen zu hohe BHB-Gehalte in den Silagen das Ketoserisiko.

Erkennen von Ketosen

Die einfachste, aber auch ungenaueste Variante ist die Beobachtung bzw. das Wahrnehmen der Atemluft. Die Atemluft riecht nach Aceton (Nagellackentferner). Des Weiteren machen erkrankte Tiere einen müden Eindruck und lassen die Ohren hängen. Auch ein Milchleistungsrückgang ist erkennbar.

Eine weitere Möglichkeit besteht in der Interpretation des FEQ (wird im Kapitel „Controlling" erläutert) laut LKV-Bericht. Der Nachteil liegt an den möglichen Fehlerquellen bei der Interpretation sowie der Tatsache, dass die Milchleistungskontrolle nur in einem Intervall von vier bis fünf Wochen stattfindet.

Die genaueste Variante ist das Messen der Ketonkörperkonzentration. Dies kann über Milch, Harn sowie über das Blut festgestellt werden.

Der Harn wird entweder vom Tierarzt mittels Harnkatheter gewonnen, oder der Landwirt/die Landwirtin wartet geduldig, um eine Probe zu erlangen. Danach wird der Harn auf einen Teststreifen gegeben. Eine Farbskala signalisiert den BHB-Wert. Der Nachteil dieser Messmethode liegt beim relativ hohen Zeitaufwand und wird daher selten praktiziert.

Der LKV analysiert über die Milchproben automatisch das Ketoserisiko. Die Testgenauigkeit ist allerdings nur durchschnittlich.

Sehr gut etabliert haben sich Schnelltestmethoden mithilfe von Ketosemessgeräten, die das Blut innerhalb weniger Sekunden analysieren. Auf den

Foto © Jonas Schiffer

Das Bild zeigt eine Kuh, die an einer subklinischen Ketose erkrankt ist.

Geräten wird die BHB-Konzentration angezeigt. Diese Messgenauigkeit ist sehr zufriedenstellend und der Landwirt/die Landwirtin kann das selbst jederzeit durchführen.

Prophylaktische Hilfsmittel

Die kostengünstigste und nachhaltigste Variante, um Ketosen prophylaktisch vorzubeugen, ist die Optimierung der Rationen von den Trockenstehern und den Tieren in Milch.

Die Stoffwechselerkrankung resultiert aus einem zu starken Energiedefizit. Nur gesunde Kühe können genug fressen, um den Energiemangel in Grenzen zu halten. Etwaige Erkrankungen (Mastitis, Klauenprobleme, Metritis, Azidosen, Milchfieber etc.) reduzieren die Futteraufnahme und erhöhen damit stark das Ketoserisiko. Die Voraussetzung dafür ist das Vorhandensein von qualitativ hochwertigem Grundfutter. Nur so sind hohe Futteraufnahmen möglich. Das hebt die Energiedichte und stabilisiert den Stoffwechsel. Fehlgärungen in Silagen erhöhen das Ketoserisiko um ein Vielfaches. Neben der geringeren Akzeptanz der Tiere und der damit einhergehenden verminderten Futteraufnahme führt der Abbau von Buttersäure im Pansen zu einer erhöhten Ketonkörperbildung.

Nur eine optimale Gestaltung der Milchviehration führt zu einer deutlichen Reduktion an Ketosen. Diesbezüglich sind sehr viele Faktoren zu berücksichtigen, die bereits in den Kapiteln zuvor erläutert wurden.

Verfettete Tiere haben ein wesentlich höheres Risiko, an einer Ketose zu erkranken. Deshalb muss eine bedarfsgerechte Fütterung während der Laktation sowie in der Trockenstehzeit gewährleistet sein. Zusätzlich sollte in regelmäßigen Abständen die Körperkondition der Tiere mittels BCS-Bewertung oder dem Rückenfettdickemessen überwacht werden. Tiere über 350 Laktationstage neigen extrem leicht zum Verfetten. Diesbezüglich spielt die Fruchtbarkeit wiederum eine große Rolle.

Neben der Milchfieberprophylaxe muss speziell zwei Wochen vor dem errechneten Kalbetermin auf eine ausreichende Energieversorgung geachtet werden. In den letzten Tagen vor der Kalbung steigt der Energiebedarf an, da das Kalb extrem stark wächst und sich gleichzeitig die Futteraufnahme der Kuh reduziert. Beim Ketosemessen werden des Öfteren erhöhte BHB-Werte bei den Trockenstehern festgestellt. Wenn sich Tiere bereits vor dem Zeitpunkt des Abkalbens in einer Ketose befinden, können diese nur sehr schwer aus dem Energiedefizit gerettet werden.

Zu guter Letzt muss erwähnt werden, dass sogar die Kälberaufzucht einen erheblichen Einfluss auf die Ketoseanfälligkeit des Tiers hat. Die Organe Leber, Milz und Niere entwickeln sich speziell in den ersten sieben Monaten. Das Organwachstum ist direkt an die Energieversorgung gekoppelt. Eine energiearme Kälberaufzucht führt zu einem geringeren Organwachstum. Vor allem die Leber wird damit in ihrer Leistungsfähigkeit begrenzt.

Sollten subklinische Ketosen bei den Frischmelkern festgestellt werden, ist der Einsatz von prophylaktischen Hilfsmittel absolut sinnvoll.

Der Einsatz von Propylenglykol hat sich in den vergangenen Jahren bewährt und unterstützt definitiv den Energiehaushalt des Tiers. Die Einsatzempfehlung liegt bei 0,3–0,5 Liter pro Kuh und Tag. (Mehr dazu wird im Kapitel „Bedeutung der Zusatzprodukte" erklärt.) Das Propylenglykol sollte bereits zwei Wochen vor dem Abkalben bis zum 60. Laktationstag oder bis zur bestätigten Trächtigkeit gefüttert werden.

Eine weitere Möglichkeit ist die Eingabe von einem KexxtoneBoli. Dieser wird einer trockenstehenden Kuh ca. zwei Wochen vor dem errechneten Kalbetermin eingegeben. Der Kexxtone-Bolus wirkt ca. zwei Monate lang im Pansen und unterstützt den Energiekreislauf. Der Einsatz dieses Produkts wird von manchen Personen kritisch betrachtet, da der Wirkstoff im Bolus (Monensin) als Antibiotikum eingeordnet wird. Der Bolus wirkt nur im Pansen und gelangt nicht in die Blutbahn. Deshalb gibt es keine Wartezeit auf Fleisch oder Milch. Vor allem bei stark verfetteten Kühen hat sich der Einsatz dieses Produkts sehr gut bewährt. Dieser Bolus muss in Österreich vom Tierarzt verschrieben und verabreicht werden.

Alternativ zum Kexxtone können auch Energie-Boli eingegeben werden. Es gibt einige Anbieter mit unterschiedlichsten Energie-Bolus-Produkten und Einsatzempfehlungen am Markt. Grundsätzlich wird der Bolus direkt nach dem Kalben eingegeben. In aller Regel wird empfohlen, zwei bis drei Stück pro Tier zeitverzögert einzugeben.

Die nachgewiesene Wirkung der Boli erstreckt sich über einen Zeitraum von ein bis zwei Wochen. Die meisten Boli enthalten Natriumpropionat (dient als Energiequelle), Vitamine, Mineralstoffe sowie etwaige Zusatzprodukte, die den Stoffwechsel unterstützen sollen.

Ich persönlich würde als Ketoseprophylaxe trotzdem zusätzlich immer den Einsatz von Propylenglykol empfehlen.

Behandeln von klinischen Ketosen

Wenn ein Tier aufgrund einer Ketose festliegt oder ein BHB-Wert von über 2,5 mmol/l gemessen wird, sollte der Tierarzt umgehend verständigt werden. Dieser behandelt die Tiere mit einer Glukoseinfusion und gibt weitere Empfehlungen ab. Häufig werden die Tiere auch gedrencht, um die Verdauung wieder in Schwung zu bringen.

Folgen von Ketosen

Subklinische sowie klinische Ketosen haben weitreichende und komplexe Folgen. Meines Erachtens ist dabei der Milchleistungsabfall das geringste Übel. Die Bildung von Ketonkörpern führt zu einer reduzierten Futteraufnahme, da das darin enthaltene Aceton über das Wiederkauen zurück in das Maul der Kuh transportiert wird und aufgrund des unangenehmen und intensiven Geschmacks die Fresslust vermindert. Deshalb kann man bei ketotischen Kühen auch diesen stechenden Geruch aus dem Maul wahrnehmen.

Die verminderte Futteraufnahme verstärkt die Ketose und vergrößert damit das Energiedefizit. Die Fruchtbarkeit ist immer an die Energieversorgung des Tiers gekoppelt. Dadurch reduzieren die auftretenden Energiemängel die Reproduktionsrate und führen zur Bildung von Zysten. In weiterer Folge wird durch die verminderte Futteraufnahme weniger Grundfutter gefressen. Meistens holen die betroffenen Kühe trotzdem noch das Kraftfutter am Transponder ab. Dies verschiebt das Grundfutter-Kraftfutter-Verhältnis. Daher tritt des Öfteren eine Pansenazidose als Folge einer Ketose auf. Dieses Risiko wird bei einer TMR-Fütterung deutlich reduziert, da das Tier immer Grund- und Kraftfutter zusammen aufnimmt (vorausgesetzt, es wird nicht selektiert). Die reduzierte Futteraufnahme erhöht speziell nach dem Abkalben das Risiko für eine Labmagenverlagerung, da der Pansen nicht vollständig gefüllt wird und somit der Labmagen an der linken oder rechten Seite des Pansens aufsteigen kann. Frisst die Kuh weniger, wird auch gleichzeitig weniger Kalzium und Phosphor aufgenommen. Dadurch wird das Milchfieberrisiko erhöht.

Beim Umwandeln der Fettsäuren zu Ketonkörpern werden nicht 100 % der freien Fettsäuren transformiert. Bis zu 25 % der Fettsäuren bleiben in der Leber und verursachen damit das Verfetten bzw. führen zum sogenannten Fettlebersyndrom. Dies schränkt die Leber in ihrer Leistungsfähigkeit stark ein. Das Organ ist hauptverantwortlich für den Energiestoffwechsel sowie den Abbau von Giftstoffen. Eine Einschränkung der Leistungsfähigkeit führt dadurch zu einer verminderten Milchproduktion und einer höheren Giftstoffbelastung im Organismus. Der verringerte Abtransport von Schadstoffen kann in weiterer Folge Klauenprobleme, Mastitis sowie das Leaky-Gut-Syndrom hervorrufen. Im Extremfall kann die Leber kollabieren und damit zum Tod des Tiers führen.

Pansenübersäuerung (Azidose)

Eine Azidose (Übersäuerung) tritt auf, wenn der Pansen-pH-Wert zu stark abfällt. Dies wird hauptsächlich verursacht, indem eine zu hohe Menge an leicht verdaulichen Kohlenhydraten (Getreidekraftfutter) gefüttert wird und/oder ein Mangel an strukturierter Rohfaser herrscht. Dadurch kommt es zu einem Energieüberschuss im Pansen, der pH-Wert sinkt und die rohfaserzersetzenden Bakterien sterben großteils ab. Speziell schleichende Pansenazidosen treten des Öfteren im Sommer auf, da aufgrund von Hitzestress weniger gefressen wird und dadurch das Verhältnis von Grundfutter zu Kraftfutter entgleist. Des Weiteren kann es auch beim Weidegang aufgrund eines Zuckerüberschusses zu subklinischen Pansenazidosen kommen.

Erkennen von Pansenazidosen

Ein klassisches Anzeichen für Pansenazidosen im LKV-Bericht sind niedrigere Milchfettgehalte (die Richtwerte hängen von Genetik und Milchleistung ab; mehr dazu wird im Kapitel „LKV interpretieren" erklärt) sowie ein niedriger FEQ (< 1,1). Äußerlich sind Pansenazidosen an den niedrigen Wiederkauschlägen (< 50) sowie an dünnem Kot zu erkennen. In weiterer Folge sind im Zuge vom Kotsieben lange, unverdaute Pflanzenreste zu sehen. Betroffene Tiere haben häufig auch ein struppiges Haarkleid.

Prophylaktische Hilfsmittel

Die kostengünstigste und nachhaltigste Variante, um Azidosen prophylaktisch vorbeugen zu können, ist die Optimierung Milchviehration.

Es muss immer auf eine wiederkäuergerechte Ration geachtet werden. Das bedeutet, dass das Tier mindestens 2.300 g strukturierter Rohfaser zu sich nehmen muss und der gesamte Zuckergehalt in der Ration unter 7 % liegen sollte (wird bei Weidehaltung meistens überschritten). Zusätzlich muss auf eine ausreichende Strukturlänge geachtet werden (das Futter ist jedoch in den seltensten Fällen zu kurz).

Das Kraftfutter hat eine sehr große Bedeutung bezüglich Pansenazidosen. Die gesamte Kraftfuttermenge sollte 50 % der Gesamtfutteraufnahme nicht überschreiten. Wobei hier das Fütterungssystem eine große Rolle spielt. So stellen z. B. 12 kg Kraftfutter, eingemischt in einer TMR, eine wesentlich geringere Pansenbelastung dar, als wenn diese Kraftfuttermenge über den Transponder gefüttert wird. Die Zusammensetzung des Kraftfutters muss dabei ebenfalls beachtet werden. Körnermais führt zu einer viel geringeren Pansen-pH-Absenkung, als wenn z. B. Weizen verfüttert wird. Der Anteil an unbeständiger Stärke plus Zucker sollte 26 % nicht überschreiten.

Ein weiterer wichtiger Punkt sind die Kraftfutterteilgaben. Jede einzelne Kraftfutterteilgabe führt zum Absinken des Pansen-pH-Werts. Daher sollten diese 1,5 kg nicht überschreiten. Wenn die Tiere nach dem Abkalben am Transponder angefüttert werden, sollte die tägliche Kraftfuttersteigerung maximal 0,3 kg pro Tier und Tag betragen.

Wie bereits erwähnt, ist das Einmischen des Kraftfutters mithilfe eines Futtermischwagens oder Fütterungsroboters die pansenschonendste Variante (vorausgesetzt, die Kühe selektieren das Kraftfutter nicht).

Der Zusatz von Natriumbicarbonat oder anderen Pansenpuffern bringt mehr Sicherheit und reduziert das Azidoserisiko. Sind die Wiederkauschläge bereits unter 50 gesunken, können spezielle Pansenstimulanzien oral eingegeben werden.

Behandeln von klinischen Pansenazidosen

Akute Pansenazidosen können zum Tod des Tiers führen. Der Tierarzt muss sofort verständigt werden. Dieser verabreicht dem Tier Infusionen sowie Injektionen und es werden pansenstimulierende Lösungen gedrencht. Auch das Übertragen von Pansensäften zeigt positive Effekte.

Folgen von Azidosen

Pansenazidosen führen zu einer verminderten Wiederkautätigkeit. Dadurch wird weniger Speichel produziert, der als Puffer im Organismus dient. Sinkt der pH-Wert im Pansen zu stark ab, reduziert sich die Futteraufnahme. Dadurch sinken die Milchleistung sowie das Milchfett und durch die verminderte Energiezufuhr wird das Risiko für Ketosen erhöht.

Durch das Absterben der Mikroben im Pansen entstehen Endotoxine. Diese Giftstoffe gelangen übers Blut in die Lederhaut und beeinträchtigen dort die Durchblutung. Klauenprobleme wie etwa die Klauenrehe oder das Sohlengeschwür sind dafür typische Folgen. In weiterer Folge schädigen die Endotoxine die Darmwand. Bei hohen Konzentrationen dieser Giftstoffe kann es zum Auftreten des Leaky-Gut-Syndroms kommen. (Näheres dazu wird im Kapitel „Das Verdauungssystem der Milchkuh – Bedeutung und Funktion des Dünndarms" erklärt.) Dadurch leidet die Nährstoffeffizienz und somit die Milchleistung. Gleichzeitig wird das Immunsystem stark belastet und die Krankheitsanfälligkeit des betroffenen Tiers steigt.

- Klauenprobleme (Klauenrehe)
- Struppiges Fellkleid
- Geringere Futteraufnahme
- Verminderte Milchleistung
- Auftreten des Leaky-Gut Syndroms
- Eventuell Abgang des Tiers

Milchfieber (Gebärparese)

Milchfieber wird durch einen Kalziummangel und eventuell durch einen Phosphormangel verursacht. In den allermeisten Fällen ist der Kalziummangel die Ursache dafür und aufgrund der verminderten Futteraufnahme folgt ein Phosphormangel. Diese Stoffwechselerkrankung kommt hauptsächlich innerhalb der ersten drei Tage nach der Abkalbung vor. Daher ist es wichtig, den Kalziumstoffwechsel der Kuh zu verstehen, denn nur so machen etwaige prophylaktische Maßnahmen Sinn und werden auch richtig angewendet. Die Kuh muss nach dem Abkalben Kalzium aus den Knochen mobilisieren, um den Kalziummangel ausgleichen zu können. Der Kalziummangel entsteht durch die beginnende Milchproduktion und der gleichzeitig noch zu geringen Futteraufnahme. Für die Aktivierung dieses Stoffwechselprozesses ist das Parathormon zuständig. Das Parathormon wird in der Nebenschilddrüse gebildet und hat die Aufgabe, die Absorption der Mengenelemente Kalzium und Phosphor aus dem Körper zu aktivieren. Das Hormon selbst wird über das Vitamin D_3 aktiviert. Sinkt der Kalziumgehalt im Blut unter ein kritisches Minimum, erteilt das Parathormon über die Aussendung von Botenstoffen den Befehl, Kalzium und Phosphor zu mobilisieren. Das Kalzium wird schlussendlich im Darm aufgenommen und über den Blutkreislauf zur Verfügung gestellt.

Milchfieber tritt auf, wenn die Kuh mehr Kalzium benötigt, als sie über das Futter sowie die körpereigene Mobilisation bereitstellen kann. Die Stoffwechselerkrankung verursacht hohe Kosten und erfordert viel Zeit, um die Tiere wieder auf Vordermann zu bringen. Tritt Milchfieber häufiger auf, ist dies als ein reines Managementproblem zu bewerten. Durch ein gutes, individuell angepasstes Fütterungssystem kann Milchfieber weitestgehend vermieden werden.

Erkennen von Milchfieber

Die klassischen Anzeichen der Kuh für Milchfieber sind das Festliegen sowie kalte Ohren und ein kalter Rücken. Das Messen der Körpertemperatur bringt einen genaueren Einblick. Die Körpertemperatur der betroffenen Kühe liegt meist unter 38 °C. Würde die Kuh aufgrund eines Phosphormangels festliegen, wäre die Körpertemperatur allerdings normal.

Ein definitiv unterschätzter und meines Erachtens zu schwach kommunizierter Faktor ist das Auftreten von subklinischem Milchfieber. Laut diversen Studien leiden im Durchschnitt 30–50 % der Tiere an subklinischem Milchfieber! Anzeichen dafür können ein wackliger Gang, eine etwas tiefere Körpertemperatur sowie ein vermindertes Fressverhalten sein. Das „schleichende" Milchfieber kann nur mithilfe einer Blutanalyse ganz genau festgestellt werden.

Prophylaktische Hilfsmittel

Die kostengünstigste und nachhaltigste Variante, um Milchfieber prophylaktisch vorzubeugen, ist die Optimierung der Rationen von den Trockenstehern und den Tieren in Milch. Die Tiere müssen nach dem Abkalben über die Ration je nach Milchleistung ausreichend mit Kalzium versorgt werden (160–180 g Kalzium pro Kuh und Tag). Zusätzlich spielt natürlich die Trockensteherfütterung eine essenzielle Rolle. Diese muss möglichst kalzium- und kaliumarm gestaltet sein. (Die Besonderheiten der Trockensteherfütterung werden im Kapitel „Fütterung der Trockensteher" zusammengefasst.)

Speziell in Hochleistungsrationen und in kalzium- bzw. kaliumreichen Trockensteherrationen brauchen die Tiere unbedingt externe Unterstützung durch die Gabe von Kalzium und eventuell Phosphor Boli oder Pasten. Je nach Produkt müssen meist zwei bis drei Gaben nach dem Abkalben erfolgen, um einen bestmöglichen Schutz bieten zu können.

Wie bereits beschrieben, dient das Vitamin D_3 als Katalysator, um das Parathormon zu aktivieren. Dieses ist wiederum für die Kalziummobilisation zuständig. Vor allem bei älteren Tieren (> 3 Laktation) kann die Hormon- bzw. Vitaminaktivität reduziert sein. Deshalb wird solchen Tieren teilweise prophylaktisch drei bis zehn Tage vor dem errechneten Kalbetermin eine Vitamin-D_3-Injektion verabreicht.

Der große Nachteil an dieser Behandlungsmethode liegt darin, dass sich der errechnete Kalbetermin des Öfteren verschiebt. Wenn eine Vitamin-D_3-Injektion der Kuh zu früh verabreicht wird, würde das die Kalziumabsorption im Darm noch vor der tatsächlichen Abkalbung verstärken. Das erhöht wesentlich das Risiko von subklinischem Milchfieber. In weiterer Folge wird durch die erhöhte Vitamin-D_3-Konzentrationen im Blut die Aktivierung von körpereigenem Vitamin D_3 langfristig gehemmt, sodass die Kalziumregulation über mehrere Wochen gestört ist und das Risiko von subklinischer Hypocalcämie in den zwei bis sechs Wochen nach der Behandlung deutlich ansteigt.

Behandeln von klinischem Milchfieber

Wenn Tiere aufgrund von Milchfieber festliegen, muss der Tierarzt schnellstmöglich informiert werden. Die Kühe bekommen dann meist eine Kalzium- und Phosphorinfusion. Häufig werden die Tiere auch gedrencht, um die Verdauung wieder in Schwung zu bringen.

Grafik © Boehringer Ingelheim

Abbildung 32: Kalziumbolus (Zur Verfügung gestellt von der Firma Boehringer Ingelheim)

Folgen von Milchfieber

Kommt es zum Festliegen der Kuh, muss das Tier mit der Hilfe des Tierarztes behandelt werden. Das kostet Zeit und Geld. Im schlimmsten Fall kann es sogar zum Tod des Tiers führen. Meistens kommen die Kühe nach der erfolgten Behandlung (Kalzium- und Phosphorinfusion) wieder auf die Beine. Dennoch sind auch nach erfolgreicher Behandlung eine verminderte Futteraufnahme sowie ein dementsprechender Milchverlust zu erwarten.

Studien zeigen, dass bis zu 50 % der Tiere schleichendes Milchfieber aufweisen. Diese Tiere liegen nicht fest, haben aber einen Kalziummangel, der jedoch nur schwer festzustellen ist. Betroffene Tiere haben ein wesentlich höheres Risiko für Metritis (Gebärmutterentzündung), Nachgeburtsverhalten, Fruchtbarkeitsstörungen und lassen des Öfteren die Milch rinnen.

Metabolische Azidosen und Alkalosen

Das Säure-Basen-Verhältnis im Organismus der Kuh ist ausschlaggebend für viele Stoffwechselfunktionen und steht damit in einem direkten Verhältnis zu der Kuhgesundheit und Milchleistung. Die Ursachen für metabolische Azidosen werden meistens durch einen zu niedrigen DCAB-Gehalt (< 200 meq/kg) in der Gesamtration hervorgerufen. Aber auch der Hitzestress sowie Pansenazidosen können mögliche Faktoren sein.

Metabolische Alkalosen werden durch zu hohe DCAB-Gehalte hervorgerufen. Dies kann z. B. durch einen Kaliumüberschuss verursacht werden. In weiterer Folge können zu hohe Gaben von Mineralfutter sowie von Pansenpuffern bzw. Natriumbicarbonat ebenfalls zu Alkalosen führen. Zusätzlich führt ein NH_3-(Ammoniak-)Überschuss im Pansen zur besagten Stoffwechselerkrankung. Ammoniak-Überschüsse können auftreten, wenn die verfütterte Silage erhöhte NH_3-Gehalte aufweist (klares Anzeichen für eine Nachgärung), der eingesetzte Futterharnstoff nicht vollständig verdaut wird oder der Harnstoffgehalt in der Milch über 30 liegt.

Erkennen von metabolischen Azidosen und Alkalosen

Hauptverantwortlich für die metabolische Stoffwechsellage ist der DCAB-Gehalt in der Milchviehration. (Die genaue Definition des DCAB-Werts wird im Kapitel „Interpretation von Grundfutteranalysen – Weitere mögliche Analyseparameter" erklärt.) Dieser sollte bei den Laktierenden einen Wert zwischen 200–300 meq/kg TS aufweisen. Jedoch werden in dieser Berechnung weitere wichtige Faktoren nicht berücksichtigt. Durch das Wiederkauen wird nämlich Speichel produziert, der den pH-Wert im Organismus puffert (erhöht). In Abhängigkeit der Rationsgestaltung wird dementsprechend viel oder wenig Speichel produziert. In weiterer Folge sind im Rationsprogramm bei den einzelnen Rohstoffen die DCAB-Gehalte hinterlegt, allerdings wissen wir, dass vor allem beim Raps große Varianzen in dessen Kationen-Anionen-Bilanz analysiert werden. Zusätzlich darf im Sommer der Hitzestress nicht außer Acht gelassen werden. Durch das „Hecheln" der Tiere wird sehr viel Speichel abgegeben. Das erhöht das Risiko einer Azidose, denn die im Speichel enthaltenen Bicarbonate haben die Aufgabe, den pH-Wert zu stabilisieren. Außerdem wird durch das starke Ausatmen vermehrt CO_2 abgegeben. Der Körper versucht immer, ein bestimmtes Verhältnis zwischen Carbonat und Kohlendioxid zu halten. Um die vermehrte Ausscheidung von CO_2 bei Hitzestress zu kompensieren, wird über die Niere auch Carbonat ausgeschieden. Das kann dann zu einer metabolischen Azidose führen.

Um trotz dieser Variablen ein genaues Bild über die Stoffwechsellage der Tiere zu, sollte neben der Berechnung des DCAB-Gehalts der NSBA-(Netto-Säure-Basen-Ausscheidung-)Gehalt im Harn analysiert werden. Dazu wird eine Harnprobe entnommen und ins Labor geschickt. Eine einfache, aber dennoch genaue Alternative dazu ist das Messen des Harn-pH-Werts. Dies kann direkt vor Ort mithilfe eines digitalen pH-Wert-Messgeräts oder mit simplen Teststreifen durchgeführt werden. Der pH-Wert im Urin soll bei einer laktierenden Kuh zwischen 7,8 und 8,2 liegen. Liegt der pH-Wert unter dem Grenzwert, handelt es sich um eine metabolische Azidose. Liegt der Wert darüber, ist von einer metabolischen Alkalose die Rede. Bei Trockenstehern sollte der pH-Wert zwischen 7,0 und 7,8 liegen. Ist der pH-Wert außerhalb dieser Werte, muss die Ration dementsprechend verändert werden.

Prophylaktische Hilfsmittel

Die kostengünstigste und nachhaltigste Variante, um den Stoffwechsel zu stabilisieren, ist ein DCAB-Gehalt zwischen 200 und 300 meq/kg TS. Zusätzlich müssen Pansenazidosen bestmöglich vermieden werden. Um den Hitzestress bei den Tieren auf ein Minimum zu begrenzen, sollte ein funktionales „Kühlsystem" (Ventilatoren, Kuhduschen etc.) installiert werden. Sollte trotz der getroffenen Maßnahmen der NSBA- bzw. Harn-pH-Wert zu gering sein, sollte Natriumbicarbonat oder Pansenpuffer eingesetzt werden.

Behandeln von metabolischen Azidosen und Alkalosen

Metabolische Azidosen und Alkalosen treten nicht in klinischer Form auf. Daher gibt es auch keine speziellen Behandlungsmethoden.

Ursachen von metabolischen Azidosen und Alkalosen

Die Auswirkungen von metabolischen Azidosen können eine verminderte Fresslust (in weiterer Folge Energiemängel, erhöhtes Risiko für Ketosen und somit verminderte Fruchtbarkeit), geringere Milchinhaltsstoffe sowie eine verringerte Milchleistung sein.

Die Auswirkungen einer metabolischen Alkalose sind Pansenfermentationsstörungen sowie eine verringerte Milchleistung. Zusätzlich ist das Risiko der Passage von Krankheitserregern in den Darm erhöht. Alkalosen sind meiner Meinung nach ein zu gering beachtetes Stoffwechselproblem in der Milchviehfütterung.

Metabolische Stoffwechsellage bei Trockenstehern

Bei den Trockenstehern spricht man erst ab einem pH-Wert unter 7,0 von einer metabolischen Azidose. Bei diesen Tieren sollte der pH-Wert im Vergleich zu den laktierenden Tieren bewusst etwas niedriger gehalten werden. Ein niedrigerer pH-Wert führt im Körper zu einer verminderten Kalziumabsorption. Vor allem in kalziumreichen Trockensteherrationen wirkt ein leicht angesäuerter pH-Wert im Urin daher prophylaktisch gegen Milchfieber. pH-Werte unter 7,0 werden unter „normalen Umständen" fast nie erreicht. Durch den Einsatz von sauren Salzen wie z. B. Magnesiumoxid (Bittersalz) wird der Stoffwechsel stark angesäuert. Das bringt zwar einen Milchfieberschutz, jedoch ist beim Einsatz dieser Produkte Vorsicht geboten. Fressen die Tiere zu hohe Mengen von Magnesiumoxid, kann es zu schwerwiegenden Folgen nach der Kalbung kommen. Die Futteraufnahme kann stark beeinträchtigt sein. Demnach treten meist Ketosen und weitere Stoffwechselprobleme auf, die im schlimmsten Fall sogar bis zum Tod führen können. Zu hohe pH-Werte von über 7,8 erhöhen das Milchfieberrisiko drastisch und sind ebenfalls zu vermeiden. Vor allem in Trockensteherrationen, die einen geringen Silomaisanteil beinhalten, werden häufig zu hohe pH-Werte im Urin gemessen.

So ticken erfolgreiche Milchviehhalter

Was zeichnet einen erfolgreichen Milchviehbetrieb aus? Worin liegt der Unterschied zwischen erfolgreichen und weniger erfolgreichen Betrieben? Diese Fragen sind natürlich sehr subjektiv und es wird viele unterschiedliche Meinungen dazu geben. Ich persönlich definiere eine/-n Milchviehhalter/-in als erfolgreich, wenn diese/-r es geschafft hat, einen wirtschaftlich „gesunden" Betrieb aufzubauen und gleichzeitig sich selbst als glücklich definieren würde. Meiner Meinung nach sind beide Faktoren unerlässlich, um einen Betrieb langfristig (möglicherweise auch über Generationen hinweg) führen zu können. Denn es reicht nicht aus, die tägliche Arbeit gern zu machen, jedoch jährlich rote Zahlen zu schreiben. Spätestens nach ein paar Jahren können wichtige Investitionen nicht mehr gemacht werden und der Betrieb wird quasi gezwungen, die Produktion einzustellen. Des Weiteren haben wir auch in vielen anderen Branchen gesehen, dass das Geld allein nicht ausreicht, um der Arbeit gern nachzugehen.

Der Betrieb muss sich rechnen

Wie gesagt ist Geld definitiv nicht alles. Jedoch ist es ein Mittel zum Zweck. Und wenn die Milchproduktion die Haupteinkommensquelle ist, dann muss dieser Zweig natürlich auch Gewinne abwerfen.

In den vergangenen Jahrzehnten hat sich in der gesamten Wirtschaft sehr viel getan. Die Modernisierung und Globalisierung brachte uns große arbeitstechnische Erleichterungen in der Milchviehhaltung. Gleichzeitig wurden wir damit aber auch gezwungen, alle gewinnbringenden Prozesse zu optimieren. Innerhalb weniger Jahre mussten die Betriebsführer von traditionellen Familienbetrieben zu clever agierenden Unternehmern heranwachsen, um trotz der definitiv zu niedrigen Milchpreise einen möglichst rentablen Milchviehbetrieb zu erhalten.

Um gezielte Maßnahmen zur Gewinnsteigerung bzw. Optimierung vornehmen zu können, müssen zuerst die betriebseigenen Zahlen und Fakten herausgearbeitet werden. Ich würde dabei definitiv nicht auf Standardwerte zurückgreifen. Denn bereits bei den Grundfutterkosten treten zwischen den Betrieben große Unterschiede auf. Da ich selbst absolut kein „Zahlenmensch" bin, kann ich es sehr gut nachempfinden, weshalb einige Betriebsführer/-innen es vermeiden, diesen Arbeitsschritt zu machen. In diesem Fall kann ich nur empfehlen, sich extern Hilfe zu holen. Denn, wie gesagt, ohne eine genaue betriebseigene Analyse kann keine klare Aussage getroffen werden, wo das größte Einsparungspotenzial liegt. Fakt ist aber, dass ca. 50 % die Futterkosten ausmachen (Grundfutter, Kraftfutter, Mineralfutter und eventuell Spezialfuttermittel). Zu den Futterkosten habe ich einen ganz simplen Zugang. Je höher die Grundfutterqualität ist, desto höher ist der potenzielle Gewinn. Beim Kraftfutter macht es keinen Sinn, auf minderwertige Nebenprodukte wie z. B. Weizenkleie zu setzen, um einen niedrigen Preis pro Kilogramm zu erzielen. Hochwertige, rationsangepasste Produkte in den richtigen Einsatzmengen heben die Milchleistung und fördern die Kuhgesundheit. Beim Mineralfutter ist es wichtig, dass alle Bedarfswerte gedeckt sind. Hier zu sparen und etwas geringere Mengen pro Tier und Tag einzusetzen als berechnet oder auf sehr minderwertige Mineralstoffe zu setzen, ist der falsche Weg. Das merkt man spätestens dann, wenn es bei der Fruchtbarkeit nicht mehr ganz so rund läuft.

Aus diesem Grund versuche ich bei meinen Kunden die aktuelle Marktlage mit den diversen Rohstoffpreisen zu berücksichtigen, und zusätzlich achte ich darauf, eine hochwertige Ration zu erstellen. In weiterer Folge lasse ich meinen Kunden regelmäßig Angebote von diversen Futtermittelfirmen mit vergleichbaren Produkten zukommen, damit diese einen Preisvergleich machen können. Auch hier kann es teilweise zu erheblichen Unterschieden kommen. Spezialfuttermitteln stehe ich grundsätzlich relativ skeptisch gegenüber. Ich konnte in vielen praktischen Versuchen für mich persönlich keinen deutlichen Mehrwert erkennen. Dennoch gibt es ein paar Zusatzprodukte, von denen ich absolut überzeugt bin. Ob ich diese einem Betrieb empfehle, hängt von vielen Faktoren ab.

Neben den Futterkosten müssen natürlich unter anderem auch die Betriebsausgaben für Maschinen, Gebäude, Technik etc. unter die Lupe genommen werden.

Bezüglich der Maschinen kann ich jedem empfehlen, sich vor dem Kauf über die benötigte Auslastung pro Jahr Gedanken zu machen. Speziell in kleineren Betrieben werden die Maschinen deutlich unter der erforderlichen Einsatzzeit genutzt, damit sich die Maschinen rechnen. Es sollte definitiv darüber nachgedacht bzw. nachgerechnet werden, ob das Nutzen von Gemeinschaftsmaschinen oder das Arbeiten mit Lohnunternehmern eine Möglichkeit wäre. Beim Stall und der dazugehörigen Technik bin ich überzeugt, dass der Tierkomfort und die persönliche Arbeitsentlastung an oberster Stelle stehen sollten. Die täglichen Arbeiten wie Melken oder Füttern sollten nicht zu viel Zeit in Anspruch nehmen. Dennoch bin ich überzeugt, dass auch mit einfachen Bauweisen sehr gute Resultate erzielt werden können. Das Erstellen einer überdimensionalen Halle/eines Stalls hat sich nicht immer als großer Mehrwert erwiesen.

Die innere Einstellung

Die innere Einstellung bzw. die innere Arbeitshaltung ist quasi das Gegenstück zu den berechneten Zahlen, Daten und Fakten der Betriebswirtschaft. Die innere Einstellung ist nämlich nicht messbar. Meiner Meinung nach wird diesem Thema viel zu wenig Zeit geschenkt bzw. wird es gar nicht beachtet. Für mich beginnt die innere Einstellung in der eigenen Positionierung. Damit meine ich, dass jeder für sich selbst seine Werte und Ziele definieren muss. Dieser Prozess kann durchaus eine Weile dauern und kann nicht einfach am Abend abgehandelt werden, während im Fernseher „Bauer sucht Frau“ verfolgt wird. Um sich selbst diesbezüglich Antworten geben zu können, sollte man sich einfach die richtigen Fragen stellen.

- Warum betreibe ich die Landwirtschaft?
- Welche Produktionsform ist für mich die richtige?
- Was soll sich in meinem Betrieb in 10 und in 20 Jahren verändert haben?
- Was ist mir abseits der Arbeit noch wichtig? (Familie, Hobbys etc.)

Durch das Beantworten dieser Fragen sollte man sich klar werden, warum man tut, was man tut. Möglicherweise kommt man dabei auch zur ernüchternden Erkenntnis, dass der aktuelle Weg langfristig nicht das Richtige für einen ist. Vor allem bei Hofübergaben beobachte ich immer wieder, dass im gleichen Stil weitergemacht wird, ohne das gewisse Dinge hinterfragt wurden bzw. werden.

Spätestens dann, wenn realisiert wird, dass die aktuelle Situation nicht den eigenen Vorstellungen entspricht, wäre es an der Zeit, etwas zu ändern. Das erfordert Wille, Mut, Durchhaltevermögen und viel Kreativität. Dies ist jedoch der einzige Weg, um nicht bei Pensionsantritt verbittert auf die harten, undankbaren und furchtbaren Jahre zurückblicken zu müssen.

„Jeder ist seines Glückes Schmied“ ist eine alte Volksweisheit, die hier ganz klar meine Aussagen unterstreicht.

Das Arbeiten in einem Milchviehbetrieb ist kein 40-Stunden-Job mit 14 Gehältern im Jahr, einem klimatisierten Büro, geregelten Arbeitszeiten und fünf Wochen Urlaub im Jahr. Jeder stößt bei gewissen Arbeitsspitzen, ernüchternden Marktpreisen oder einfach auch bei der fehlenden Wertschätzung seitens der Medien und Konsumenten an seine Grenzen. Vor allem an solchen schwarzen Tagen ist es wichtig zu wissen, warum man tut, was man tut. Personen, die einen tieferen Sinn in ihrer Arbeit sehen, stehen morgens leichter auf und können mit herausfordernden Situationen wesentlich besser umgehen.

In weiterer Folge verspüren diese Menschen immer den Drang, etwas zu verändern. Ganz nach dem Motto: „Es gibt immer eine Steigerung", wird ständig nach Möglichkeiten gesucht, gewisse Prozesse oder Gegebenheiten zu verbessern. Interessanterweise habe ich bei meinen Kunden im Zuge der Beratungsgespräche festgestellt, dass vor allem jene Betriebe, die bereits sehr gute Resultate erzielen, extrem offen für Verbesserungsvorschläge sind. Ich vergleiche dieses Phänomen gern mit einem Hobby-Tennisspieler und einem Profi-Tennisspieler. Wenn dem Amateur der Aufschlag am Wochenende nicht gelingt, ist der Schläger oder der Ball schuld und der Spieler geht wutentbrannt nach Hause. Wenn dem Profi der Aufschlag nicht optimal gelingt, fragt er seinen Trainer um Rat. Der Aufschlag wird analysiert und anschließend so lange geübt, bis dieser wieder sitzt. So ist es auch in der Landwirtschaft. Beim Arbeiten mit Lebewesen treten immer wieder Probleme und Herausforderungen auf. Der Unterschied liegt darin, wie damit umgegangen wird.

„Im Leben kommt es nicht darauf an, ein gutes Blatt in der Hand zu haben, sondern mit schlechten Karten gut zu spielen!"

Robert Louis Stevenson (1850–1894),
schottisch-britischer Erzähler

Quellenverzeichnis

Das Verdauungssystem der Milchkuh

Dromard, M., & Rüegsegger, H. (2017). Die Leber – das zentrale Stoffwechselorgan. Abgerufen am 04.07.2021 unter https://www.ufarevue.ch/nutztiere/die-leber-das-zentralestoffwechselorgan

French, N., & Kennelly, J. J. (1990). Effects of feeding frequency on ruminal parameters, plasma insulin, milk yield, and milk composition in Holstein cows. Journal of dairy science, 73(7), 1857–1863. https://doi.org/10.3168/jds. S0022-0302(90)78866-2

Hagemann, T. (2020). Leaky Gut Syndrom – Alarm im Darm. Abgerufen am 07.09.2021 unter https://www.elite-magazin. de/tiergesundheit/alarm-im-darm-15186.html

Lebzien, P. (2005). Ernährung und Fütterung des Rindes – Ernährungsphysiologische Grundlagen. In: Landbauforschung Völkenrode Sonderheft, 289, 89–101

Spectrum.de, Pansensymbiose, https://www.spektrum.de/ lexikon/biologie/pansensymbiose/49170 (Zugriff 26.11.2021)

Dr. Weerda, M. (2021). Stoffwechselgesundheit – Das Calcium-Dogma wackelt. Abgerufen am 29.12.2021 unter https://www.vet-consult.de/rind/das-calcium-dogmawackelt-5403.html

Interpretation der Milchinhaltsstoffe

Steinwidder, A., und K. Wurm (2005). Milchviehfütterung – tier- und leistungsgerecht. Fachbuch. Stocker Verlag

Swissgenetics (n. d.). Das Milchfett und die Pansengesundheit. Abgerufen am 08.11.2021 unter https://die-fruchtbare-kuh.ch/herde/die-herde-kontrollieren/milchfett-gehalt-interpretieren/

Wurm, K. (2010). Grundlagen zur Rationsberechnung für Milchkühe. Tierärztetagung Raumberg-Gumpenstein

Konservierung des Grundfutters

Ballensilage (n. d.). Siliermittel – Wozu dient der Einsatz von Siliermitteln? Abgerufen am 04.04.2022 unter https://www.ballensilage.com/siliermittel/

FarmCHAMPs (n. d.). Das kleine 1x1 der Silage. Abgerufen am 18.06.2021 unter https://www.farmchamps.de/infosilagen#Gaersaeure

Silierung (n. d.). Naturwissenschaftlicher Hintergrund – Phasen der Silierung. Abgerufen am 04.04.2022 unter https://www.silierung.de/infos/hintergrundinfos/?search_highlighter=phasen

Interpretation von Grundfutteranalysen

Bayerische Landesanstalt für Landwirtschaft (2021). Gruber Tabelle zur Milchviehfütterung –Fütterung der Milchkühe. Institut für Tierernährung und Futterwirtschaft, S. 20–40

FarmCHAMPs (n. d.). Das kleine 1x1 der Silage. Abgerufen am 18.06.2021 unter https://www.farmchamps.de/infosilagen#Gaersaeure

Gasteiner, J. (n. d.). Wechselwirkungen von Mengen- und Spurenelementen im Hinblick auf die Fruchtbarkeit bei Milchkühen. Skriptum an der HBLFA Raumberg-Gumpenstein. Abgerufen am 05.10.2021 unter https://raumberggumpenstein.at/component/rsfiles/download.html?path=FODOK%2F2007%2Ffodok_3_3702_Mineralstoffversorgung_Fruchtbarkeit_Fuetterungsreferententagung_2007.pdf

Landwirtschaftskammer Niederösterreich (2021). Analysebericht Grassilage. (Zur Verfügung gestellt vom Futtermittellabor Rosenau)

Nußbaum, H. (2010). Top-Silomais von der Ernte bis in den Trog. In: Innovation-Magazin, 3, 20–21

Pioneer (2013). Der maximal mögliche Kornertrag und Störungen in der Kolbenentwicklung. Agronomy Informationen, 10, 1–8

Proplant (2012). Maisernte nach Index: SRI – ein Wegweiser durchs Maislabyrinth. Abgerufen am 15.06.2021 unter https://www.proplanta.de/agrar-nachrichten/pflanze/maisernte-nach-index-sri-ein-wegweiser-durchs-maislabyrinth_article1346058003.html

Resch, R., Gasteiner, J., Stögmüller, G., Tiefenthaler, F., Frank, P., & Adler, A. (2014). Auswirkungen von erdiger Futterverschmutzung. In: Landwirt (Sonderbeilage), 18, 20–25

Sano (n. d.). DCAB bei laktierenden Kühen – Vor allem im Sommer von großer Bedeutung. Abgerufen am 04.04.2022 unter https://www.sano.de/de/dcab-bei-laktierenden-milchkuehen

Schuldt, A., & Dinse, A. (2010). Übungen zur Tierernährung im Rahmen des Moduls „Tierernährung und Futtermittelkunde" (B-PM15). Lehrveranstaltungsunterlagen an der Hochschule Neubrandenburg. Abgerufen am 04.04.2022 unter https://www.hs-nb.de/storages/hs-neubrandenburg/ppages/Schuldt/Lehre/Praktika_und_Projekte/Praktikum_Futtermittelkunde/anleitung_weender_ndf_adf_01.pdf

UFA AG (2003). Rohfaser genügt nicht. Abgerufen am 04.04.2022 unter http://www.ufa.ch/Tiere/Milchvieh/Milchgehalte/Raufutterbewertung_s.asp

Wurth, W., & Nußbaum, H. (n. d.). Optimaler Erntezeitpunkt für Silomais bestimmen. Abgerufen am 07.06.2021 unter https://www.landwirtschaft-bw.info/site/pbs-bw/get/documents/MLR.LEL/PB5Documents/lazbw_gl/SM_Ernte.pdf?attachment=true

Übersicht der Kraftfuttermittel und Rohstoffe

Adams, U. (2008). Mit Körnermais Rinderfütterung aufwerten. Innovation-Magazin, 4, 8–10

Meyer, A. (2006). Zum Einsatz von Roggen in der Fütterung. Deutsche Landwirtschafts-Gesellschaft. Abgerufen am 09.10.2021 unter https://www.dlg.org/fileadmin/downloads/landwirtschaft/themen/ausschuesse_facharbeit/tier/futtermittel/Roggen_Fuetterung.pdf

Preißinger, W., Obermaier, A., Södner, S., Steinhöfel, O. (2008). Biertreber Futterwert, Konservierung und erfolgreicher Einsatz beim Wiederkäuer. In: LfL-Information, 6–26

Bedeutung der Wasserversorgung

Hoffmann, M. (2022). Agrar- und Veterinär-Akademie (AVA) – Angewandte Tierernährung in der Milchviehherdenbetreuung, 2022. Steinfurt-Burgsteinfurt: Agrar- und Veterinär-Akademie.

Synchronisation der Milchviehration

Baumgartner, C. (2006). Energie und Protein synchronisieren. In „Die Grüne" 21, 2–4

Bedeutung Mineralstoffversorgung

Gasteiner, J. (n. d.). Wechselwirkungen von Mengen- und Spurenelementen im Hinblick auf die Fruchtbarkeit bei Milchkühen. HBLFA Raumberg-Gumpenstein, 2–8

Hoffmann, M. (2022). Agrar- und Veterinär-Akademie (AVA) – Angewandte Tierernährung in der Milchviehherdenbetreuung, 2022. Steinfurt-Burgsteinfurt: Agrar- und Veterinär-Akademie

Landwirtschaftskammer Oberösterreich (2016). Bedarfsnormen für Milchvieh,1–8

Rückert, C. (2020). Zur Spurenelementversorgung in Milchviehbeständen, Teil 1: Selen und Mangan. LKV Sachsen,1–5

Bedeutung der Zusatzstoffe

Alert, H. (2001). Informationsmaterial zu Futterzusatzstoffen. In: Sächsische Landesanstalt für Landwirtschaft, 24–45

Hoffmann, M. (2022). Agrar- und Veterinär-Akademie (AVA) – Angewandte Tierernährung in der Milchviehherdenbetreuung, 2022. Steinfurt-Burgsteinfurt: Agrar- und Veterinär-Akademie

Jilg, T. (2006). Welche Spezialfuttermittel und Wirkstoffe machen in der Milchviehfütterung Sinn? Bildungs- und Wissenszentrum Aulendorf, 2–40

Jilg, T. (2005). Wie viel ß-Carotin braucht die Milchkuh? Bildungs- und Wissenszentrum Aulendorf, 1–4

Wichtigste Controllingpunkte

Hörmann, M., Lenz, E., Egger-Danner, C., Kofler, J., Suntinger, M. (2021). Klauengesundheit im Griff – mit System und Voraussicht, Ländliches Fortbildungsinstitut Österreich, 5–53

Jenkins, T. (2017). The mycotoxin impact on ruminants. Expert Opinion – AllAboutFeed

Reiter, W., Tiefenthaller, F. Kotbeurteilung (2020). Landwirtschaftskammer Oberösterreich, 2–7

Siloking (n. d.), Beladereihenfolge beim Beladen eines gezogenen Futtermischwagens. Abgerufen am 04.02.2022 unter https://www.siloking.com/de/grundlagen-fuetterungstechnik/152-beladereihenfolge-beim-beladen-eines-gezogenen-futtermischwagens

Staufenbiel, R. (n. d.). Pansenalkalose, Pansenazidose, Pansenfermentationsstörungen, grundlegende Tiergesundheitsprobleme in der Milchkuhhaltung, Klinik für Klauentiere der Freien Universität Berlin, 39–97

Top Agrar (2001). Fütterungsfehler mit der Schüttelbox erkennen, 20–24

Rationsgestaltung in Abhängigkeit des Fütterungssystems

Harms, J. (2005). Untersuchungen zum Einsatz verschiedener Varianten des Tierumtriebs bei automatischen Melksystemen (Einboxenanlagen). Bayerische Landesanstalt für Landwirtschaft, 17–49

Fütterung der Trockensteher

Bayerische Landesanstalt für Landwirtschaft. (2021). Gruber Tabelle zur Milchviehfütterung – Fütterung der Milchkühe. Institut für Tierernährung und Futterwirtschaft, 37–40

Hoffmann, M. (2022). Agrar- und Veterinär-Akademie (AVA) – Angewandte Tierernährung in der Milchviehherdenbetreuung 2022. Steinfurt-Burgsteinfurt: Agrar- und Veterinär-Akademie

Sano (n. d.). DCAB bei laktierenden Kühen – Vor allem im Sommer von großer Bedeutung. Abgerufen am 04.04.2022 unter https://www.sano.de/de/dcab-bei-laktierenden-milchkuehen

Staufenbiel, R. (n. d.). Übersicht zur Prophylaxe der Gebärparese unter besonderer Berücksichtigung von DCAB-Regulatoren. Klinik für Klauentiere, Freie Universität Berlin, 1–13

Ursachen und Prävention von Stoffwechselerkrankungen

Beratungsstelle Rinderproduktion OÖ. (2015). Subklinische Ketose. Landwirtschaftskammer Oberösterreich,1–18

Hoffmann, M. (2022). Agrar- und Veterinär-Akademie (AVA) – Angewandte Tierernährung in der Milchviehherdenbetreuung, 2022. Steinfurt-Burgsteinfurt: Agrar- und Veterinär-Akademie

Staufenbiel, R. (n. d.). Pansenalkalose, Pansenazidose, Pansenfermentationsstörungen, grundlegende Tiergesundheitsprobleme in der Milchkuhhaltung, Klinik für Klauentiere der Freien Universität Berlin, 39–97

Tiefenthaller, F. (2017). Stoffwechselstörungen frühzeitig erkennen und vermeiden – Ketose. Landwirtschaftskammer Oberösterreich, 1–31

Traulsen, K. (n. d.). Akute Pansenazidose: Selten, aber lebensbedrohlich. Milchpraxis.com. Abgerufen am 18.11.2021 unter https://www.milchpraxis.com/akute-pansenazidose-seltenaber-lebensbedrohlich/

Abbildungsverzeichnis

Tabellenverzeichnis